21世纪高职高专规划教材

数控技术

主　编　夏伯雄

副主编　杜　军　任群生

内容提要

全书共分7章。系统介绍数控机床的基础知识；数控系统的组成、工作原理及数控机床PLC的应用；数控加工编程的方法与原理；数控机床位置检测装置；数控系统中的检测技术和速度位移的伺服控制技术；数控机床的机械结构；数控机床的使用与维护等。重点突出数控机床的应用。

该教材的设计和编写努力体现高职教育教材的发展趋势：

（1）国际化。加入WTO后，中国正在逐步变成“世界制造中心”。我们参照发达国家美国、加拿大先进的CBE模块式教材的经验，与国际接轨，以适应人才培养国际化的进程。

（2）前瞻性。教材要有适当超前经济和社会发展的意识。本教材内容不仅努力反映最新的科技成果和社会动态，还努力随着数控职业岗位对知识、能力结构要求的变化而变化。同时，注重用先进的科学观点和行业规范调整、组织教材，形成先进的教材结构，使学习对象站在知识的最高点，以具有高瞻远瞩的眼光。

（3）个性化。以就业为导向，根据高职培养模式、培养规格和教学内容的特点，本教材尽量体现“以职业岗位能力为本位，以工作过程为主线，以应用为重点”的高职机电类数控技术及应用专业、教师、培养对象的特色和个性。

本书既可用于职业技术学院数控技术应用专业、机电一体化专业、机械制造及自动化专业、模具设计与制造专业以及相关专业的教学用书，也可作为数控技术专业等相关专业有关技术人员和数控机床操作、编程和维修人员的参考用书及自学用书。

图书在版编目（CIP）数据

数控技术 / 夏伯雄主编. -- 北京 : 中国水利水电出版社，2010.1(2013.8重印)

21世纪高职高专规划教材
ISBN 978-7-5084-7044-3

Ⅰ. ①数… Ⅱ. ①夏… Ⅲ. ①数控机床－高等学校：技术学校－教材 Ⅳ. ①TG659

中国版本图书馆CIP数据核字(2009)第221620号

策划编辑：杨庆川　　责任编辑：张玉玲　　封面设计：李　佳

书　　名	21世纪高职高专规划教材 数控技术
作　　者	主　编　夏伯雄　副主编　杜　军　任群生
出版发行	中国水利水电出版社 （北京市海淀区玉渊潭南路1号D座　100038） 网址：www.waterpub.com.cn E-mail：mchannel@263.net（万水） sales@waterpub.com.cn 电话：（010）68367658（发行部）、82562819（万水）
经　　售	北京科水图书销售中心（零售） 电话：（010）88383994、63202643、68545874 全国各地新华书店和相关出版物销售网点
排　　版	北京万水电子信息有限公司
印　　刷	三河市鑫金马印装有限公司
规　　格	184mm×260mm　16开本　13.25印张　323千字
版　　次	2010年1月第1版　2013年8月第2次印刷
印　　数	3001—5000册
定　　价	23.00元

前　言

数控机床是工业现代化的重要战略装备，它不仅关系到国家战略地位，也是体现国家综合国力水平的重要标志。为增强竞争能力，中国制造业开始广泛使用先进的数控技术。但目前我国劳动力市场数控技术应用型人才是严重短缺的。国家教育部、劳动与社会保障部等部门正在积极采取措施，加强应用型人才的培养。根据机械工业教育发展中心等“关于数控人才需求与数控职业教育改革的调研报告”中的统计数据表明，91%的数控技术人才是大专学历及以下学历。数控技术人才的工作岗位分为“蓝领层”、“灰领层”和“金领层”。其中“蓝领层”是指在生产岗位上承担数控机床的具体操作及日常简单维护工作的技术工人，在企业数控技术岗位中约占 70.2%，是目前需求量最大的；“灰领层”是指在生产岗位上承担数控编程的工艺人员和数控机床维护、维修人员，在企业数控技术岗位中占 25%。二者缺额很大，需要加大力度培养。

无论是“蓝领层”的数控机床操作能力，还是“灰领层”的数控加工编程和数控机床的维护维修能力，都必须掌握一定的数控机床的工作原理、机械结构，主要数控系统的特点，接口技术，PLC 等方面的知识，而本书正是为高职学生掌握上述知识和能力，讲述一定的理论基础和实践技能的。

“数控技术”是教育部高职高专教改试点专业“数控技术应用”必修的职业技术课程中的主干课程。我们在教材的设计中，尽可能以数控技术人才的职业标准为主要依据，服务于数控技术人才岗位的前两个层次“蓝领层”和“灰领层”。编写时注意与机、电类职业基础内容的衔接，突出以数控加工工艺、模具制造基础、数控系统的硬软件特点、接口技术、PLC、参数设置和机电联调等职业性内容为主，以学术性内容为辅的特点。理论知识根据“必需、够用”的原则编写，加强实训内容的导入，尽量体现实用性、针对性、简约性、及时性、新颖性和直观性。同时借鉴 CBE 的科学性，打破传统的公共课、基础课为主导的教学模式，强调以工作岗位所需职业能力的培养为核心，以保证职业能力培养目标的顺利实现。

本书是作者在多年的教学实践、科学研究以及生产实践的基础上，参阅了大量国内外相关教材后，几经修改而成。

该教材的设计和编写努力体现高职教育教材的发展趋势：

（1）国际化。加入 WTO 后，中国正在逐步与国际接轨，变成“世界制造中心”。编写该书时，我们参照发达国家如美国、加拿大等先进的 CBE 模块式教材的经验，以适应人才培养国际化的进程。

（2）前瞻性。教材要有适当超前经济和社会发展的意识。本教材内容不仅努力反映最新的科技成果和社会动态，还要努力随着数控职业岗位对知识、能力结构要求的变化而变化。同时，注重用先进的科学观点和行业规范调整、组织教材，形成先进的教材结构，使学习对象站在知识的最高点，以具有高瞻远瞩的眼光。

（3）个性化。以就业为导向，根据高职培养模式、培养规格和教学内容的特点，本教材尽量体现“以职业岗位能力为本位，以工作过程为主线，以应用为重点”的高职机电类数控技术应用的特色和个性。

本书由夏伯雄任主编，杜军、任群生任副主编，胡成龙、葛晓健、陈帆、戴超艳、韩俊平、叶红、焦红卫、张磊参加了编写，夏伯雄审稿并统编全稿。

由于时间仓促，加之编者水平有限，书中不妥或错误之处在所难免，恳请广大读者批评指正。同时，若读者发现错误，请于百忙之中及时与编者联系，以便尽快更正，编者将不胜感激，E-mail：xiaboxiong_1@126.com

编　者

2009 年 10 月

目　　录

前言

第 1 章　数控机床基础知识 ………………………… 1

本章学习目标 ………………………… 1

1.1　数控机床的概念 ………………………… 1

1.2　数控机床的组成和分类 ………………………… 2

1.2.1　数控机床的组成 ………………………… 2

1.2.2　数控机床的分类 ………………………… 4

1.3　数控机床的工作原理 ………………………… 6

1.4　数控机床的特点和应用 ………………………… 7

1.4.1　数控机床的特点 ………………………… 7

1.4.2　数控机床的应用 ………………………… 8

1.4.3　数控机床的发展 ………………………… 8

本章小结 ………………………… 11

习题与思考题 ………………………… 11

第 2 章　数控系统 ………………………… 12

本章学习目标 ………………………… 12

2.1　经济型数控系统 ………………………… 12

2.1.1　硬件组成 ………………………… 12

2.1.2　软件组成 ………………………… 16

2.2　标准型数控系统 ………………………… 17

2.2.1　硬件组成 ………………………… 18

2.2.2　软件组成 ………………………… 21

2.3　运动轨迹的插补原理 ………………………… 24

2.3.1　数控系统的插补 ………………………… 24

2.3.2　逐点比较插补法 ………………………… 25

2.3.3　数字积分插补法 ………………………… 29

2.4　数控系统的数据处理 ………………………… 33

2.4.1　数控系统的译码 ………………………… 33

2.4.2　刀具半径补偿 ………………………… 34

2.4.3　加减速控制 ………………………… 36

2.4.4　误差补偿 ………………………… 37

2.5　数控机床辅助功能与 PLC ………………………… 38

2.5.1　概述 ………………………… 38

2.5.2　可编程控制器的结构、工作原理和编程方法 ………………………… 39

2.5.3　典型可编程控制器的指令和程序编制 ………………………… 43

本章小结 ………………………… 49

习题与思考题 ………………………… 49

第 3 章　数控加工编程 ………………………… 50

本章学习目标 ………………………… 50

3.1　数控机床的坐标系统 ………………………… 50

3.1.1　数控机床坐标轴的命名和方向 ………………………… 50

3.1.2　机床坐标系与工件坐标系 ………………………… 51

3.2　数控加工程序格式及编制代码 ………………………… 52

3.2.1　数控加工程序格式 ………………………… 53

3.2.2　数控加工程序编制代码 ………………………… 56

3.3　数控加工的工艺特点 ………………………… 57

3.3.1　数控加工工艺的基本特点 ………………………… 58

3.3.2　数控加工工艺的主要内容 ………………………… 58

3.3.3　数控加工零件的选定 ………………………… 58

3.3.4　加工工序的划分 ………………………… 59

3.3.5　工件的安装与夹具的选择 ………………………… 59

3.3.6　对刀点与换刀点的确定 ………………………… 60

3.3.7　工艺加工路线的确定 ………………………… 61

3.3.8　刀具与切削用量的选择 ………………………… 64

3.3.9　数控加工的工艺文件 ………………………… 68

3.4　典型零件的加工编程 ………………………… 70

3.4.1　数控车削加工编程实例 ………………………… 70

3.4.2　数控铣削加工编程实例 ………………………… 76

3.5　自动编程简介 ………………………… 82

3.5.1　自动编程的产生与发展 ………………………… 82

3.5.2　自动编程的基本原理与步骤 ………………………… 82

3.5.3　国内、外主要的 CAM 软件介绍 ………………………… 85

本章小结 ………………………… 87

习题及思考题……88
第 4 章　位置检测装置……91
本章学习目标……91
4.1　光栅……91
4.1.1　概述……91
4.1.2　光栅的结构与工作原理……92
4.1.3　光栅位移的数字转换系统……95
4.2　旋转变压器……96
4.2.1　旋转变压器的结构……96
4.2.2　旋转变压器的工作原理……97
4.2.3　旋转变压器工作方式……98
4.2.4　旋转变压器的应用……99
4.3　感应同步器……99
4.3.1　工作原理……100
4.3.2　感应同步器的工作方式……101
4.4　磁栅……103
4.4.1　磁栅的组成部分……103
4.4.2　磁栅的工作原理……104
4.5　旋转编码器……106
4.5.1　增量式旋转编码器……106
4.5.2　绝对式旋转编码器……108
4.5.3　旋转编码器在数控机床中的应用……110
本章小结……112
思考题与习题……113
第 5 章　数控机床的伺服系统……114
本章学习目标……114
5.1　伺服系统的基本概念……114
5.1.1　伺服系统的组成……114
5.1.2　对进给伺服系统的基本要求……115
5.1.3　伺服系统的分类……116
5.2　位置控制……118
5.2.1　开环位置控制系统……121
5.2.2　幅值伺服系统……129
5.2.3　相位伺服系统……134
5.2.4　脉冲比较伺服系统……138
5.2.5　全数字式伺服系统……139
5.3　速度控制……143
5.3.1　进给运动的速度控制……143
5.3.2　主轴驱动的速度控制……148
本章小结……156
习题与思考题……157
第 6 章　数控机床的机械结构……159
本章学习目标……159
6.1　数控机床的结构特点及要求……159
6.2　数控机床的主传动及主轴部件……160
6.2.1　主传动方式……161
6.2.2　主轴部件……162
6.3　数控机床进给运动及传动机构……169
6.3.1　导轨……170
6.3.2　滚珠丝杠螺母副……174
6.3.3　齿轮副调隙……180
6.4　数控回转工作台和分度工作台……182
6.5　自动换刀机构……186
本章小结……193
习题与思考题……194
第 7 章　数控机床的使用与维护……195
本章学习目标……195
7.1　数控机床的选用……195
7.1.1　数控机床选用的原则……195
7.1.2　数控机床选用的基本要点……196
7.2　数控机床的安装、调试与验收……197
7.2.1　数控机床的安装……197
7.2.2　数控机床的安装步骤……197
7.2.3　数控机床的调试……199
7.2.4　数控机床的验收……199
7.3　数控机床的使用……201
本章小结……202
习题与思考题……202

第 1 章　数控机床基础知识

本章学习目标

本章主要介绍数控机床的相关基础知识，数控机床的定义，数控机床的组成和分类、工作原理，数控机床的主要特点及数控机床的应用情况。通过本章的学习，读者应该掌握以下内容：

- 数控机床的组成和分类
- 数控机床的工作原理、应用

1.1　数控机床的概念

数字控制（Numerically Control）简称数控（NC），是近代发展起来的一种自动控制技术，该技术是综合了计算机、自动控制、电机、电气传动、测量、监控、机械制造等学科领域的最新成果而形成的一门边缘科学技术。

国家标准（GB8129－87）把机床数控技术定义为“用数字化信息对机床运动及其加工过程进行控制的一种方法”。而数控机床是采用了数控技术的机床。国际信息处理联盟对数控机床作了如下定义：“数控机床是一个装有程序控制系统的机床，该系统能够逻辑地处理具有使用代码，或其他符号编码指令规定的程序。”用数控机床加工零件时，要事先根据零件加工图样的要求确定零件加工的工艺过程、工艺参数、刀具参数、各种机械位移量、辅助功能等，用数字代码按一定的书写规则表达出来，然后经过数控系统的处理与运算发出各种指令，控制数控机床各个机械部件运动来加工零件，自动完成加工任务。

数控机床种类繁多，有钻铣镗床类、车削类、磨削类、电加工类、锻压类、激光加工类和其他特殊用途的专用数控机床等，凡是采用了数控技术进行控制的机床统称为数控机床。

带有自动换刀装置（Automatic Tool Changer，ATC）的数控机床（带有回转刀架的数控车床除外）称为加工中心（Machine Center，MC）。它通过刀具的自动交换，工件可以一次装、夹完成多工序的加工，实现了工序集中和工艺的复合，从而缩短了辅助加工时间，提高了机床的效率；减少了工件安装和定位次数，提高了加工精度。加工中心是目前数控机床中产量最大、应用最广的数控机床。

在加工中心的基础上，通过增加多工作台（托盘）自动交换装置（Auto Pallet Changer，APC）以及其他相关装置，组成的加工单元称为柔性加工单元（Flexible Manufacturing Cell，FMC）。FMC 不仅实现了工序的集中和工艺的复合，而且通过工作台（托盘）的自动交换和较完善的自动监测、监控功能，可以进行一定时间的无人化加工，从而进一步提高了设备的加工效率。FMC 既是柔性制造系统的基础，又可以作为独立的自动化加工设备使用，因此其发展速度较快。

在FMC和加工中心的基础上，通过增加物流系统、工业机器人以及相关设备，并由中央控制系统进行集中、统一控制和管理，这样的制造系统称为柔性制造系统（Flexible Manufacturing System，FMS）。FMS不仅可以进行长时间的无人化加工，而且可以实现多品种零件的全部加工和部件装配，实现了车间制造过程的自动化，它是一种高度自动化的先进制造系统。

为了适应市场需求多变的形势，对现代制造业来说，不仅需要发展车间制造过程的自动化，而且要实现从市场预测、生产决策、产品设计、产品制造直到产品销售的全面自动化。将这些要求综合、构成的完整的生产制造系统，称为计算机集成制造系统（Computer Integrated Manufacturing System，CIMS）。CIMS将一个更长的生产、经营活动进行了有机的集成，实现了更高效益、更高柔性的智能化生产，是当今自动化制造技术发展的最高阶段。在CIMS中，不仅是生产设备的集成，更主要的是以信息为特征的技术集成和功能集成。计算机是集成的工具，计算机辅助的自动化单元技术是集成的基础，信息和数据的交换及共享是集成的桥梁，最终形成的产品可以看成是信息和数据的物质体现。

随着电子技术、精密测量技术、计算机技术等与数控机床发展相关技术的进一步发展，数控机床正向高速高效化、高精度化、高可靠性、模块化、复合化等方向迅速发展

1.2 数控机床的组成和分类

1.2.1 数控机床的组成

数控机床主要是由控制介质、计算机数控装置、伺服驱动系统、辅助控制装置、反馈系统、机床主体等部分组成，如图1-1所示。

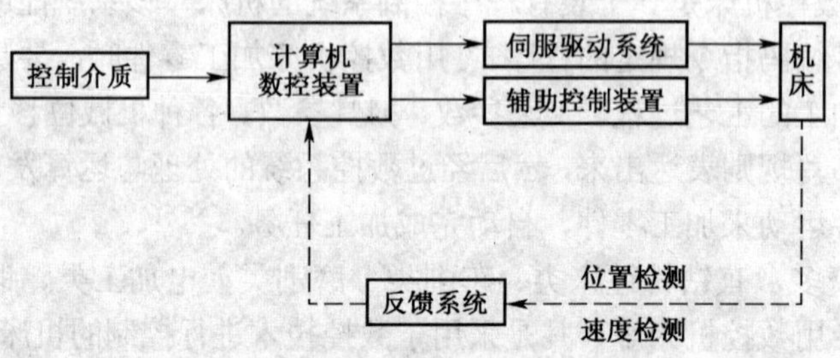

图1-1 数控机床的组成

1. 控制介质

控制介质是存储加工程序的媒介，以指令的形式记载着的各种加工信息，如工艺过程、刀具的运动轨迹参数等。常用的控制介质有穿孔纸带、磁盘、磁带等信息载体。采用哪一种载体取决于数控装置的设计类型。

2. 计算机数控装置CNC

数控装置是数控机床的核心，其功能是接受输入的加工信息，经过数控装置的系统软件和逻辑电路进行译码、运算和逻辑处理，向伺服系统发出相应的脉冲，并通过伺服系统控制机床运动部件按加工程序指令运动。

数控装置是由输入装置、输出装置、运算器、控制器、存储器等组成，如图1-2所示。

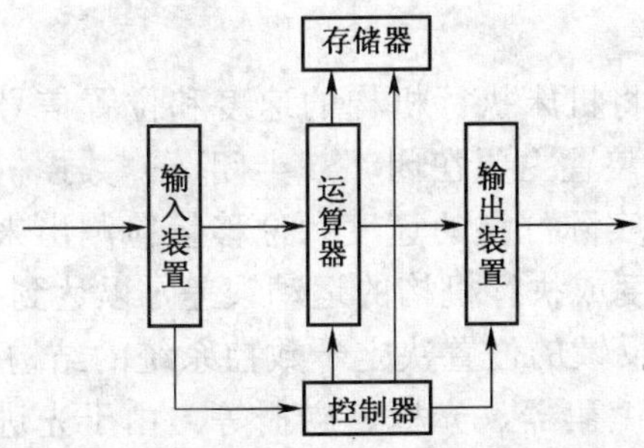

图 1-2　数控装置的组成

在一般的数控加工过程中，首先启动 CNC 装置，然后在内部软件的作用下，通过外部输入设备将各种数控加工信息存储到 CNC 装置的程序存储器内。开始加工时，在各种软件的控制下，从存储器中读取事先存储的各种数控加工信息，经过译码处理将数控加工信息转换为计算机能处理的各种数据和控制指令，最后通过数据和控制指令的性质进行各种流程处理，完成规定的加工内容。

输入装置的作用是将程序载体上的数控代码传递并存入数控系统内。根据控制存储介质的不同，输入装置可以是光电阅读机、磁带机或存储器等。数控机床加工程序也可通过外接键盘或者数控机床自身所附带的操作面板上的键盘用手工方式直接输入数控系统；数控加工程序还可以由编程计算机用 RS-232C 接口或者采用网络通讯方式传送到数控系统中。有些高档的数控装置本身就含有一套自动编程系统或 CAD/CAM 系统，只需从键盘输入相应的零件几何信息和加工信息，就能生成数控加工程序。

3. 伺服系统

伺服系统是一种以机械位置或角度作为控制对象的自动控制系统，接收数控装置的指令，驱动机床执行机构运动的驱动部件，包括主轴驱动单元、进给驱动单元、主轴电机和进给电机等。

数控装置发出的速度和位移指令控制执行部件按进给速度和进给方向实现位移。每个进给运动的执行部件都配备一套伺服系统，有的伺服系统还有位置测量装置，直接或间接测量执行部件的实际位移量，并反馈给数控装置，对加工的误差进行补偿。

一般来说，数控机床的伺服驱动系统要求有好的快速响应能力以及敏感而准确地跟踪指令功能。现在常用的是直流伺服系统和交流伺服系统，而交流伺服系统正在取代直流伺服系统。

4. 辅助装置

辅助装置是介于数控装置和机床的机械、液压部件之间的强电控制装置，其主要作用是把计算机送来的辅助指令经机床接口转换成电信号，经必要的编译、逻辑判断、功率放大后直接驱动相应的执行元件，带动机床机械部件、液压气动等辅助装置完成指令规定的动作。主要用来控制主轴电动机的起/停、转速调整、冷却泵起/停及工作台的转位和换刀等动作；以及机床上检测开关的状态等信号。它通常由 PLC 和强电控制回路构成，PLC 在结构上可以与 CNC 一体化（内置式 PLC），也可以相对独立（外置式 PLC）。

可编程逻辑控制器（PLC）具有响应快、性能可靠、易于使用、编程和修改程序来直接启动机床开关等特点，现已广泛用作数控机床的辅助控制装置。

5. 反馈装置

反馈装置的主要功能是将机床执行机构的速度和位置信号直接或间接地测量出来，并反馈到数控装置上。反馈装置主要在闭环（半闭环）数控机床上使用。它将执行元件（如刀架等）或工作台等的实际位移的速度和位移量检测出来，反馈给伺服驱动装置或数控装置，并补偿进给的速度或执行机构的运动误差，以达到提高运动机构精度的目的。检测装置的安装、检测信号反馈的位置决定于数控系统的结构形式。常用的测量装置有：旋转变压器、感应同步器、编码器、光栅、磁栅等。由于先进的伺服系统都采用了数字式伺服驱动技术（称为数字伺服），伺服驱动和数控装置间一般都采用总线进行连接；反馈信号在大多数场合都是与伺服驱动进行连接，并通过总线传送到数控装置。只有在少数场合或采用模拟量控制的伺服驱动（俗称模拟伺服）时，反馈装置才需要直接和数控装置进行连接。

6. 机床主体

数控机床的主体包括：主运动部件、进给运动执行部件、支承部件、冷却、润滑、转位和夹紧等辅助装置。数控机床是高精度和高生产率的自动化加工机床，与普通机床相比，它在总体布局、外观造型、传动系统结构、刀具系统以及操作性能方面都已发生了很大的变化。但为了满足数控的要求，充分发挥机床性能，数控机床的结构更简单，具有更好的抗震性和刚度，运动部件的摩擦因数小，进给转动部件之间间隙小，加工制造要求更精密，并采用加强刚性、减小热变形、提高精度的设计措施。

1.2.2 数控机床的分类

按照不同的分类方式，数控机床有不同的类型。下面具体介绍通常情况下，数控机床的主要分类方法。

1. 按控制的运动轨迹分类

（1）点位控制数控机床。点位控制指数控机床控制运动部件，使刀具相对工件的点定位，准确地从一个加工坐标点位置移动到另一个加工坐标点位置。而不管从一点到另一点是按照什么轨迹运动，在移动过程中不进行任何加工，对两点间的移动速度、轨迹没有任何要求。为提高生产效率和保证定位精度，机床设定快速进给，临近终点时自动降速，从而减少运动部件因惯性而引起的定位误差。这类数控机床主要有数控钻床、数控坐标镗床、数控冲床、数控测量机等。

（2）直线控制数控机床。直线控制数控机床不仅要求具有准确的定位功能，而且要求从一点到另一点之间按直线运动进行切削加工，其路线一般是由和各轴线平行的直线段组成，直线精度由相应的系统保证。在运动的过程中进行加工，而且运动时的速度是可以控制的。这类数控机床主要有数控车床、数控镗铣床、加工中心等。

（3）轮廓控制数控机床。轮廓控制数控机床能同时控制两个或两个以上的坐标轴移动，具有插补功能。不仅能够控制机床运动部件的起点和终点坐标，而且能控制整个加工进程中每一点的速度、方向和位移量。具有轮廓控制功能，即可以加工曲线或曲面零件。

按照同时能控制的轴数分，可以分为 2 轴联动、3 轴联动、4 轴联动、5 轴联动等数控机床。

2. 按伺服系统的类型分类

（1）开环控制数控机床。这类数控机床中没有检测反馈装置，主要由驱动电路、步进电机组成，如图 1-3 所示。其工作过程为：CNC 数控装置发出进给脉冲信号，经过驱动电路将其放大，从而驱动电机转动，再经过其他连接机构带动工作台移动。开环伺服系统结构简单、成本低、便于维护、调试，主要用于大多数经济型的数控机床上。

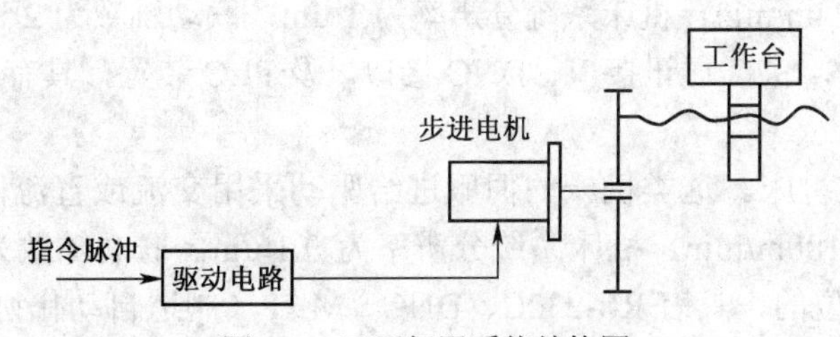

图 1-3　开环伺服系统结构图

（2）闭环控制数控机床。闭环系统中带有位置反馈装置，它通常被安装在机床工作台上来检测实际位置。该系统主要由位置比较电路、速度控制电路、速度及位置反馈装置、伺服电机组成，如图 1-4 所示。其工作过程为：将数控系统通过插补计算得到的指令位置值与反馈装置传回的实际位置值相比较得到一个位置误差值，根据这个差值控制伺服电机的转速，在运动的过程中，不断地对这个误差值进行修正，直到误差为零为止。这类系统把工作台等机械部件纳入了整个控制环节，所以称为闭环控制系统。这种控制方式可以消除机械传动部件误差对加工精度的影响。

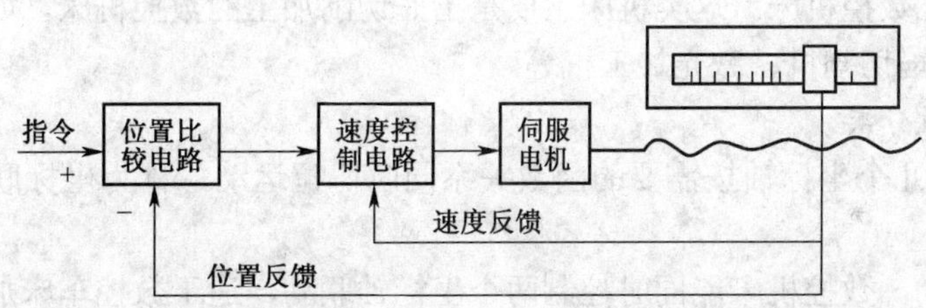

图 1-4　闭环伺服系统结构图

（3）半闭环控制数控机床。半闭环系统中也带有位置反馈装置，但是它与闭环伺服系统相比，它的位移检测装置不是安装在工作台等执行部件上，而是安装在伺服电机上或丝杠的端部，通过检测伺服电机或者丝杠的角位移间接测量出机床工作台等执行部件的实际位置，与指令位置相比较得到差值来控制工作台的移动。这类系统不把工作台等机械部件纳入整个控制环节，所以称为半闭环控制系统，如图 1-5 所示。这种系统的性能介于闭环系统、开环系统之间，其精度没有闭环系统高，调试比闭环方便，价格也便宜。

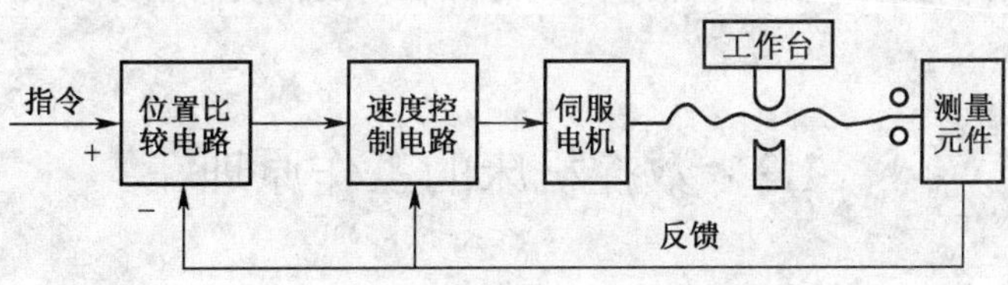

图 1-5　半闭环伺服系统结构图

3. 按数控装置的功能水平分类

（1）经济型数控机床。这类机床的伺服进给驱动采用步进电机实现的开环驱动，进给速度为 8～15m/min，机床的系统分辨率通常为 10μm，联动轴数为 2～3 轴，主 CPU 是 8 位的，无通讯功能和 PLC 装置。价格比较低廉、精度中等，能满足比较简单的直线、圆弧及螺纹的加工。

（2）中档型数控机床。这类机床的伺服进给驱动采用交流或直流伺服电机实现半闭环驱动，进给速度为 15～24m/min，机床系统分辨率为 1 μm，联动轴数为 2～4 轴，主 CPU 有 16 位和 32 位的，具有 RS-232C 通讯接口、DNC 接口以及 PLC 装置，具有图形显示功能及面向用户的宏程序功能。

（3）高档型数控机床。这类机床的伺服进给驱动采用交流或直流伺服电机实现闭环驱动，进给速度为 24～100m/min，机床系统分辨率为 0.1 μm，联动轴数为 5 轴或 5 轴以上，主 CPU 有 32 位、64 位的，具有 RS-232C、DNC、MAP（制造自动化协议）等高性能接口，内置 PLC 装置，具有三维动画功能和很强的智能自诊断功能和工艺数据库，能实现计算机联网和通信。

4. 按工艺用途分类

（1）金属切削类数控机床。金属切削类数控机床有数控车床、数控铣床、数控磨床、数控钻床、数控加工中心等。它们和普通机床的工艺用途相似，但是它们的生产率和自动化程度比普通机床高，都适合加工单件、小批量和形状复杂的零件。

（2）金属成型类数控机床。金属成型类数控机床主要是冲、压、拉等成型工艺的数控机床。

（3）特种加工数控机床。这类机床主要是指非切削加工的数控机床，如数控线切割机、电火花成型机、火焰切割机、激光加工机等。

5. 按联动轴数分类

数控系统控制几个坐标轴按需要的函数关系同时协调运动，称为坐标联动，按照联动轴数可以分为：

（1）两轴联动。数控机床能同时控制两个坐标轴联动，适于数控车床加工旋转曲面或数控铣床铣削平面轮廓。

（2）两轴半联动。在两轴的基础上增加了 Z 轴的移动，当机床坐标系的 X、Y 轴固定时，Z 轴可以作周期性进给。两轴半联动加工可以实现分层加工。

（3）三轴联动。数控机床能同时控制 3 个坐标轴的联动，用于一般曲面的加工，一般的型腔模具均可以用三轴加工完成。

（4）多坐标联动。数控机床能同时控制 4 个以上坐标轴的联动。多坐标数控机床的结构复杂、精度要求高、程序编制复杂，适于加工形状复杂的零件，如叶轮叶片类零件。

通常三轴机床可以实现二轴、二轴半、三轴加工；五轴机床也可以只用到三轴联动加工，而其他两轴不联动。

1.3 数控机床的工作原理

我们从零件的加工过程简单地说明一下数控机床的工作原理。首先，技术人员应根据手中的零件图纸分析其加工工艺，计算它的各种尺寸参数，将这些信息按照一定规则编制成数控加工的程序代码，编制完成确认无误后，再将这些程序代码通过输入装置输入到数控系统中进行处理。在处理过程当中，程序里的坐标代码会通过插补运算转变为输出插补控制信号，控制伺服驱动系统带动执行部件进行运动；而程序里的辅助功能代码会通过数控系统转变为输出辅助控制信号，控制主运动部件的变速、换向和起动，控制刀具的选择和交换，控制冷却液的开关，控制工件夹紧装置的松开和夹紧等辅助功能。数控装置通过这两种控制信号以及其他的辅助装置使数控机床严格地按照数控程序代码所规定的加工顺序、加工路线和加工参数进行工作，从而加工出符合要求的零件。数控机床工作原理框图如图 1-6 所示。

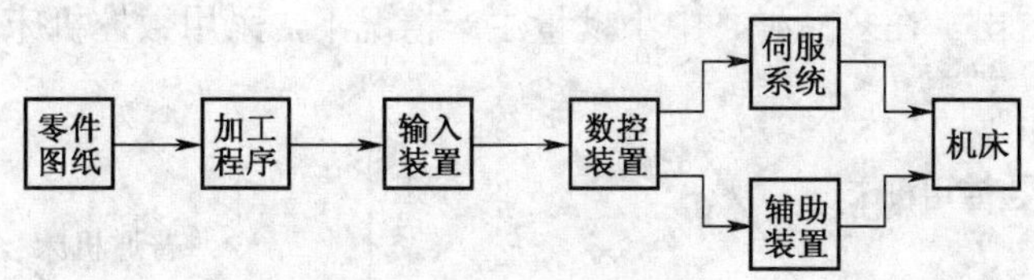

图 1-6　数控机床工作原理框图

1.4　数控机床的特点和应用

1.4.1　数控机床的特点

（1）适应能力强。在数控机床上加工时，经常采用简单的组合夹具来夹持工件，通过程序代码来控制加工，当加工零件的形状、尺寸发生改变时，不需要再制作专用的夹具，不需要对机床重新进行调整，只要改变数控加工程序，就可以加工新的零件。适合单件、小批量产品的生产。

（2）精度高、质量稳定。数控机床是按照预定的程序来进行加工，避免了人为操作对加工所产生的各种误差。而作为机床本身来说，由于制造技术不断地发展，数控机床相对于传统的机床具有更高的刚度、制造精度、热稳定性。目前数控机床的加工精度一般可达 0.005～0.01mm 之间，还可以通过实时检测反馈系统以及配套软件，在加工过程中不断地修正误差来提高加工精度。

（3）生产效率高。由于科学技术水平的发展，目前大多数的数控机床，主轴和进给等主运动大都采用无级调速，调速范围大，可选择合适的切削速度、进给速度，再加上移动部件的快速移动和精准定位，允许机床进行高速、强力切削，极大地提高了生产效率。另外，数控机床的自动化程度高，在加工中，可自动换刀、转换工作台，而且在一次装夹中可实现多道工序的加工，减少了刀具对刀、工件装卸的时间。在更换工件时，不需要对机床进行调整，大大缩短了辅助加工时间，从而进一步提高了生产效率。

（4）劳动强度低。由于数控机床自动化程度高，不需要人为过多地干预，操作者一般只需完成装卸零件、更换刀具等一些简单的手工操作。同时伴随着柔性制造系统 FMS、计算机集成制造系统 CIMS 等先进的自动化制造系统在实际生产中的逐步应用，自动化程度得到更大的提高，工人的劳动强度大为降低。

（5）有利于现代化生产管理。数控机床采用数字信息对加工进行控制，易于实现加工信息的标准化，与 CAD、CAM 系统有机地结合起来，是构成 FMS、CIMS 等先进制造系统的基础，实现生产管理的现代化、一体化。数控机床在应用中也有不利的一面，如提高了起始阶段的投资、对设备维护的要求较高、对操作人员的技术水平要求较高等。

1.4.2　数控机床的应用

从数控机床加工的特点可以看出，数控机床加工的主要对象有：

（1）最适合多品种中小批量零件。用通用机床加工时，要求设计制造复杂的专用工装或需要很长调整时间。图 1-7 和图 1-8 表示了通用机床、专用机床和数控机床加工批量与成本的关系。从图中可以看出，在多品种、中小批量生产情况下，采用数控机床生产成本更为合理。

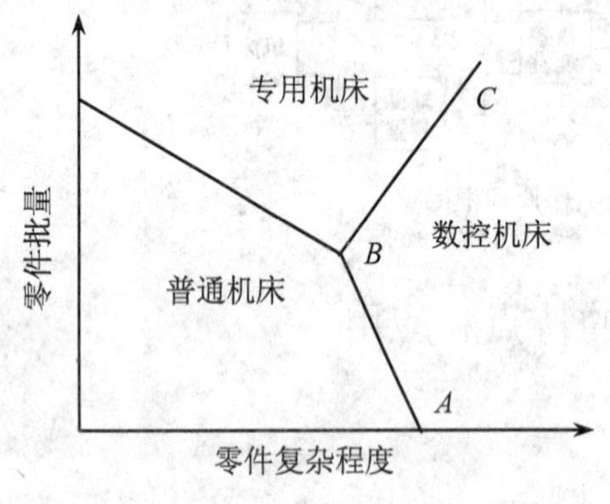

图 1-7　各种机床的使用范围

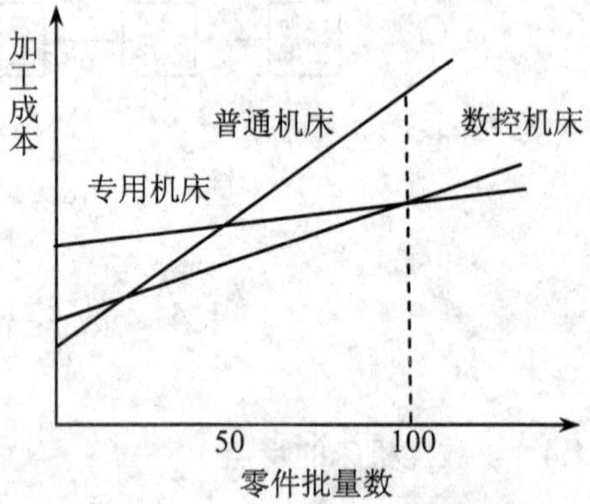

图 1-8　各种机床的加工批量与成本关系

（2）精度要求高的零件。由于数控机床的刚性好、制造精度高、对刀精确、能方便地进行尺寸补偿，所以能加工尺寸精度要求高的零件。

（3）表面粗糙度值小的零件。在工件和刀具的材料、精加工余量及刀具角度一定的情况下，表面粗糙度取决于切削速度和进给速度。普通机床是恒定转速，直径不同切削速度就不同，而数控车床具有恒线速切削功能，车端面、不同直径外圆时可以用相同的线速度，保证表面粗糙度值既小且一致。在加工表面粗糙度不同的表面时，粗糙度小的表面选用小的进给速度，粗糙度大的表面选用大些的进给速度，可变性很好，这点在普通机床上很难做到。

（4）轮廓形状复杂的零件。任意平面曲线都可以用直线或圆弧来逼近，数控机床具有圆弧插补功能，可以加工各种复杂轮廓的零件，如涡轮叶片、模具型腔等。

1.4.3　数控机床的发展

进入 21 世纪，我国机床制造业面临着提升制造业水平的需求，加速推进数控技术是解决机床制造业持续发展的一个关键。数控机床以及由数控机床组成的制造系统是改造传统产业、构建数字化企业的重要装备，它的发展一直备受人们关注。

目前，世界先进制造技术不断发展，超高速等技术的应用、柔性制造系统的迅速发展和计算机集成系统的不断成熟，对数控加工技术提出了更高的要求。为了满足市场和科学技术发展的需要，当今数控机床正在朝着以下几个方向发展：

（1）开放性。为了适应数控机床的联网、多品种、小批量、柔性化发展的要求，数控机床的体系结构逐步向开放式发展，各机床生产厂商也向此方向上努力，设计、生产开放式的数控系统。由于控制系统、主机、执行机构、模块都采用了标准化设计，因而都有互换性。

开放式数控系统是一个模块化的体系结构，由系统平台和面向应用的功能模块所构成，既有接口的开放性，又有自身功能的开放性，具有以下基本特征：

1）可互操作性。拥有标准化接口，通信和交互模型。通过提供标准化接口通信和交互机制，使不同功能模块能以标准的应用程序接口运行于系统平台上，并获得平等的相互操作能力，协调工作。

2）可移植性。不同应用程序模块可运行于不同生产商提供的系统平台上，同时系统软件也可运行于不同特性的硬件平台之上。不同的系统功能模块能运行在不同的系统平台之上，因此，系统的功能软件应与设备无关，即应用统一的数据格式、控制机制，并且通过一致的设备接口使各功能模块能运行于不同的硬件平台上。

3）可扩展性。提供标准化环境的基础平台，允许不同功能的模块介入，CNC 用户或二次开发者能有效地将自己的软件集成到 NC 系统中，形成自己的专用系统，其特征是通过特定功能模块的装载和卸载为用户系统增添和减少功能。

4）可互换性。不同性能、不同执行能力的功能模块互相代替。构成系统的各硬件、功能软件的选用不受单一供应商的控制，可根据功能、可靠性、性能要求相互替换，不影响系统整体的协调运行。

5）可伸缩性。CNC 系统的功能、规模可以灵活设置，方便修改。控制系统的大小（硬件或元件模块）可根据具体应用增减。

（2）高速度、高精度化。速度和精度是数控机床的两个重要指标，它直接关系到生产效果和加工质量。

机床向高速化方向发展，可充分发挥现代刀具材料的性能，不但可大幅度提高加工效率、降低生产成本，而且还可以提高零件的表面加工质量和精度。超高速加工技术对制造业实现高效、优质、低成本生产有广泛的适用性。随着制造水平的发展，在加工领域中的关键技术，如超高速切削机理、超硬耐磨长寿命刀具材料和磨料磨具、大功率高速电主轴、高加/减速度直线电机驱动进给部件以及高性能控制系统和防护装置等都一一得到了解决。

机床向高精度化方向发展，是为了适应高新技术发展的需要，也是为了提高普通机电产品的性能、质量和可靠性，减少其装配时的工作量从而提高装配效率的需要。从精密加工发展到超精密加工，是世界各国努力的方向。机床的加工精度也在逐步提高，从微米级到亚微米级，甚至纳米级。超精密加工主要包括超精密切削、超精密磨削、超精密研磨抛光，以及超精密特种加工等。

目前，为了提高数控机床的速度和精度，各生产厂商对其数控系统采用位数、频率更高的处理器，以提高系统的基本运算速度。同时，采用超大规模集成电路和多微处理器结构，以提高系统的数据处理能力，即提高插补运算的速度和精度。并采用直线电动机直接驱动机床工作台的直线伺服进给方式，其高速度和动态响应特性相当优越。采用前馈控制技术，使追踪滞后误差大大减小，从而改善拐角切削的加工精度。为了适应超高速加工的要求，数控机床采用主轴电动机与机床主轴合二为一的结构形式，实现了变频电动机与机床主轴一体化，主轴电机的轴承采用磁浮轴承、液体动静压轴承或陶瓷滚动轴承等形式。目前，陶瓷刀具和金刚石涂层刀具已开始得到应用。

（3）高可靠性。数控系统的可靠性一直是用户最关心的主要指标。数控系统将采用更高集成度的电路芯片，利用大规模或超大规模的专用及混合式集成电路，以减少元器件的数量，来提高可靠性。但也不是可靠性越高越好，仍然是适度可靠。因为数控机床毕竟是商品，受性能价格比的约束，所以通过硬件功能软件化，硬件结构机床本体模块化、标准化和通用化及系列化降低成本，提高系统的可靠性。为了进一步提高系统的可靠性，还通过自动运行启动诊断、在线诊断、离线诊断等多种诊断程序，实现对系统内硬件、软件和各种外部设备进行故障诊断和报警。利用报警提示，及时排除故障；利用容错技术，对重要部件采用"冗余"设计，以实现故障自恢复；利用各种测试、监控技术，当生产超程、刀损、干扰、断电等各种意外时，自动进行相应的保护。

（4）多功能化。现代数控机床采用了多主轴、多面体切削，配备自动换刀机构，能够同时对一个零件的不同部位采取铣削、镗削、钻削、车削等不同方式的切削加工。数控系统由于采用了多 CPU 结构和分级中断控制方式，可在一台机床上同时进行零件加工和程序编制。为了适应柔性制造系统和计算机集成系统的要求，数控系统具有远距离串行接口，甚至可以联网，实现数控机床之间的数据通信，也可以直接对多台数控机床进行控制。

（5）智能化。人工智能在计算机领域地不断渗透和发展，使数控系统的智能化不断提高。现代数控机床引进自适应控制技术，数控系统根据切削条件的变化，能检测过程中的一些重要信息，并自动调整系统的有关参数，保证加工过程始终保持最佳状态，从而得到较高的加工精度和较小的表面粗糙度。在整个工作过程中，系统随时对数控系统本身以及其相连的各种设备进行自诊断、检查。还可以自动更换损坏的工作模块，保证机床的正常运行。同时，将熟练工人和专家的经验、加工的一般规律和特殊规律存入系统中，以工艺参数数据库为支持，建立人工智能专家诊断系统。

（6）编程自动化。随着计算机应用技术的发展，目前 CAD/CAM 图形交互式自动编程已得到较多的应用，是数控技术发展的新趋势。它是利用 CAD 绘制的零件加工图样，再经计算机内的刀具轨迹数据进行计算和后置处理，从而自动生成 NC 零件加工程序，以实现 CAD 与 CAM 的集成。随着 CIMS 技术的发展，当前又出现了 CAD/CAPP/CAM 集成的全自动编程方式，它与 CAD/CAM 系统编程的最大区别是其编程所需的加工工艺参数不必由人工参与，直接从系统内的 CAPP 数据库获得。

（7）柔性化和集成化。数控机床向柔性自动化系统发展的趋势是：从点（数控单机、加工中心和数控复合加工机床）、线（FMC、FMS、FTL、FML）向面（工段车间独立制造岛、FA）、体（CIMS、分布式网络集成制造系统）的方向发展，另一方面向注重应用性和经济性方向发展。柔性自动化技术是制造业适应动态市场需求及产品迅速更新的主要手段，是各国制造业发展的主流趋势，是先进制造领域的基础技术。其重点是以提高系统的可靠性、实用化为前提，以易于联网和集成为目标；注重加强单元技术的开拓、完善；CNC 单机向高精度、高速度和高柔性方向发展；数控机床及其构成柔性制造系统能方便地与 CAD、CAM、CAPP、MTS 联结，向信息集成方向发展；网络系统向开放、集成和智能化方向发展。

（8）控制系统和数控系统小型化。控制系统与数控系统小型化便于将机、电装置结合为一体。目前主要采用超大规模集成元件、多层印刷电路板，采用三维安装方法，使电子元器件得以高密度安装，较大规模缩小系统的占有空间。而利用新型的彩色液晶薄型显示器替代传统的阴极射线管，将使数控操作系统进一步小型化。这样可方便地将它安装在机床设备上，更便于对数控机床的操作使用。

（9）出现新一代数控加工工艺与装备。为适应制造自动化的发展，向 FMC、FMS 和 CIMS 提供基础设备，要求数字控制制造系统不仅能完成通常的加工功能，而且还要具备自动测量、自动上下料、自动换刀、自动更换主轴头（有时带坐标变换）、自动误差补偿、自动诊断、进线和联网等功能，广泛地应用机器人、物流系统、FMC、FMS Web-based 制造及无图纸制造技术。

围绕数控技术、制造过程技术在快速成型、并联机构机床、机器人化机床、多功能机床等整机方面和高速电主轴、直线电机、软件补偿精度等单元技术方面先后有所突破。并联杆系结构的新型数控机床实用化。这种虚拟轴数控机床用软件的复杂性代替传统机床机构的复杂性，开拓了数控机床发展的新领域。

以计算机辅助管理和工程数据库、因特网等为主体的制造信息支持技术和智能化决策系统。对机械加工中海量信息进行存储和实时处理。应用数字化网络技术，使机械加工整个系统趋于资源合理支配并高效地应用。

由于采用了神经网络控制技术、模糊控制技术、数字化网络技术，机械加工向虚拟制造的方向发展。

本章小结

数控机床是一个装有程序控制系统的机床，该系统能够逻辑地处理具有使用代码或其他符号编码指令规定的程序。基本组成包括了控制介质、计算机数控装置、伺服驱动系统、辅助控制装置、反馈系统、机床主体等部分。

数控机床按控制的运动轨迹分类，可分为：点位控制数控机床、直线控制数控机床、轮廓控制数控机床；按伺服系统的类型分类，可分为：开环控制数控机床、闭环控制数控机床、半闭环控制数控机床；按数控装置的功能水平分类，可分为：经济型数控机床、中档型数控机床、高档型数控机床；按工艺用途分类，可分为：金属切削类数控机床、金属成型类数控机床、特种加工数控机床；按联动轴数分类，可分为：两轴联动、两轴半联动、三轴联动、多坐标轴联动。

数控装置通过插补控制信号、输出辅助控制信号以及其他的辅助装置，使数控机床严格地按照数控程序代码所规定的加工顺序、加工路线和加工参数进行工作，从而加工出符合要求的零件。

进入 21 世纪，我国机床制造业面临着提升制造业水平的需求，当今数控机床正在朝着以下几个方向发展：①开放性；②高速度、高精度化；③高可靠性；④多功能化；⑤智能化；⑥编程自动化；⑦柔性化和集成化；⑧控制系统和数控系统小型化；⑨出现新一代数控加工工艺与装备（FMC、FMS Web-based 制造及无图纸制造技术）。

习题与思考题

1．什么是数控机床？由哪几个部分组成？各部分的功能是什么？

2．什么是开环数控系统、半闭环数控系统、闭环数控系统？它们的区别是什么？

3．数控机床的原理是什么？

4．数控机床的特点是什么？

5．数控机床的发展趋势是什么？

第 2 章　数控系统

本章学习目标

本章主要讲解了经济型、标准型数控系统的组成及工作原理，介绍了数控系统插补原理、相关数据的处理方法、PLC 功能的应用。通过本章学习，读者应该掌握以下内容：

- 数控系统的工作原理
- 运动轨迹的插补原理
- PLC 功能的实现

2.1　经济型数控系统

目前，我国的经济型数控系统大多数仍是以 8 位或 16 位单片机或者以 16 位或 32 位微处理器为主构成的系统，能够控制的轴数和联动轴数为 2～3 轴，进给系统的驱动部件采用步进电机。经济型数控系统精度和速度都较低，功能比较简单，通常是开环控制，主要适合于功能要求较低的数控机床，如功能简单的车、铣、钻床等。我国的大多数经济型数控系统都是自主研发的，已研制了数十种，应用较为普遍的是华中 I 型。

任何一个计算机控制系统都是由硬件和软件构成，硬件是软件稳定运行的基础，而软件赋予了硬件控制功能，两者相辅相成。而在本节中，我们主要通过经济型数控系统的硬件结构来了解它的功能和作用。

2.1.1　硬件组成

构成经济型数控系统的基本硬件由 CPU、存储器、输入/输出（I/O）接口电路组成。这里主要介绍由 MCS-51 系列单片机构成的经济型数控系统。

单片机是在一片芯片上集成了 CPU、ROM/RAM/EPROM/E^2PROM、定时器/计数器及各种 I/O 接口等构成了一个完整的数字处理系统。单片机的主要特点是抗干扰性强、可靠性高、速度快、指令系统效率高、体积小、性能价格比高。MCS-51 是指由美国 Intel 公司生产的一系列单片机的总称，这一系列单片机包括了很多品种，如 8031、8051、8751、8032、8052、8752 等，其中 8051 是最早最典型的产品，该系列其他单片机都是在 8051 的基础上进行功能的增、减、改变而来的，所以人们习惯于用 8051 来称呼 MCS-51 系列单片机，而 8031 是前些年在我国最流行的单片机，所以很多场合会看到 8031 的名称。Intel 公司将 MCS-51 的核心技术授权给了很多其他公司，所以有很多公司在做以 8051 为核心的单片机，当然功能或多或少有些改变，以满足不同的需求。

1．MCS-51单片机的构成

MCS-51系列包含3个产品：8031（内部不含ROM）、8051（内部含ROM）、8751（内部含EPROM）。三者的引脚完全兼容，仅在结构上有些差异。

由图2-1可以看出，单片机内部主要包含以下几个部件：一个8位CPU、一个时钟电路、4KB程序存储器、128KB数据存储器、两个16位定时/计数器、64KB扩展总线控制电路、4个8位并行I/O端口、一个可编程串行接口、5个中断源（其中包括两个优先级嵌套中断）。

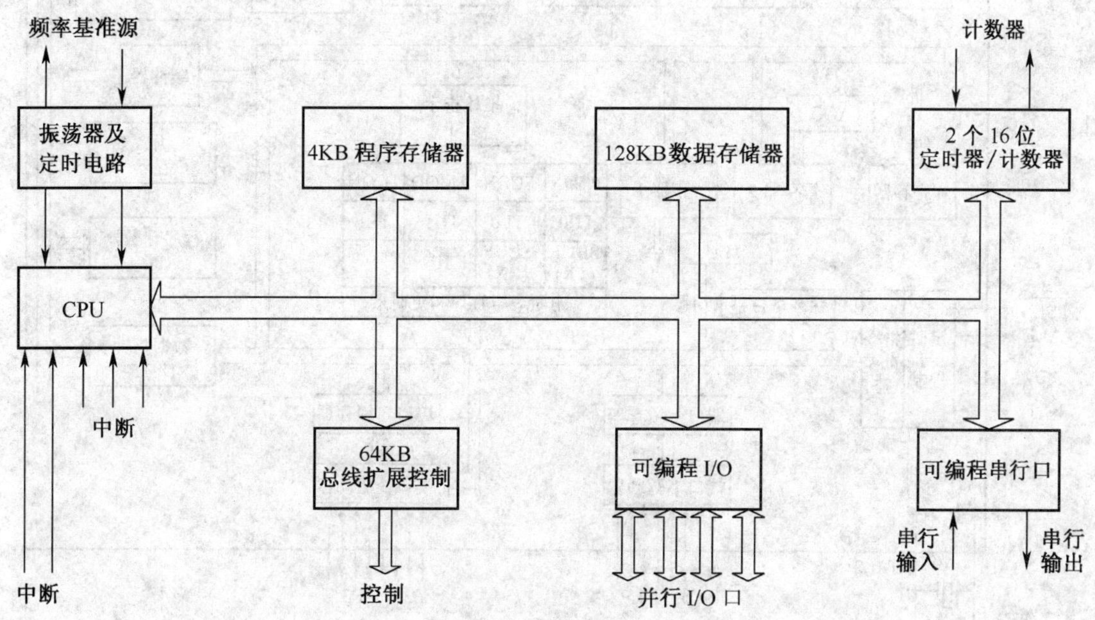

图2-1　MCS-51单片机系统结构图

2．MCS-51单片机各组成部分的作用（如图2-2所示）

（1）CPU。CPU即中央处理器的简称，是单片机的核心部件，它完成各种运算和控制操作，CPU由运算器和控制器两部分电路组成。

运算器电路包括ALU（算术逻辑单元）、ACC（累加器）、B寄存器、状态寄存器、暂存器1和暂存器2等部件，运算器的功能是进行算术运算和逻辑运算。

控制器电路包括程序计数器PC、PC加1寄存器、指令寄存器、指令译码器、数据指针DPTR、堆栈指针SP、缓冲器以及定时与控制电路等。控制电路完成指挥控制工作，协调单片机各部分正常工作。

（2）定时器/计数器。MCS-51单片机片内有两个16位的定时/计数器，即定时器0和定时器1。它们可以用于定时控制、延时以及对外部事件的计数和检测等。

（3）存储器。MCS-51系列单片机的存储器包括数据存储器和程序存储器，其主要特点是程序存储器和数据存储器的寻址空间是相互独立的，物理结构也不相同。

1）程序存储器（ROM）。主要是紫外线擦抹的可编程只读存储器EPROM，通常采用标准芯片。如2716（2KB×8）、2732（4KB×8）、2764（8KB×8）、27128（16KB×8）、27256（32KB×8）、27512（64KB×8）。

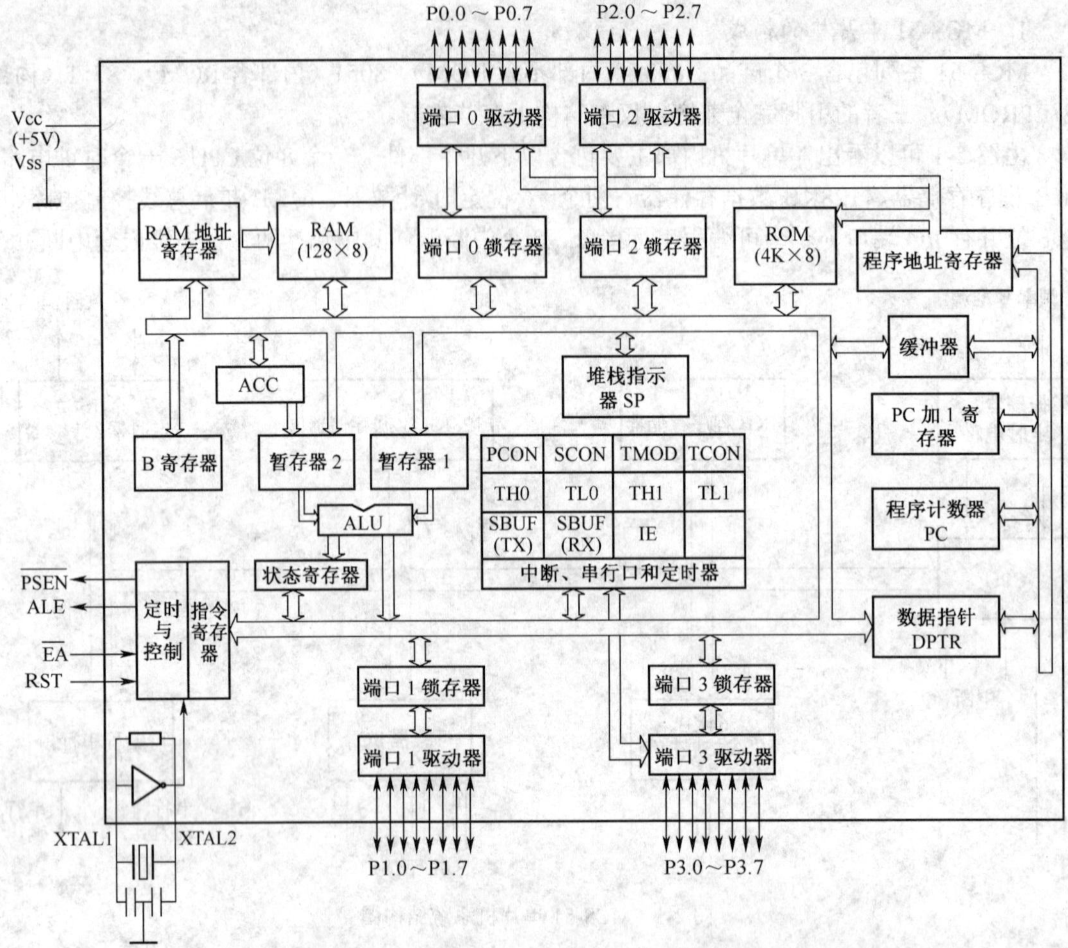

图 2-2　MCS-51 单片机芯片内部结构框图

2）数据存储器（RAM），一般采用静态 RAM。

- 静态 RAM：无须刷新，但功耗大、成本高。常用的有 6116（2KB×8）、6264（8KB×8）和 62256（32KB×8）。
- 动态 RAM：功耗小、成本低，但需要刷新。常用的有 2164A（64KB×1）、41464（64KB×4）。

（4）并行 I/O 口。MCS-51 单片机共有 4 个 8 位的 I/O 口（P0、P1、P2 和 P3），每一条 I/O 线都能独立地用作输入或输出。P0 口为三态双向口，能带 8 个 TTL 门电路，P1、P2 和 P3 口为准双向口，负载能力为 4 个 TTL 门电路。

（5）串行 I/O 口。MCS-51 单片机具有一个采用通用异步工作方式的全双工串行通信接口，可以同时发送和接收数据。

（6）中断控制系统。8051 共有 5 个中断源，即外中断 2 个、定时/计数中断 2 个、串行中断 1 个。

（7）时钟电路。MCS-51 芯片内部有时钟电路，但晶体振荡器和微调电容必须外接。时钟电路为单片机产生时钟脉冲序列，振荡器的频率范围为 1.2MHz～12MHz，典型取值为

6MHz。

（8）总线。以上所有组成部分都是通过总线连接起来，从而构成一个完整的单片机。系统的地址信号、数据信号和控制信号都是通过总线传送的，总线结构减少了单片机的连线和引脚，提高了集成度和可靠性。

3．MCS-51 单片机

图 2-3 所示为 MCS-51 系列单片机引脚图及逻辑符号，它们为标准的 40 脚 DIP 封装。

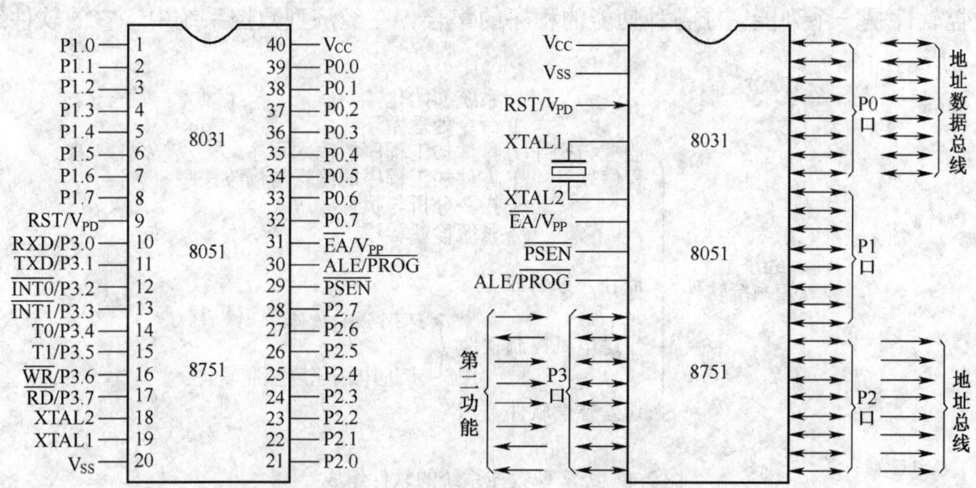

图 2-3　MCS-51 系列单片机引脚图及逻辑符号

（1）电源引脚 Vcc 和 Vss。Vcc：电源端，接+5V。Vss：接地端。

（2）时钟电路引脚 XTAL1 和 XTAL2。

XTAL1：接外部晶振和微调电容的一端，在片内它是振荡器倒相放大器的输入，若使用外部 TTL 时钟时，该引脚必须接地。

XTAL2：接外部晶振和微调电容的另一端，在片内它是振荡器倒相放大器的输出，若使用外部 TTL 时钟时，该引脚为外部时钟的输入端。

（3）地址锁存允许 ALE。系统扩展时，ALE 用于控制地址锁存器锁存 P0 口输出的低 8 位地址，从而实现数据与低位地址的复用。

（4）外部程序存储器读选通信号。是读外部程序存储器的选通信号，低电平有效。

（5）程序存储器地址允许输入端/V_{PP}。当为高电平时，CPU 执行片内程序存储器指令，但当 PC 中的值超过 0FFFH 时，将自动转向执行片外程序存储器指令。当为低电平时，CPU 只执行片外程序存储器指令。

（6）复位信号 RST。该信号高电平有效，在输入端保持两个机器周期的高电平后，就可以完成复位操作。

（7）输入/输出口引脚 P0、P1、P2 和 P3。

P0 口（P0.0～P0.7）：该端口为漏极开路的 8 位准双向口，负载能力为 8 个 LSTTL 负载，它为 8 位地址线和 8 位数据线的复用端口。

P1 口（P1.0～P1.7）：它是一个内部带上拉电阻的 8 位准双向 I/O 口，P1 口的驱动能力为

4 个 LSTTL 负载。

P2 口（P2.0～P2.7）：它为一个内部带上拉电阻的 8 位准双向 I/O 口，P2 口的驱动能力也为 4 个 LSTTL 负载。在访问外部程序存储器时，它作存储器的高 8 位地址线。

P3 口（P3.0～P3.7）：P3 口同样是内部带上拉电阻的 8 位准双向 I/O 口，P3 口除了作为一般的 I/O 口使用之外，其还具有特殊功能。

2.1.2 软件组成

数控软件是一系列能完成各种功能的程序的集合。在经济型数控系统中，它的软件组成如图 2-4 所示。

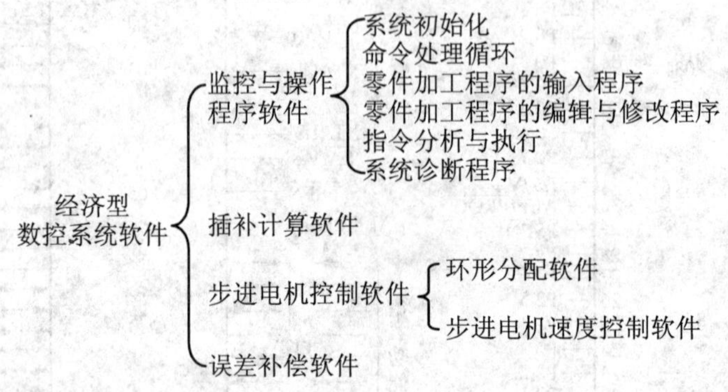

图 2-4 经济型数控系统的软件组成

（1）监控与操作程序软件。用于实现人机对话、系统监控、指挥整个系统软件协调工作等。它包括：

1）系统初始化。数控系统要进行必要的初始化处理，主要包括：设置系统硬件的工作状态（如设置 CPU 的工作状态）；对系统变量赋初值；机床工作前刀具和工件之间的初始位置、初始化输出端口的内容系统硬件部件的自检等。

2）命令处理循环。初始化工作完成后，程序进入命令处理循环状态。一方面，程序进入主循环状态（如进入加工程序编辑服务程序，或进入自动循环服务程序）；另一方面，程序又不断扫描键盘及操作面板，看是否有中断请求。如果有，则转去执行中断请求程序，完成后又回到主程序。

3）零件加工程序的输入程序。该程序完成两方面的工作：通过光电阅读机或键盘输入程序；对输入的程序进行译码。

将输入的源程序按顺序读入，并根据字地址把有关数据送至指定的存储单元，同时将坐标值 BCD 码转换成二进制数码。输入程序中应设置一个地址指针。每读完一个程序段，必须把当前指针压入堆栈，以备下一段程序读入时使用。

4）零件加工程序的编辑与修改程序。主要指增加一条加工子程序、删除一条语句、修改程序功能和名称等。进入编辑修改状态后，检索需要编辑修改的程序，对该程序中的指令和数据进行必要的删除或插入等编辑修改工作。

5）指令分析与执行。对输入的指令进行识别，识别指令功能并执行相应操作。如输入的指令中有 G 功能指令，通过后面的不同代码决定不同的运动方式。G01：直线插补；G02：顺时针圆弧插补等。M 功能为一些辅助的功能，如 M05：决定主轴的停止等。

6）系统诊断程序。用于检测硬件功能的正确性（如微机部分、外围设备部分、接口部分等是否发生故障），同时找出故障地点及原因，发出错误信息，辅助维修人员确定故障部件，缩短系统维修时间。诊断的内容通常包括：定时/计数器的诊断、中断功能的诊断、ROM 区的诊断、RAM 区的诊断、键盘的诊断。

（2）插补计算软件。直线和圆弧是构成图形最简单的基本曲线，机床上加工各种不同形状的零件，大部分由直线和圆弧组成。如果在机床上要加工一些由二次曲线或者高次曲线组成的零件时，若直接生成，则可能会使算法变得复杂，计算机的工作量也会随之增大，所以在数控加工中高次曲线的求解，可以采用一小段直线或圆弧来拟合高次曲线，就可以满足精度要求，这种拟合的方法就是插补。数控系统中完成插补运算工作的装置或程序称为插补器，早期的数控系统使用硬件插补器，由逻辑电路组成，运算速度快，但灵活性差、结构复杂、成本高。而现代的数控系统中，插补器功能由软件来实现，称为软件插补，根据给定的信息进行数字计算，在计算过程中不断向各个坐标发出相互协调的进给脉冲，使被控机械部件按指定的路线移动。

（3）步进电机控制软件。主要包括环形分配软件和步进电机速度控制软件。这里的环形分配器属于软件分配，环形分配由数控装置中的计算机软件来完成，直接驱动步进电动机各绕组的通、断电。对于不同种类、不同相数、不同通电方式的步进电动机，用软件环形分配器只需编制不同的环形分配程序，将其存入数控装置的 EPROM 中即可。用软件环形分配器可使线路简化、成本降低，并可灵活改变步进电动机的控制方案。

（4）误差补偿软件。在数控系统中，存在着编程误差和机械传动误差。这些误差在开环系统及半闭环系统中没有得到有效的补偿。只要对引起加工误差的各个环节的定量关系清楚，就可以在编程中正确地引入修正量，调整进给脉冲，达到减少和消除部分误差的目的，这就是误差的软件补偿。

1）编程误差 δ。

编程误差 $\delta_1=\delta_{1a}+\delta_{1b}+\delta_{1c}$，一般取零件加工允许误差的 0.1～0.15 倍。

δ_{1a} 为逼近误差；δ_{1b} 为插补误差；δ_{1c} 为圆整误差。

为减小编程误差，可以通过减小插补距离或增加机床分辨率来达到。一般不需要专门的软件补偿。

2）间隙误差 δ_2。

数控机床机械传动部件间存在一定的间隙，由此产生的加工误差称为间隙误差。

机械传动间隙通常有：丝杠轴承轴向间隙、丝杠螺母副之间的传动间隙、联轴节的扭转间隙、齿轮传动的齿侧间隙等。间隙对误差的影响主要是在运动换向时发生，先将各个间隙值经标度变换确定指令脉冲数 M，然后在零件加工程序中判别进给方向的指令转向后，给出 M 个额外的进给指令脉冲，再执行正常的程序。

2.2 标准型数控系统

标准型数控系统的硬件按照微处理器的结构可以分为单微处理器和多微处理器两大类。早期的数控机床和现有的经济型数控机床一般都采用单微处理器结构。随着数控系统功能不断地增加，对机床的要求也越高，单微处理器不能满足要求。因此，目前很多数控系统采用了多微处理器结构，以适应机床高精度、高速度、高智能化的发展。

2.2.1 硬件组成

1. 单微处理器的结构

在单微处理器结构中，只有一个微处理器来集中控制，分时处理存储、插补运算、输入输出控制、CRT 显示等各个任务。一个微处理器通过总线与存储器、输入输出接口及其他接口相连，构成整个数控系统装置。

（1）微处理器。如图 2-5 所示是单微处理器结构框图，图中微处理器是数控装置的中央处理单元，它能完成数控系统的运算和管理工作，由运算器和控制器两部分组成。

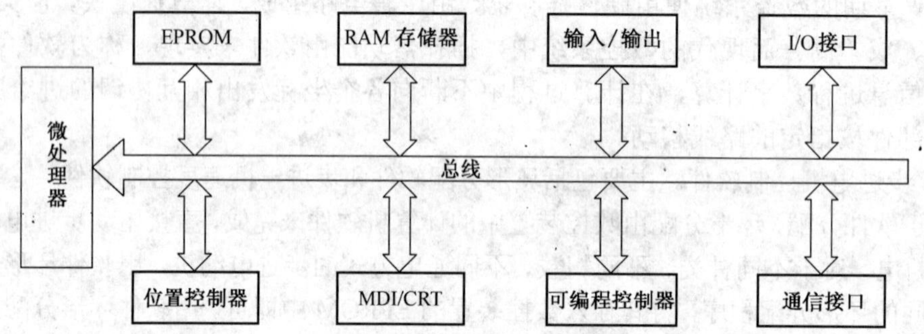

图 2-5 单微处理器结构框图

1）运算器。对各种数据进行算术运算和逻辑运算。在运算的过程中，运算器从存储单元里面读取所需的数据，并对数据进行相关的处理，任务完成后送回存储器保存起来。

2）控制器。从存储单元中取出程序指令，经过译码后向数控系统各部分按照一定的规则和顺序发出执行操作的信号，以执行指令。控制器是数控装置的核心部分，除了发出各种执行指令之外，还接收从执行部件反馈的信息。控制器对程序中的指令信息和执行部件的反馈信息进行处理，决定下一步的操作。

目前常用的有 8 位、16 位、32 位的微处理器，如 FANUC15、SIEMENS840 等系统均为 32 位的微处理器。可以根据具体要求及相关技术发展的成果选用合适的微处理器。

（2）总线。在单微处理器的数控系统中，常采用总线结构。总线可分为数据总线、地址总线、控制总线。

1）数据总线。数据总线为数控系统中其他各部分传送数据，数据总线的位数和传送的数据宽度相等，数据总线是双向三态形式的总线，即它既可以把 CPU 的数据传送到存储器或 I/O 接口等其他部件，也可以将其他部件的数据传送到 CPU。数据总线的位数是微型计算机的一个重要指标，通常与微处理器的字长相一致。例如 Intel 8086 微处理器的字长为 16 位，其数据总线宽度也是 16 位。需要指出的是，数据的含义是广义的，它可以是真正的数据，也可以是指令代码或状态信息，有时甚至是一个控制信息。因此，在实际工作中，数据总线上传送的并不一定仅仅是真正意义上的数据。

2）地址总线。地址总线传送的是地址信号，与数据总线结合使用，以确定数据总线上传输的数据来源或目的地。由于地址只能从 CPU 传向外部存储器或 I/O 端口，所以地址总线总是单向三态的，这与数据总线不同。地址总线的位数决定了 CPU 可直接寻址的内存空间大小，比如 8 位微机的地址总线为 16 位，则其最大可寻址空间为 2^{16}=64KB，16 位微型机的地址总线为 20 位，其可寻址空间为 2^{20}=1MB。一般来说，若地址总线为 n 位，则可寻址空间为 2^n 字节。

3）控制总线。控制总线用来传送控制信号和时序信号。控制信号中，有的是微处理器送往存储器和 I/O 接口电路的，如读/写信号、片选信号、中断响应信号等；也有的是其他部件反馈给 CPU 的，如中断请求信号、复位信号、总线请求信号、设备就绪信号等。因此，控制总线的传送方向由具体控制信号而定，一般是双向的，控制总线的位数要根据系统的实际控制需要而定。实际上控制总线的具体情况主要取决于 CPU。

（3）存储器。数控系统的存储器包括只读存储器（ROM）和随机存储器（RAM）。

1）只读存储器（ROM）。只读存储器一般采用可擦除的只读存储器（EPROM），用于固化数控系统的控制软件，数控系统的所有功能都是在 EPROM 中的程序控制下完成的。因为存储器的内容是固化写入的，即使断电，EPROM 中的信息也不会消失。若要改变 EPROM 中的程序，需要用紫外线清除，重新固化新的程序。

2）随机存储器（RAM）。随机存储器中存放可随时被 CPU 读取的信息，断电后，由电池来维持 RAM 芯片电压，以保持其中的信息。如没有后备电池，RAM 中的信息会消失。

（4）输入/输出接口。在数控机床中，数控系统与机床之间的来往信号不能直接连接，而要通过输入/输出接口电路连接起来，通过输入/输出接口电路来传输各种信号。接口电路的主要任务是：进行电平转化和功率放大。一般数控系统的信号是 TTL 电平，而控制机床的电平则不一定是 TTL 电平，负载较大，因此要进行必要的信号电平转化和功率放大，防止噪声引起误动作。要用光耦合器或继电器将数控系统和机床之间的信号在电气上加以隔离。数控系统的输入/输出信号及接口一般有：①开关量信号：完成机床的开关量辅助功能控制以及数控系统与机床之间信号的交换；②模拟量输出信号：控制进给伺服与主轴驱动的速度；③位置反馈输入信号：各进给轴与主轴位置传感器信号的接收、处理以及计数；④手轮输入信号：用于连接 MPG 手摇脉冲发生器；⑤通信与网络接口：数控系统常用的接口是标准的 RS-232C 接口，还可以配置各种网络接口。

（5）位置控制器。位置控制器主要控制数控机床上各个作进给运动的坐标轴位置。

（6）MDI/CRT 接口。

1）MDI 接口是通过操作面板上的键盘手动输入各种数据。

2）CRT 接口是通过数控系统中的图形显示软件和相关硬件配合，将各种加工信息显示在显示器下：在编程时，显示器 CRT 上显示的是正在编辑的数控加工程序；在加工时，显示各个运动部件的坐标位置和机床的状态参数。如果数控系统具有模拟仿真加工的功能，那么，在模拟加工过程时，会显示模拟的加工路径。

（7）可编程控制器 PLC。数控机床中的可编程控制器代替原来的继电器强电逻辑控制，实现各种辅助动作的控制，如主轴的正反转、停止，切削液的开启和关闭，选刀、换刀，夹头的夹紧和松开等辅助动作。可编程控制器与传统的继电器逻辑电路相比，抗干扰能力强、工作可靠、组合灵活，可与现场信号直接连接。

2. 多微处理器的结构

由两个或两个以上的微处理器构成处理部件，采用模块化技术，各模块之间通过总线进行连接。每个微处理器都可共享系统公用存储器或I/O接口，并分担一部分数控功能，从而将单微处理器的CNC装置中顺序完成的工作转变为多微处理器并行、同时完成的工作，因而大大增强了整个系统的性能。

（1）CNC管理模块。具有管理和组织整个CNC系统工作过程的职能。例如系统初始化、中断管理、总线裁决、系统出错识别和处理、系统软硬件诊断等。

（2）CNC插补模块。对工件加工程序进行译码、刀具补偿、坐标位移量计算和进给速度处理等插补前的预处理工作。然后按给定的插补类型和轨迹坐标进行插补计算，向各个坐标轴发出位置指令值。

（3）位置控制模块。将插补后的坐标位置指令值与位置检测单元反馈回来的实际位置值进行比较，并进行自动加减速、回基准点、伺服系统滞后量的监视和漂移补偿，得到速度控制的模拟电压，驱动进给电动机。

（4）PLC功能模块。对加工程序中的开关功能和来自机床的信号进行逻辑处理，实现各功能与操作方式之间的连锁，如机床电气设备的起动与停止、刀具交换、回转台分度、工件数量和运行时间的计算等。

（5）操作显示模块。包括加工程序、参数和数据、各种操作命令的输入（如通过纸带阅读机、键盘或上级计算机等）和输出（如通过打印机、纸带穿孔机等）以及显示（如通过CRT、液晶显示器等）所需要的各种接口电路。

（6）主存储器模块。既可以是存放程序和数据的主存储器，也可以是各功能模块间传送数据用的共享存储器。

多微处理器的数控装置在结构上可分为共享总线和共享存储器两种，通过共享总线或存储器来实现各功能模块之间的通信。

（1）共享总线结构。在共享总线结构（如图 2-6 所示）中，是以总线为中心，把组成数控装置的各种功能模块划分为带有 CPU 的各种主模块和不带 CPU 的各种从模块，其中CNC管理模块、CNC插补模块、位置控制模块、自动编程模块、主轴控制模块都是带CPU的主模块，剩余的各个功能模块都是不带 CPU 的从模块。所有主、从模块按照规定的通信协议进行各种数据的交换和通信。在共享总线结构中，为了解决各个功能模块占用共享总线的矛盾，规定只有主模块有权使用系统总线，如果在某一时刻有多个主模块同时发出请求使用总线，系统会通过总线仲裁电路来解决各个主模块使用总线的先后顺序。各个主模块使用总线的先后顺序是按照其各自承担的任务的重要程度来排序的，通常由优先级高的主模块优先使用总线。

（2）共享存储器结构。是面向公共存储器来设计的，即采用多端口来实现各主模块之间的互联和通信，同共享总线结构一样，该系统在同一时刻也只能允许有一主模块对多端口存储器进行访问（读/写），所以，也必须有一套多端口控制逻辑来解决访问冲突这一矛盾。但由于多端口存储器设计较复杂，而且对两个以上的主模块，会因争用存储器可能造成存储器传输信息的阻塞，降低系统效率，给扩展功能造成困难，所以一般采用双端口存储器（双端口RAM）。在共享存储器结构中，主模块都有权使用共享存储器，如果多个主模块同时向存储器发出请求，只要存储器容量足够大，有空闲资源，不会发生使用冲突，如图 2-7 所示。

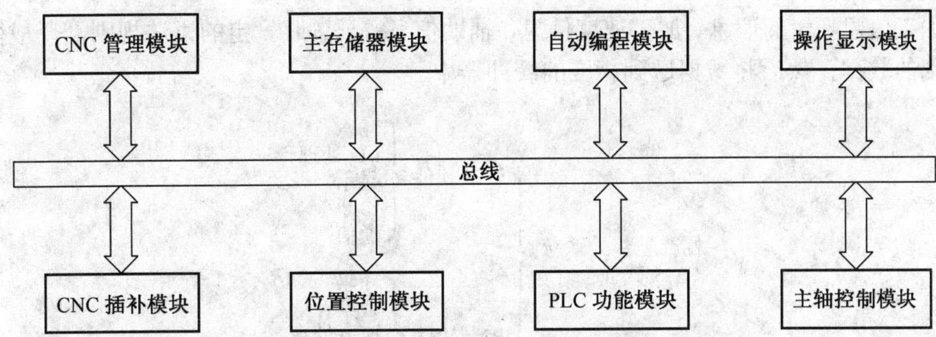

图 2-6　多微处理器的数控装置共享总线结构

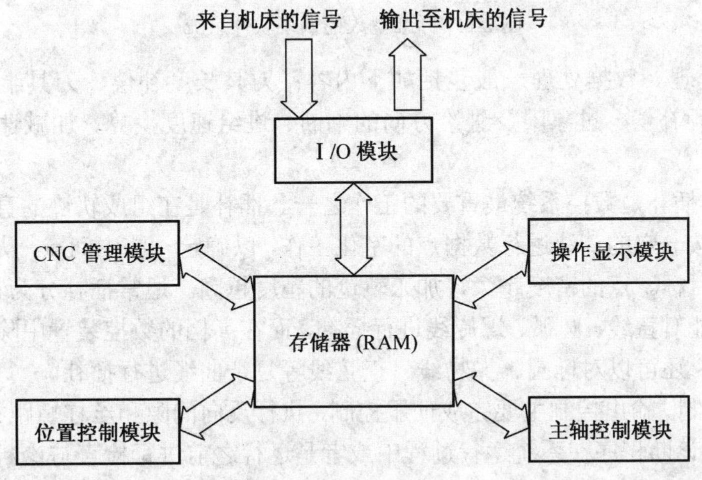

图 2-7　多微处理器的数控装置共享存储器结构

2.2.2　软件组成

数控系统是一个实时多任务系统，本身就是一台计算机，所以它的软件在设计之初就融合许多计算机软件的先进技术。在单微处理器的数控系统中，其软件结构常采用前后台型的软件结构和中断型的软件结构；在多微处理器的数控系统中，通常是各个微处理器分别承担一项任务，然后通过它们之间相互通信、协调工作来完成控制。

1. 标准型数控系统软件的工作过程

数控系统的软件是使数控系统完成各项功能而编写的专用软件。不同的数控系统，其软件结构会有所不同，但都是由如下各部分组成其基础结构：输入程序、译码程序、数据处理程序、插补程序、输出控制程序、诊断程序，如图 2-8 所示。

（1）输入。数控系统中加工程序的输入方式大都采用中断方式来完成，且每一种中断方式均有一个相对应的中断服务程序。但无论哪一种中断服务程序，其加工程序存储的过程都是先输入零件加工程序，然后将程序存储到缓冲器中，最后通过缓冲器将程序送到零件程序存储器。

（2）译码。译码就是将数控加工程序代码翻译成数控系统能识别的语言。在数控系统译码的过程中，对每行程序段进行语法检查，如有发现问题立即发出报警。没有错误，则把程序段中的加工信息（轮廓信息、加工速度信息、辅助信息等）按照一定的语法规则翻译成微处理器能辨别的数据，然后将数据送到相应的缓冲器中。

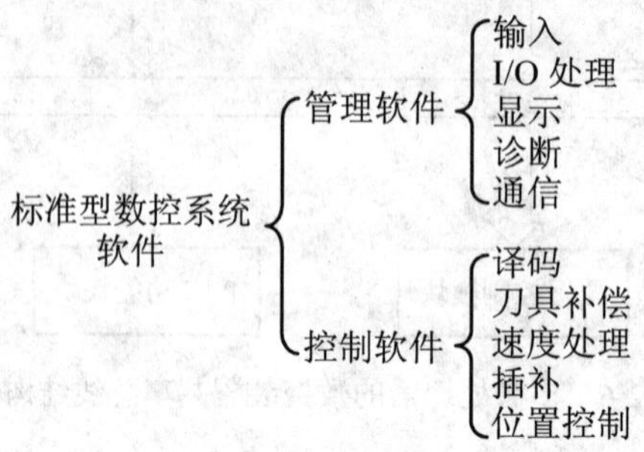

图 2-8　标准型数控系统软件组成

（3）数据处理。数据处理一般包括如下内容：刀具长度补偿、刀具半径补偿、反向间隙补偿、丝杠螺距补偿、过象限及进给方向的判断、进给速度换算、加减速控制、辅助功能的处理等。

（4）插补。插补是数控系统最重要的工作之一。插补是在组成轨迹的直线段或曲线段的起点和终点之间按一定的算法进行数据点的密化工作，以确定一些中间点。从而为轨迹控制的每一步提供逼近目标。点的密度越大，加工轨迹的精度越高。通常插补分为粗插补和精插补。一般的数控装置能对直线、圆弧、螺旋线进行插补，而在高档的数控装置中除了能完成一般的曲线插补工作外，还可以对椭圆、抛物线、正弦线等复杂曲线进行插补。

（5）输出控制。输出控制主要完成伺服控制，执行反向间隙和丝杠螺距补偿及辅助功能。

（6）诊断。诊断程序在系统运行过程中或者是运行之前进行检查与诊断，并且可以作为服务程序在系统运行出现故障后，帮助用户迅速查明故障的类型和位置。

2. 标准型数控系统的软件结构特点

（1）多任务并行处理，如图 2-9 所示。

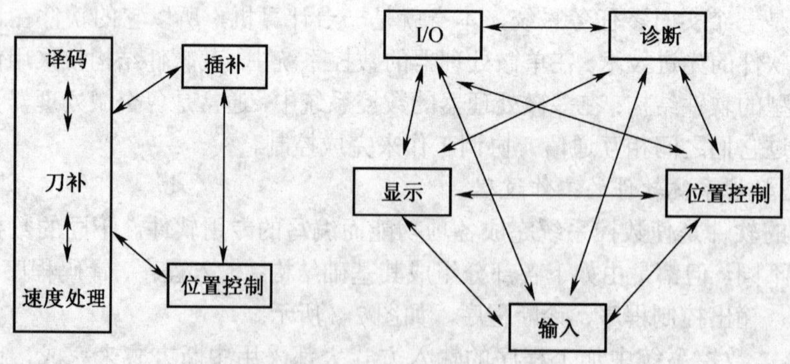

图 2-9　各模块间多任务的并行处理

多任务并行处理是指计算机在同一时刻或同一时间间隔内完成两种或两种以上内容相同或不同的工作。例如刀具在各程序段之间不停刀，译码、刀具补偿和速度处理模块必须与插补模块同时运行，而插补程序又必须与位置控制程序同时运行。并行处理的方法可有资源共享和时间重叠两种方法。

资源共享是根据资源分时共享的原则，使多个用户按时间顺序使用同一套设备。时间重叠是根据流水线处理技术，使多个处理过程在时间上相互错开，轮流使用同一套设备的几个部分。

（2）前后台型软件结构，如图 2-10 所示。前台程序是一个实时中断服务程序，主要完成全部的实时功能，如插补、位置控制、监控等。后台程序是一个循环运行程序，主要完成输入、数据处理等实时性要求不高的功能。在后台程序的运行过程中，前台程序实时的中断插入与后台程序密切配合，共同完成加工任务。前后台型程序结构一般适合于单微处理器结构。

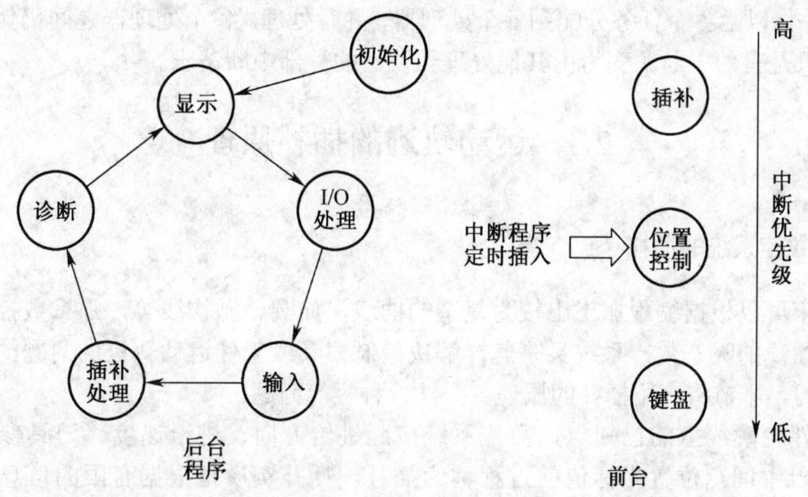

图 2-10　前后台型软件结构

（3）中断型软件结构。

中断型软件是一个大的中断系统。在系统初始化之后，系统软件中所有的任务模块按照一定的规则安排在不同级别的中断服务程序中。系统通过不断地响应各种中断程序来执行相应的任务。软件的管理功能主要通过各级中断服务程序之间的相互通信来完成。

中断程序按优先级分为 8 级，0 级最低，7 级最高，除了第 4 级为硬件中断完成报警功能外，其余均为软件中断。

1）0 级中断程序。0 级中断为初始化程序。电源接通以后，为整个系统做初始化设置，为系统正常工作做准备工作。例如，消除 RAM 工作区，设置参数和初始化相关电路芯片。

2）1 级中断程序。1 级中断程序是主控程序。当没有其他程序执行时，1 级中断程序始终处于循环工作状态。主要任务是 CRT 显示、ROM 奇偶校验等工作。

3）2 级中断程序。2 级中断程序主要是对系统的不同工作方式进行处理。例如，自动方式、MDI 方式、点动增量方式、手动进给方式、编辑方式等。

4）3 级中断程序。3 级中断程序主要完成数控装置的输入输出处理，控制那些辅助功能的开关量信号。如 I/O 处理，用于 PLC 开关量信号的控制，键盘扫描和处理，M、S、T 处理等。

5）4 级中断程序。4 级中断程序主要完成报警功能。当数控系统的硬件出现故障时，由系统诊断程序检测，发出警报，指出故障位置。

6）5 级中断程序。5 级中断程序主要完成插补运算、坐标位置修正、间隙补偿、加减速控制，该中断程序是每隔 8ms 发出一次中断请求。

7)6 级中断程序。6 级中断程序主要通过软件定时的方法实现 2 级和 3 级中断程序的 16ms 定时中断，两者的时间间隔为 8ms。当 2 级或 3 级中断没有返回时，就不再发出新的中断请求信号。

8）7 级中断程序。7 级中断程序主要处理数控系统所读到的字符。通常把读入的字符放到缓冲区，然后再输入到加工程序存储区。

上述所描述的数控系统的软件结构是典型的单微处理器的软件结构。在多微处理器数控系统中，软件将以上各个任务分配到各个处理器，并行处理。各个处理器之间仍然用中断的方式来协调，只是有的中断源变为由其他处理器发出的外部中断请求。

2.3 运动轨迹的插补原理

2.3.1 数控系统的插补

数控机床可以根据编程加工出较为复杂的曲线，如圆、抛物线等，那么数控机床是如何加工出这些曲线的呢？数控系统又是怎样解决控制刀具或工件运动轨迹的问题的？这就是插补所要解决的。本节将介绍插补的原理、方法、种类等问题。

根据零件轮廓线上的已知点，数控系统按照进给方向、进给速度、刀具参数等要求计算出轮廓线上中间点位置坐标值的过程称为插补。插补实质是根据有限的信息完成数据密化工作。点的个数越多、密度越大，插补的精度也越高。在数控系统完成插补工作的装置称为插补器。插补器按结构分，可以分为硬件插补器、软件插补器、复合式插补器（软、硬件结合）。硬件插补器主要由逻辑电路组成，运算速度快，但是灵活性差、成本高。软件插补器主要用微处理器完成工作，通过程序来完成各种插补功能，结构简单，但速度较慢。复合式插补器由软件先完成粗插补，然后由硬件完成精插补。两者相结合响应速度快、分辨率高，并可以节省存储空间。根据插补所采用的原理和计算方法的不同，目前常用的插补方法分为两类：

（1）基准脉冲插补。基准脉冲插补称为脉冲增量插补，这种插补算法的原理是每次插补结束，数控系统向每个参与运动的坐标轴发出一个基准脉冲序列，驱动各个坐标轴移动。每个脉冲代表最小位移，脉冲序列的频率代表了坐标轴移动的速度，脉冲的个数则代表了坐标轴的移动量。常用的基准脉冲插补算法有：数字脉冲插补乘法器、逐点比较法、数字积分法等。这种算法容易用硬件电路实现，运算速度很快。早期的数控系统都采用这类方法进行插补运算。

（2）数据采样插补。数据采样插补常称为数据增量插补。这种插补算法的原理是：数控系统产生的不是单个脉冲，而是标准二进制字。整个插补运算分为两步：第一步完成粗插补，采用近似拟合的方法，在给定起点和终点的曲线之间插入若干个点，然后将这些点依次用微小的直线段连接起来，近似逼近给定的曲线，要求这些微小的直线段长度都相等 ΔL，与指定的进给速度 F 有关，粗插补完成一次插补运算的时间称为插补周期 T，三者之间的关系是 $\Delta L = FT$；第二步完成精插补，在粗插补算出的每一微小直线段的基础上进一步作“数据点的密化”工作。常用的数据采样插补法有：时间分割插补法、扩展 DDA 数据采用插补方法等。这种插补方法适用于闭环、半闭环以直流和交流伺服电动机为驱动装置的位置控制系统。

2.3.2　逐点比较插补法

逐点比较法称为代数运算法，可以实现直线插补、圆弧插补、非圆二次曲线的插补运算。逐点比较法的基本原理是每次仅向一个坐标轴输出一个进给脉冲，每走一步都要将加工点的实时坐标与理论的加工轨迹相比较，判断实际加工点与理论加工轨迹之间的偏移位置，通过偏差函数计算两者之间的偏差，由偏差决定下一步的进给方向。每进给一步都要完成偏差判别、坐标进给、新偏差计算、终点判别 4 个工作节拍。下面分别以逐点比较法的直线插补和圆弧插补为例加以说明。

1. 逐点比较法直线插补

如图 2-11 所示：在 X-Y 平面的第一象限有一直线 $\overline{OA}$，起点为坐标原点 O，终点为 $A(x_e, y_e)$，$P(x_i, y_i)$ 为刀具加工时的刀位点。

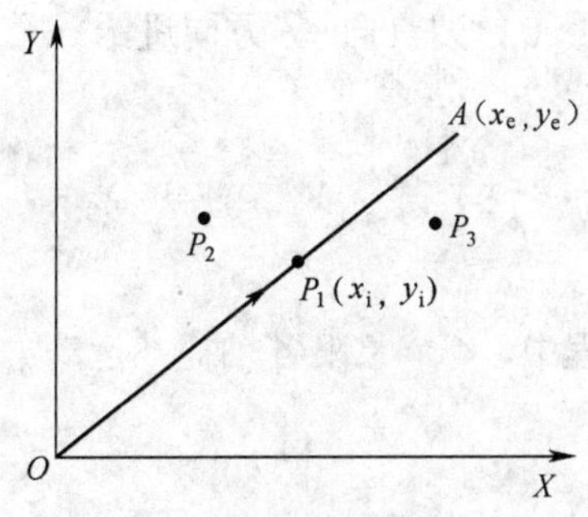

图 2-11　逐点比较法直线插补

（1）偏差计算。

1）刀具在直线上，图中的 P_1 点有：$\dfrac{y_i}{x_i}=\dfrac{y_e}{x_e}$，即 $x_e y_i - x_i y_e = 0$。

2）刀具在直线上方，图中的 P_2 点有：$\dfrac{y_i}{x_i}>\dfrac{y_e}{x_e}$，即 $x_e y_i - x_i y_e > 0$。

3）刀具在直线下方，图中的 P_3 点有：$\dfrac{y_i}{x_i}<\dfrac{y_e}{x_e}$，即 $x_e y_i - x_i y_e < 0$。

令 $F_{i,j} = x_e y_i - x_i y_e$，$F_{i,j}$ 称为直线偏差函数，有如下判断：

1）当 $F_{i,j} = 0$ 时，刀具在直线上，往 $+X$ 的方向上进给一个脉冲当量。

2）当 $F_{i,j} > 0$ 时，刀具在直线上方，往 $+X$ 的方向上进给一个脉冲当量。

3）当 $F_{i,j} < 0$ 时，刀具在直线下方，往 $+Y$ 的方向上进给一个脉冲当量。

（2）偏差计算递推式。

偏差计算递推式可以根据前一步的偏差值计算出刀具完成下一步后的偏差值，当刀具运动到该点时，就能立即判断出下一步的走向，使坐标进给保持连续。

1）刀具在直线上或上方的递推式，如图 2-12 所示。

当 $P_{i,j}$ 在直线上或直线上方时，则 $F_{i,j} \geqslant 0$，刀具向+X 方向进给一个脉冲当量，新的坐标点为 $P_{i+1,j}$，则新点的偏差函数 $F_{i+1,j}$ 为：

$$F_{i+1,j} = x_e y_i - x_{i+1} y_e = x_e y_i - (x_i + 1) y_e = (x_e y_i - x_i y_e) + y_e = F_{i,j} - y_e$$

即 $F_{i+1,j} = F_{i,j} - y_e$。

2）刀具在直线下方的递推式，如图 2-13 所示。

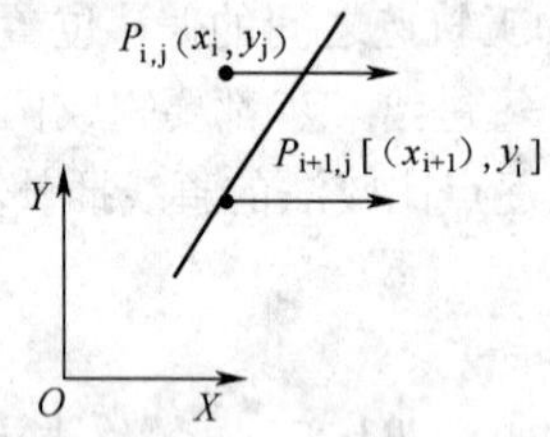

图 2-12 刀具在直线上或上方的递推式

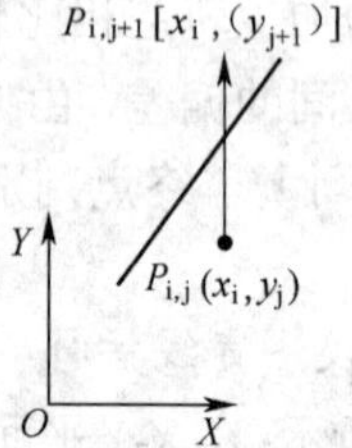

图 2-13 刀具在直线下方的递推式

当 $P_{i,j}$ 在直线下方时，则 $F_{i,j} < 0$，刀具向+Y 方向进给一个脉冲当量，新的坐标点为 $P_{i,j+1}$，则新点的偏差函数 $F_{i,j+1}$ 为：

$$F_{i,j+1} = x_e y_{i+1} - x_i y_e = x_e (y_i + 1) - x_i y_e = (x_e y_i - x_i y_e) + x_e = F_{i,j} + x_e$$

即 $F_{i,j+1} = F_{i,j} + x_e$。

图 2-14 所示是直线插补过程中，4 个象限各轴插补运动方向。

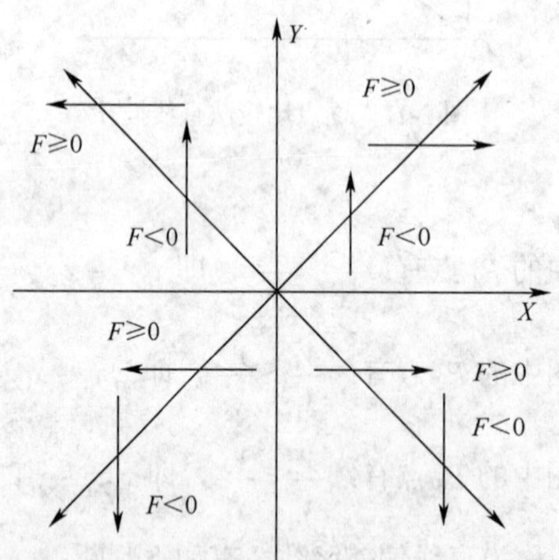

图 2-14 直线插补 4 个象限各轴插补运动方向

例 2-1 设加工直线 OP，起点坐标为原点(0,0)，终点坐标为 P 点(4,3)，试用逐点比较法进行插补运算，作出走步轨迹图。

解 该直线为第一象限直线，当刀具在直线上及 A+区时，刀具沿+X 方向前进一步，此时 $F_{i+1} = F_i - y_e$；当刀具在 A-区时，刀具沿+Y 方向前进一步，此时 $F_{i+1} = F_i + x_e$。

终点判别采用 $\Sigma = x_e + y_e$ 作为终点判断计数器的初值。

插补运算过程如表 2-1 所示。

表 2-1　插补运算过程

步数	偏差差别	进给方向	偏差计算	终点判别
1	$F_0=0$	$+x$	$F_1=0-3=0-3$	$\Sigma=6$
2	$F_1<0$	$+y$	$F_2=-3+4=-1$	$\Sigma=5$
3	$F_2>0$	$+x$	$F_3=1-3=-2$	$\Sigma=4$
4	$F_3<0$	$+y$	$F_4=-2+4=2$	$\Sigma=3$
5	$F_4>0$	$+x$	$F_5=2-3=-1$	$\Sigma=2$
6	$F_5<0$	$+y$	$F_6=-1+4=3$	$\Sigma=1$
7	$F_6>0$	$+x$	$F_7=3-3=0$	$\Sigma=0$

走步轨迹图如图 2-15 所示。

2. 逐点比较法圆弧插补

如图 2-16 所示，在 X-Y 平面的第一象限有逆时针圆弧 $\overset{\frown}{AB}$，A 点坐标 (x_s, y_s)，B 点坐标 (x_e, y_e)，其圆心为坐标原点 O，半径为 R，$P(x_i, y_i)$ 为刀具加工时的刀位点。

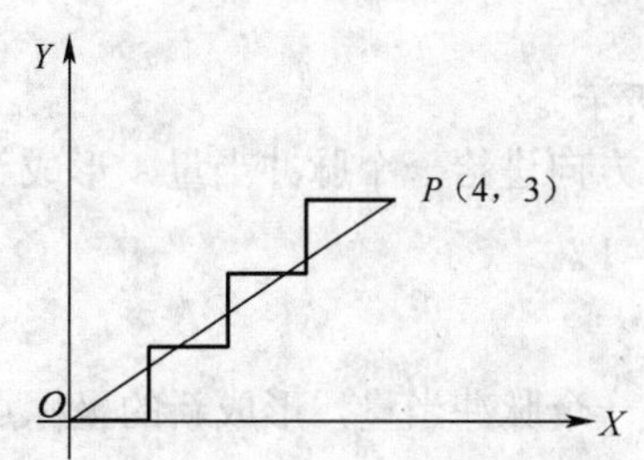

图 2-15　逐点比较法直线插补轨迹图例

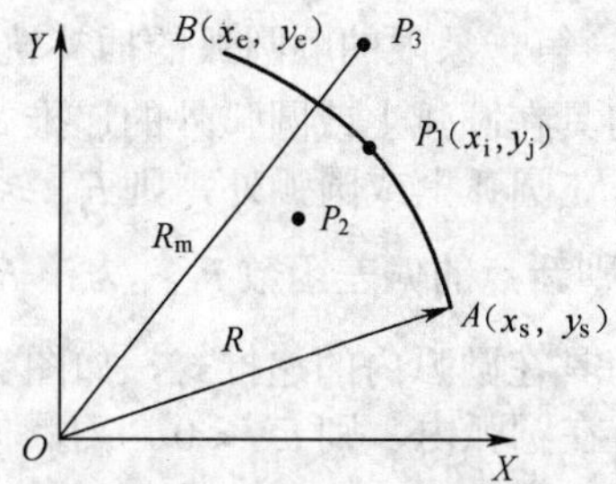

图 2-16　逐点比较法圆弧插补

（1）偏差计算。

1）当刀具在圆弧上，图中 P_1 点有：$(x_i^2+y_j^2)-R^2=R_m^2-R^2=0$。

2）当刀具在圆弧内，图中 P_2 点有：$(x_i^2+y_j^2)-R^2=R_m^2-R^2<0$。

3）当刀具在圆弧外，图中 P_3 点有：$(x_i^2+y_j^2)-R^2=R_m^2-R^2>0$。

令 $F_{i,j}=(x_i^2+y_j^2)-R^2$，$F_{i,j}$ 称为圆弧偏差函数，有如下判断：

1）当 $F_{i,j}=0$ 时，刀具在圆弧上，往 $-X$ 的方向上进给一个脉冲当量。

2）当 $F_{i,j}<0$ 时，刀具在圆弧内，往 $+Y$ 的方向上进给一个脉冲当量。

3）当 $F_{i,j}>0$ 时，刀具在圆弧外，往 $-X$ 的方向上进给一个脉冲当量。

（2）偏差计算递推式。

1）刀具在圆弧上或圆弧外的递推式，如图 2-17 所示。

当 $P_{i,j}$ 在圆弧上或圆弧外时，则 $F_{i,j}\geqslant 0$，刀具向 $-X$ 方向进给一个脉冲当量，形成新的坐标点 $P_{i-1,j}$，则新点的偏差函数 $F_{i-1,j}$ 为：

$$F_{i-1,j}=x_{i-1}^2+y_j^2-R^2=(x_i-1)^2+y_j^2-R^2=(x_i^2+y_i^2-R^2)-2x_i+1=F_{i,j}-2x_i+1$$

即 $F_{i-1,j}=F_{i,j}-2x_i+1$。

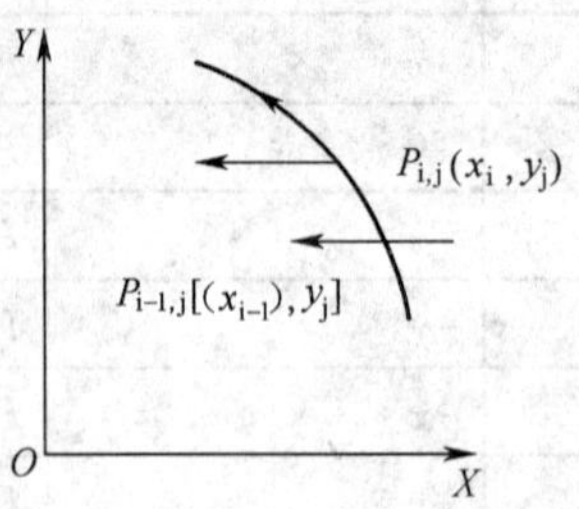

图 2-17　逆圆插补刀具在圆弧上或圆弧外的递推式

2）刀具在圆弧内的递推式。

当 $P_{i,j}$ 在圆弧内时，则 $F_{i,j}<0$，刀具向 $+Y$ 方向进给一个脉冲当量，形成新的坐标点 $P_{i,j+1}$，则新点的偏差函数 $F_{i,j+1}$ 为：

$$F_{i,j+1}=x_i^2+y_{j+1}^2-R^2=x_i^2+(y_j+1)^2-R^2=(x_i^2+y_i^2-R^2)+2y_j+1=F_{i,j}+2y_j+1$$

即 $F_{i,j+1}=F_{i,j}+2y_j+1$。

同理，第一象限的顺圆弧的插补轨迹计算如下：

1）刀具在圆弧上或圆弧外的递推式，如图 2-18 所示。

当 $P_{i,j}$ 在圆弧上或圆弧外，则 $F_{i,j}\geqslant 0$，刀具向 $-Y$ 方向进给一个脉冲当量，形成新的坐标点 $P_{i,j-1}$，则新点的偏差函数 $F_{i,j-1}$ 为：$F_{i,j+1}=F_{i,j}-2y_j+1$。

2）刀具在圆弧内的递推式，如图 2-19 所示。

当 $P_{i,j}$ 在圆弧内，则 $F_{i,j}<0$，刀具向 $+X$ 方向进给一个脉冲当量，形成新的坐标点 $P_{i+1,j}$，则新点的偏差函数 $F_{i+1,j}$ 为：$F_{i+1,j}=F_{i,j}+2x_i+1$。

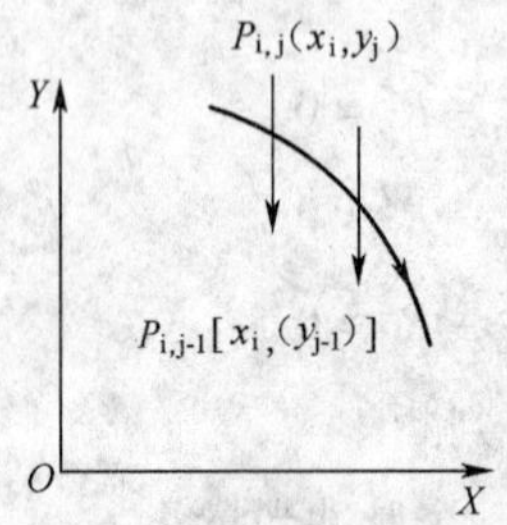

图 2-18　顺圆插补刀具在圆弧上或圆弧外的递推式

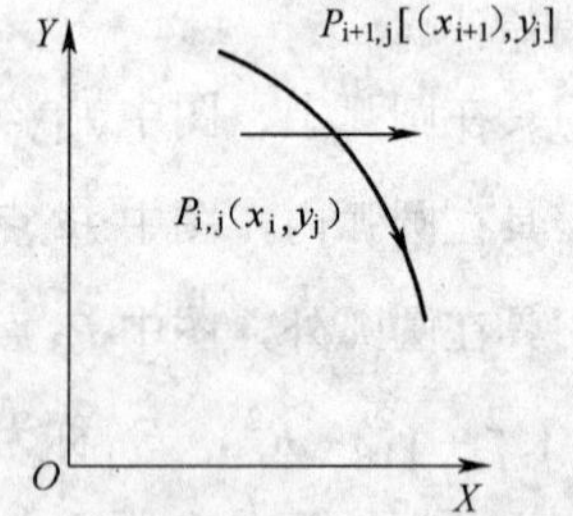

图 2-19　顺圆插补刀具在圆弧内的递推式

图 2-20 所示是圆弧插补过程中，顺时针圆弧、逆时针圆弧在 4 个象限中各轴插补运动的方向。

例 2-2　设加工第二象限圆弧 OM，起点坐标为(0,4)，终点坐标为 P 点(-4,0)，试用逐点比较法进行插补运算，作出走步轨迹图。

解　加工第二象限逆弧，当刀具在圆弧上及或圆弧外时，刀具沿-Y 方向前进一步，此时 $F_i'=F_i-2y_i+1$，$y_i'=y_i-1$；当刀具在圆弧内时，刀具沿-X 方向前进一步，此时 $F_i'=F_i+2x_i+1$，$x_i'=x_i+1$；且 F_0=0。终点判别采用 $\Sigma=|x_e|+|y_e|$ 作为终点判断计数器的初值。

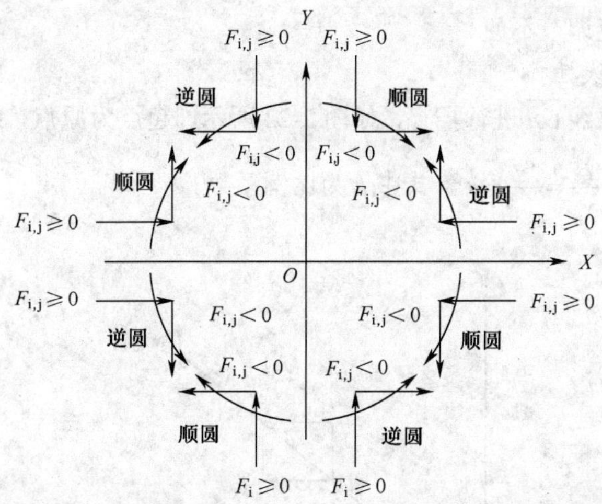

图 2-20 顺、逆时针圆弧在 4 个象限中各轴插补运动的方向

插补运算过程如表 2-2 所示。

表 2-2 插补运算过程

步数	偏差差别	进给方向	偏差计算		终点判别
0			$F_1=0$	$x_0=0$，$y_0=4$	$\Sigma=8$
1	$F_0=0$	$+y$	$F_1=0-8+1=-7$	$x_1=0$，$y_1=4$	$\Sigma=7$
2	$F_1<0$	$-x$	$F_2=-7+0+1=-6$	$x_2=0$，$y_2=4$	$\Sigma=6$
3	$F_2<0$	$-x$	$F_3=-6+2+1=-3$	$x_3=0$，$y_3=4$	$\Sigma=5$
4	$F_3<0$	$-x$	$F_4=-3+4+1=2$	$x_4=0$，$y_4=4$	$\Sigma=4$
5	$F_4>0$	$-y$	$F_5=2-6+1=-3$	$x_5=0$，$y_5=4$	$\Sigma=3$
6	$F_5<0$	$-x$	$F_6=-3+6+1=4$	$x_6=0$，$y_6=4$	$\Sigma=2$
7	$F_6>0$	$-y$	$F_7=4-4+1=1$	$x_7=0$，$y_7=4$	$\Sigma=1$
8	$F_7>0$	$-y$	$F_8=1-2+1=0$	$x_8=0$，$y_8=4$	$\Sigma=0$

走步轨迹图如图 2-21 所示。

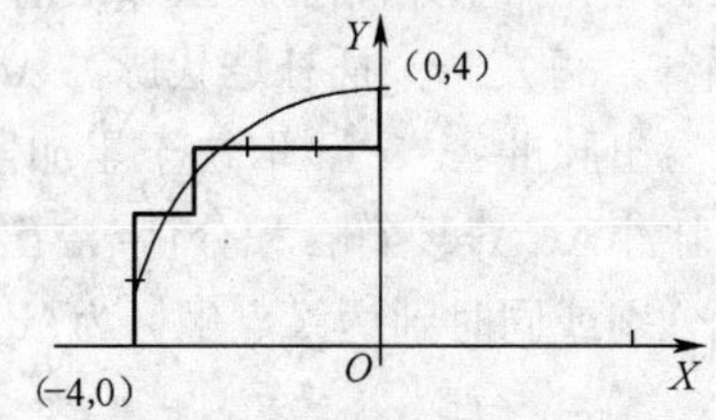

图 2-21 逐点比较法圆弧插补轨迹图例

2.3.3 数字积分插补法

数字积分法又称为数字微分分析法。利用数字积分的方法，计算刀具沿坐标轴的位移量，让刀具按照规定的轨迹运动。数字积分法运算速度快，脉冲分配均匀，易于实现多轴联动及复

杂曲线的描绘，但速度调节不便。

1. 数字积分法直线插补

在 X-Y 平面上对直线 $\overline{OA}$ 进行插补，如图 2-22 所示，起点为原点，终点为 $A(x_e, y_e)$，进给速度为匀速 v，则可得 $\frac{v_x}{x_e} = \frac{v_y}{y_e} = k$，式中 k 为比例系数。

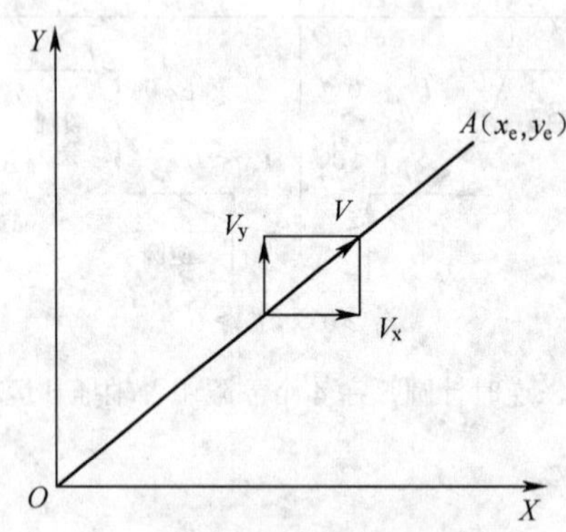

图 2-22　数字积分法直线插补

在单位时间 Δt 内，X 轴和 Y 轴上的位移增量 Δx 和 Δy 为：

$$\Delta x = v_x \Delta t = kx_e \Delta t$$

$$\Delta y = v_y \Delta t = ky_e \Delta t$$

各坐标轴的位移量为：

$$x = \int_0^t kx_e \mathrm{d}t = k\sum_{i=1}^{n} x_e \Delta t = k\sum_{i=1}^{n} x_e$$

$$y = \int_0^t ky_e \mathrm{d}t = k\sum_{i=1}^{n} y_e \Delta t = k\sum_{i=1}^{n} y_e$$

动点从原点走向终点的过程可以看做是各坐标轴在单位时间间隔 Δt 内分别以增量 kx_e 及 ky_e 同时累加的结果。由此，可以得到直线插补示意图，如图 2-23 所示。

从图中可以看出，平面直线插补器由两个数字积分器组成。每个坐标的积分器由累加器和被积函数寄存器组成。工作过程是：插补开始前，累加器清零，将终点坐标值 x_0, y_0 存在被积分函数寄存器中，然后开始插补，每发一个插补迭代脉冲 Δt，使 kx_e、ky_e 向各自的累加器里累加一次，而累加的结果有无溢出脉冲 Δx、Δy 取决于累加器的容量和 kx_e、ky_e 的大小，如果有溢出，x、y 积分器的溢出脉冲 $\Delta x, \Delta y$ 要符合积分值=溢出脉冲数+余数。

经过 m 次累加以后，x 和 y 分别或同时到达终点坐标为 (x_e, y_e)，则得到下式：

$$x = \sum_{i=1}^{n} kx_e \Delta t = kx_e m = x_e$$

$$y = \sum_{i=1}^{n} ky_e \Delta t = ky_e m = y_e$$

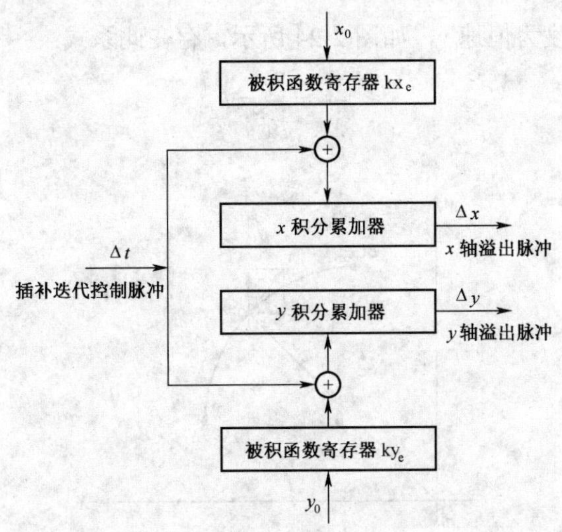

图 2-23　数字积分器直线插补框图

式中 k、x_e、y_e 为常数，$\Delta t=1$，m 为累加总次数，则该式成立的条件为：$mk=1$。该式表明比例常数 k 和累加次数 m 的关系，由于 m 必须是整数，所以 k 一定是小数。k 的选择主要考虑 Δx、Δy 不大于 1，以保证坐标轴上每次分配进给脉冲不超过一个，也是要使下式成立：

$$\Delta x = kx_e < 1$$
$$\Delta y = ky_e < 1$$

式中 x_e、y_e 最大允许值受系统寄存器容量所限制。

假定寄存器有 n 位，则 x_e、y_e 的最大允许值为寄存器的最大容量值 2^n-1。为了满足条件

$kx_e<1$，$ky_e<1$，即：$\begin{cases} kx_e = k(2^n-1)<1 \\ ky_e = k(2^n-1)<1 \end{cases}$，则有：$k<\dfrac{1}{2^n-1}$。

一般取 $k=\dfrac{1}{2^n}$，则有 $m=2^n$。该式说明直线插补的整个过程要经过 2^n 次累加才能到达直线的终点。当 $k=\dfrac{1}{2^n}$ 时，对于二进制数来说，kx_e 与 x_e 的差别只在于小数点的位置不同，只需将 x_e 的小数点左移 n 位即可得到 kx_e。那么在一个 n 位的寄存器存放 kx_e（或 ky_e）和 x_e（或 y_e）的数字是相同的，前者只认为是小数点出现在最高位数前面，其他没有差异。这样，可以将本来是对 kx_e 与 ky_e 的累加分别转变为对 x_e 与 y_e 的累加。

数字积分法直线插补的终点判别比较简单。从上述分析可知，直线插补需要完成 $m=2^n$ 次累加运算，即可到达终点位置。所以，可将累加次数 m 是否等于 2^n 来作为插补完成的依据。设计一个位置位数为 n 的计数器，用来计录累加次数，当计数器记满 2^n 个数时，停止插补运算。

2. 数字积分法圆弧插补

在 X-Y 平面上对逆时针圆弧 $\overset{\frown}{AB}$ 进行插补，半径为 R，$P(x_i,y_j)$ 为动点，加工时保证沿圆

弧切线方向的进给，速度为恒速 v，如图 2-24 所示，存在此系式：

$$\frac{v_x}{y_j}=\frac{v_y}{x_i}=k$$

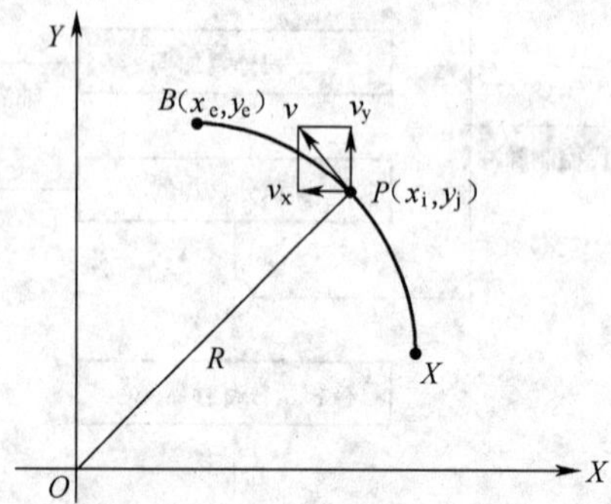

图 2-24　数字积分法圆弧插补

则有 $v_x=ky_j$

$v_y=kx_i$

当刀具沿圆弧切线方向匀速进给，即 v 为恒定时，可以认为比例常数 k 为常数。
在一个单位时间间隔 Δt 内，X 和 Y 方向上的移动距离微小增量 Δx 、Δy 应为：

$$\Delta x=v_x\Delta t=ky_j\Delta t$$

$$\Delta y=v_y\Delta t=kx_i\Delta t$$

根据此式，仿照直线插补的方法也用两个积分器来实现圆弧插补，如图 2-25 所示。

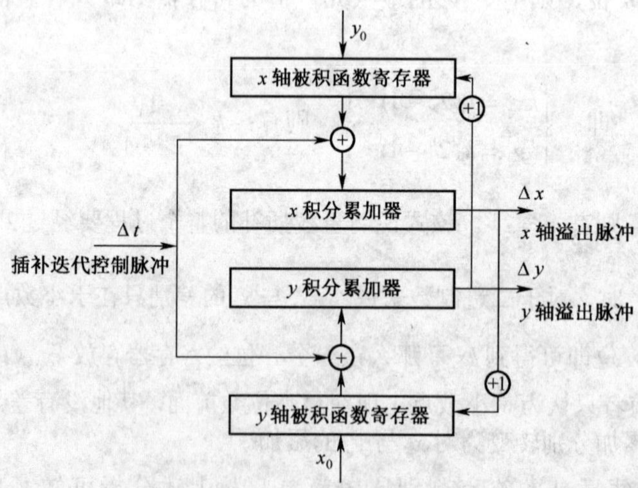

图 2-25　数字积分器圆弧插补框图

但必须注意圆弧插补与直线插补的区别：

（1）坐标值 x_0，y_0 存入被积函数寄存器的对应关系与直线不同，位置互换。

（2）被积函数寄存器寄存的数值与直线插补时有本质的区别：直线插补时，两个被积函数寄存器寄存的是终点坐标 x_e 和 y_e，是两个常数；而在圆弧插补时寄存的是动点坐标 x_i 和 y_j，是变量。所以，在刀具移动过程中，必须根据刀具位置的变化来不断地更新寄存器中的内容。

在起点时，X 轴、Y 轴寄存器分别寄存起点坐标值 y_0，x_0；在插补过程中，Y 积分累加器每溢出一个 Δy，X 轴寄存器应该加"1"，当 X 积分累加器溢出一个 Δx 脉冲时，Y 轴寄存器应该减"1"。减"1"的原因是刀具在作逆圆运动时 x 坐标作负方向进给，动点坐标不断减少。

其他象限的顺、逆圆的插补运算过程与第一象限逆圆弧是一致的，区别在于各坐标轴进给方向不同，以及在更新 X、Y 轴被积函数寄存器的内容时是加"1"还是减"1"要由 x_i、y_j 坐标值的增减而定。如表 2-3 所示是 X-Y 平面中各象限坐标位移与被积函数的修正关系。

表 2-3　数字积分圆弧插补的坐标修正关系

圆弧方向	顺时针圆弧				逆时针圆弧			
象限	一	二	三	四	一	二	三	四
X 轴被积函数寄存器	−1	+1	−1	+1	+1	−1	+1	−1
Y 轴被积函数寄存器	+1	−1	+1	−1	−1	+1	−1	+1
X 轴进给脉冲 Δx	+	+	−	−	−	−	+	+
Y 轴进给脉冲 Δy	−	+	+	−	+	−	−	+

数字积分法圆弧插补的终点判别一般采用各轴各设一个终点判别计数器，分别判断各轴是否到达终点，每进给一步，各轴的终点计数器减 1，如果某一个轴的计数器为 0 时，表示该轴停止进给。若各个轴的计数器都减为 0 时，说明到达终点，停止插补。

2.4　数控系统的数据处理

2.4.1　数控系统的译码

加工控制信息输入后，启动加工运行，此时 CNC 装置在系统控制程序的作用下对数控程序进行预处理，即进行译码和预计算（刀补计算、坐标变换等）。

所谓译码就是将输入的程序段按照一定的规则翻译成数控系统能够识别的数据形式，并按约定的形式存放在指定的译码结果缓冲器中。具体来讲，就是从数控加工程序缓冲器或 MDI 缓冲器中逐个读入字符，先识别出其中的文字码和数字码，然后根据文字码代表的功能将后续数字码送到相应的译码结果缓冲器单元中，可见，译码主要包括代码识别和功能解释两大部分。

1. 代码的识别

通过软件将字符与各个内码数字相比较，若相等说明输入该字符，并设置相应的标志。

2. 功能码的译码

通过了代码识别，建立了各功能代码标志后，紧接着要对功能代码进行处理。这里要建立一个与数控加工程序缓冲器相对应的译码结果缓冲器。一般情况下，一个完整的数控系统，其译码结果缓冲器的格式和容量是固定不变的。在数控系统的存储器中划出一个内存区域，并为数控程序中可能出现的各个功能代码都设置一个内存单元，存放对应的数值或特征字（如图 2-26 所示的结构），后续处理软件根据加工需要就会到相对应的内存单元中取出数控加工程序代码并执行。

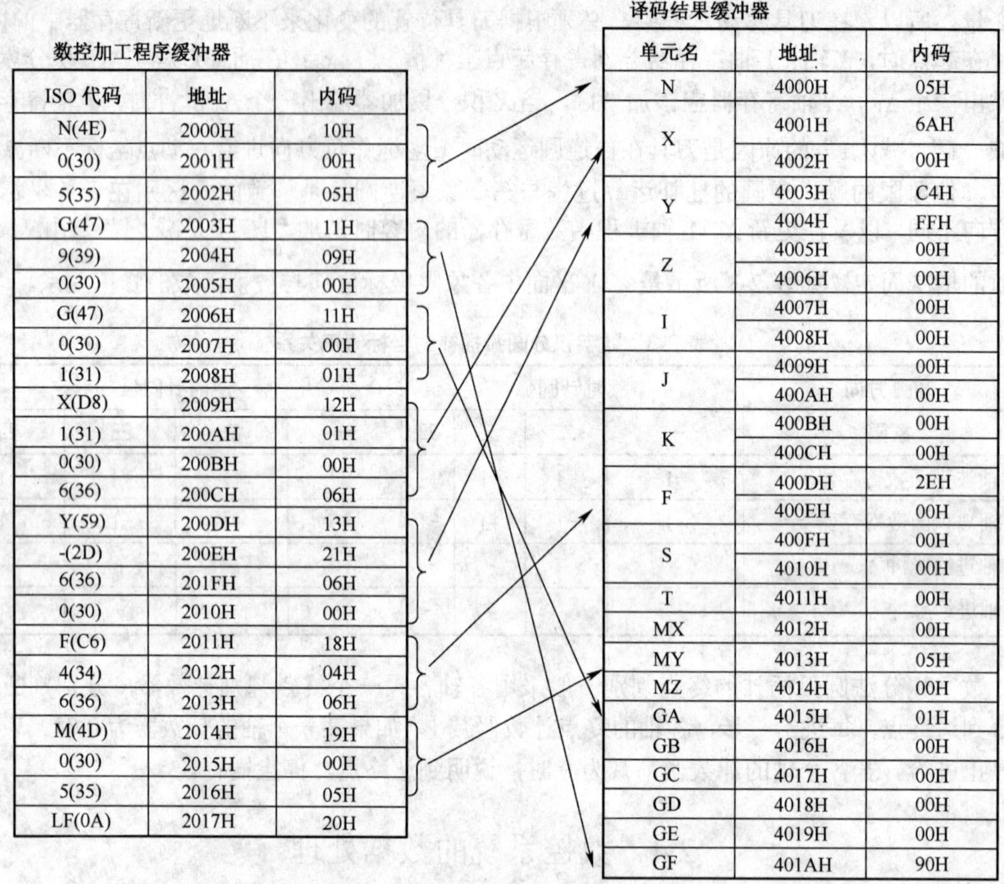

数控加工程序缓冲器

ISO 代码	地址	内码
N(4E)	2000H	10H
0(30)	2001H	00H
5(35)	2002H	05H
G(47)	2003H	11H
9(39)	2004H	09H
0(30)	2005H	00H
G(47)	2006H	11H
0(30)	2007H	00H
1(31)	2008H	01H
X(D8)	2009H	12H
1(31)	200AH	01H
0(30)	200BH	00H
6(36)	200CH	06H
Y(59)	200DH	13H
-(2D)	200EH	21H
6(36)	201FH	06H
0(30)	2010H	00H
F(C6)	2011H	18H
4(34)	2012H	04H
6(36)	2013H	06H
M(4D)	2014H	19H
0(30)	2015H	00H
5(35)	2016H	05H
LF(0A)	2017H	20H

译码结果缓冲器

单元名	地址	内码
N	4000H	05H
X	4001H	6AH
	4002H	00H
Y	4003H	C4H
	4004H	FFH
Z	4005H	00H
	4006H	00H
I	4007H	00H
	4008H	00H
J	4009H	00H
	400AH	00H
K	400BH	00H
	400CH	00H
F	400DH	2EH
	400EH	00H
S	400FH	00H
	4010H	00H
T	4011H	00H
MX	4012H	00H
MY	4013H	05H
MZ	4014H	00H
GA	4015H	01H
GB	4016H	00H
GC	4017H	00H
GD	4018H	00H
GE	4019H	00H
GF	401AH	90H

图 2-26　数控加工程序缓冲器相对应的译码结果缓冲器

2.4.2　刀具半径补偿

在轮廓加工中，刀具有一定的半径，刀具中心轨迹并不等于零件轮廓轨迹。应使刀具中心轨迹偏离轮廓一个半径值，让刀具中心轨迹与轮廓轨迹重合。这种偏移称为刀具半径补偿。

刀具半径补偿分为刀具刀补建立、刀补执行、刀补取消 3 步。刀具半径补偿方法主要分为 B 刀具半径补偿和 C 刀具半径补偿。

1. B 功能刀具半径补偿

B 功能刀具半径补偿是早期数控机床上常用的一种刀具补偿方法。它根据程序中零件轮廓尺寸和刀具半径计算出刀具中心的运动轨迹。对于一般的数控装置而言，其所能实现的轮廓控制仅限于直线与圆弧：①对于直线来说，刀具半径补偿后的刀具中心轨迹是与原直线相平行的直线，因此刀具补偿计算只要计算出刀具中心轨迹的起点和终点坐标值；②对于圆弧来说，刀具补偿后的刀具中心轨迹仍然是一个与原圆弧同心的一段圆弧，因此对圆弧的刀具补偿计算只需要计算出刀具补偿后圆弧的起点和终点坐标值以及刀具补偿后的圆弧半径值。

2. C 功能刀具半径补偿

C 功能刀具半径补偿是目前大多数数控机床广泛采用的刀具补偿方式。这种方法能够处理两个程序段间转接（即尖角过渡）的各种情况。直接求出刀具中心轨迹的转接交点，然后再对刀具中心轨迹作伸长或缩短的修正。由于采用尖角过渡，因此，C 功能刀具半径补偿在处理尖角的工艺上比 B 功能刀具半径补偿要好。

两种刀具半径补偿的区别：B 功能刀具半径补偿在确定刀具中心轨迹时，采用了读一段，算一段，再走一段的方法，所以无法预计到由于刀具半径所造成的下一段加工轨迹对本段轨迹的影响。而 C 功能刀具半径补偿为了解决这一问题，在计算完本段轨迹后，要先提前将下一段程序读入，然后再根据前后两段轨迹之间具体的转接情况对本段的轨迹作适当修正，得到正确的加工轨迹。

（1）早期的普通 NC 系统，程序轮廓的轨迹数据送到了工作寄存器 AS 后，由运算器进行刀具补偿计算，运算结果送到输出寄存器 OS，将此结果作为控制信号，如图 2-27（a）所示。

（2）改进后的 NC 系统与普通的 NC 系统相比，增加了一组数据输入的缓冲寄存器 BS，在工作寄存区 AS 中存放着正在加工的程序段信息，与此同时在缓冲寄存器 BS 中已存入了下一段所需要加工的程序段信息。这样，可以节省数据读入的时间，如图 2-27（b）所示。

（3）在 C 刀具半径补偿中，数控系统设置了工作寄存器 AS，存放正在加工的程序段信息；刀具补偿缓冲区 CS 存放下一个加工程序段信息；缓冲寄存器 BS 存放着再下一个加工程序段的信息；输出寄存器 OS 存放运算结果，作为伺服系统的控制信号，如图 2-27（c）所示。

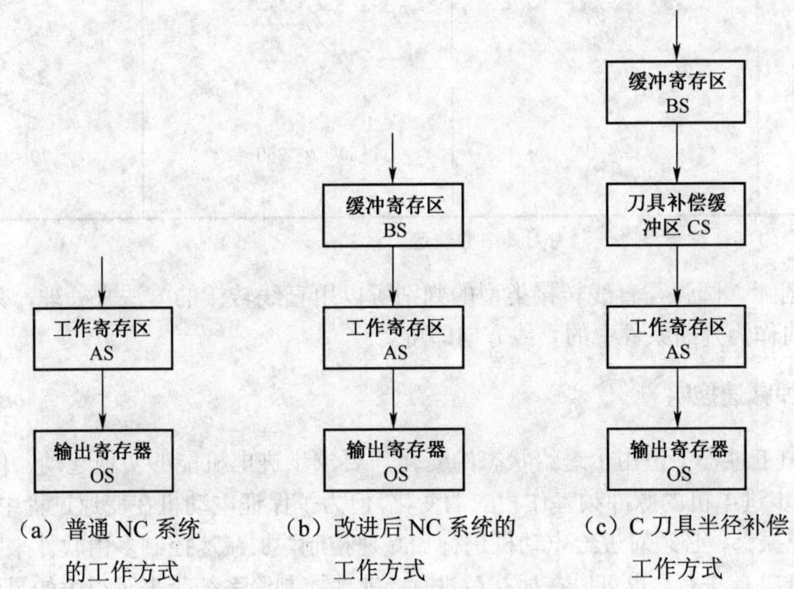

（a）普通 NC 系统的工作方式　（b）改进后 NC 系统的工作方式　（c）C 刀具半径补偿工作方式

图 2-27　3 种不同 NC 系统的工作方式

数控系统启动以后，第一段程序首先存入缓冲寄存器 BS 中，在 BS 中算得的第一段编程轨迹被送到刀具补偿缓冲区 CS 中暂存，又将第二段程序读入缓冲寄存器 BS，算出第二段的编程轨迹。接着，对第一段、第二段编程轨迹的连接方式进行判别，根据判别结果再对刀具补偿缓冲区 CS 中的第一段程序段编程轨迹作相应的修正，修正后，按顺序将修正后的第一段编程轨迹由刀具补偿缓冲区 CS 送到工作寄存区 AS，第二段编程轨迹由缓冲寄存器 BS 送入刀具补偿缓冲区 CS。随后，由 CPU 将 AS 中的内容送到 OS 进行插补计算，运算结果作为伺服系统的控制信号。当修正的第一段编程轨迹开始被执行后，利用插补间隙，CPU 会将第三段程序存入 BS，随后根据 BS、CS 中的第三、第二段编程轨迹的连接方式对 CS 中的第二段编程轨迹进行修正，往复工作。

3. 程序段间的转接方式

在大多数数控系统中，随着前后两段编程轨迹的连接方式不同，相应的刀具中心轨迹也会产生不同的转接形式：直线与直线转接、直线与圆弧转接、圆弧与圆弧转接，如表 2-4 所示。

表 2-4　程序段间的转接方式

转接类型 / 刀补指令	伸长型	缩短型	插入型
G41	$270^\circ<\alpha<360^\circ$	$0^\circ<\alpha<180^\circ$	$180^\circ<\alpha<270^\circ$
G42	$0^\circ<\alpha<90^\circ$	$180^\circ<\alpha<360^\circ$	$90^\circ<\alpha<180^\circ$

注：“━”为零件轮廓，“─”为刀具中心轨迹。

圆弧与圆弧、圆弧与直线转接类型的判别可以用直线转接的方法来处理，只需将圆弧交点的切线方向作为判断条件中的直线方向即可。

2.4.3　加减速控制

在机床加工过程中，由于进给状态的变化，要求步进电机能够实现起动、停止或改变运行速度，要求步进电机的脉冲频率作相应的变化，但为了保证电动机在变速过程中不产生冲击、失步、超载或振荡，必须对进给电动机进行加减速控制。加减速控制多由软件来实现，加减速控制可以在插补前进行，也可以在插补后进行，软件控制给系统带来了很大的灵活性。在插补前进行的加减速控制称为前加减速控制，在插补后进行的加减速控制称为后加减速控制，如图 2-28 所示。

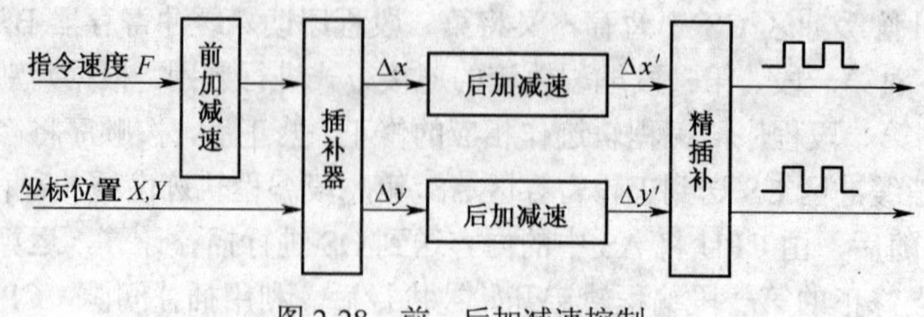

图 2-28　前、后加减速控制

1. 前加减速控制

前加减速控制是对合成速度 F 进行控制，这种控制方式不影响实际插补输出的位置精度，但它需要预测减速点，而这个预测点要根据实际刀具位置与程序段终点之间的距离来确定，预测的工作量比较大。

2. 后加减速控制

后加减速控制是对各运动轴分别进行加减速控制，不需要预测减速点，在插补速度为零时开始减速，并通过一定的时间延迟逐渐靠近程序段终点。这种控制方式是对各个坐标轴分别进行控制，实际的各坐标轴的合成位置可能不准确。

加减速控制方式有 3 种：线性加减速处理、指数加减速处理、S 曲线加减速处理，如图 2-29 所示。

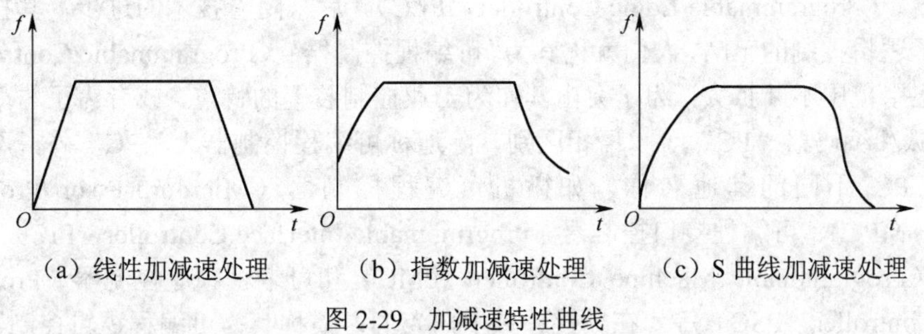

（a）线性加减速处理　（b）指数加减速处理　（c）S 曲线加减速处理

图 2-29　加减速特性曲线

2.4.4　误差补偿

在数控加工中，从指令的输入到机床各坐标轴的运动都是由数控系统控制完成的，避免了人为干预，减小了人为误差。但是，在机床加工的过程中，加工所带来的误差，操作者无法补偿、修正。所以，数控系统就必须具有各种补偿功能，来修正各种加工误差，提高加工零件的精度。

数控机床上加工误差的来源非常复杂，主要来源有以下几个：

（1）动反转间隙补偿。在进给传动系统中，一些运动副在运动的过程中存在反转误差，如齿轮传动、滚珠丝杠螺母等。这种反转误差会造成工作台反向运动时电机空转而工作台不运动，导致闭环或半闭环系统位置环震荡误差。为了避免这样的情况，通常采取调整、预紧的方法减小反转间隙。这种方法并不能完全消除全部间隙，对于剩余间隙来说，其间隙值会被测出，在半闭环系统里间隙值将作为参数输入到数控系统中，每当数控机床反转时，数控系统会让电机多走一段距离，让这段距离等于间隙值，从而补偿误差。在闭环系统中，因误差采集的位置不同，间隙补偿不能采用该方法来补偿，而是从机械上来减小或消除间隙。

（2）丝杠螺距误差补偿。丝杠螺距误差是在丝杠制造和机床装配过程中产生的。在闭环系统中，在机床工作台上安装了位置检测装置，定位精度取决于位置检测装置的误差。在半闭环系统中，定位精度主要受滚珠丝杠精度的影响。丝杠螺距误差补偿方法是将数控机床某一个轴的指令位置与测量系统测得的实际位置相比较，计算出坐标轴在规定行程中的误差分布曲线，将误差值以表格的形式输入到系统中，以控制该轴运动。

2.5 数控机床辅助功能与 PLC

2.5.1 概述

1. 可编程控制器的概念

可编程控制器（Programmable Controller）是 20 世纪 60 年代末发展起来的一种新型自动化控制器。最早在美国通用汽车公司的自动装配线上使用并获得了成功。由于该控制器当时只是为了解决生产设备在运行中的开关量信号和逻辑控制问题，即用于替代传统的继电器控制装置，且只有逻辑运算、定时、计数及顺序控制等功能，因此把这种装置称为“可编程逻辑控制器”（Programmable Logic Controller，PLC）。后来随着技术的进步，其控制功能已远远超出了逻辑控制的范畴，人们就称其为“可编程控制器”（Programmable Controller，PC）。随着它的应用范围不断扩大，为了突出其作为工业控制装置的特点，或者为了与个人计算机“PC”或脉冲编码器“PC”等术语相区别，除通称可编程控制器为“PC”外，不少厂家还采用了与 PC 不同的其他名称，如微机可编程控制器（Microprocessor Programmable Controller，MPC）、可编程接口控制器（Progrmnmable Interface Controller，PIC）、可编程机器控制器（Programmable Machine Controller，PMC）和可编程顺序控制器（Programmable Sequence Controller，PSC）等。在数控领域中，人们习惯称其为可编程逻辑控制器（PLC）或可编程机器控制器（PMC）。

2. PLC 在数控系统中的应用

长期以来，数控机床的辅助动作机械的顺序控制一直是由“继电器逻辑电路”（Relay Logic Circuit，RLC）来完成。实际应用中，RLC 存在一些难以克服的缺点，如只能解决开关量的简单逻辑运算，以及定时、计数等有限的几种控制功能，难以实现复杂的逻辑运算、算术运算、数据处理，以及数控机床所需要的许多特殊功能；继电器、接触器等器件体积较大，每个器件工作触点有限。当机床受控对象较多或控制动作顺序较复杂时，需要采用大量的器件，使整个 RLC 体积庞大、功耗高、可靠性差。而且 RLC 一旦构成，其功能便固定不变，即柔性很差。

使用 PLC 代替 RLC 克服了上面的缺点。PLC 是基于电子计算机，为适应顺序控制的要求，PLC 省去了计算机的一些数字运算功能，而强化了逻辑运算功能，是一种介于继电器控制和计算机控制之间的自动控制装置。PLC 代替数控机床上的继电器逻辑，使顺序控制的控制功能、响应速度和可靠性大大提高，而且柔性好。PLC 已成为现代数控系统重要的组成部分。

数控机床的控制可分为两大部分：一部分是坐标轴运动的位置控制，另一部分是数控机床加工过程的顺序控制。在讨论 PLC、CNC 和机床各机械部件、机床辅助装置、强电线路之间的关系时，常把数控机床分为“CNC 侧”和“MT 侧”（机床侧）两大部分。“CNC 侧”包括 CNC 系统的硬件和软件以及与 CNC 系统连接的外部设备。“MT 侧”包括机床机械部分及其液压、气压、冷却、润滑、排屑等辅助装置，机床操作面板，继电器线路，机床强电线路等。PLC 处于 CNC 侧和 MT 侧之间，对 CNC 侧和 MT 侧的输入/输出信号进行处理。

MT 侧顺序控制的最终对象随数控机床的类型、结构、辅助装置等的不同而有很大差别。机床机构越复杂，辅助装置越多，最终受控对象也越多。一般来说，最终受控对象的数量和顺序控制程序的复杂程度从低到高依次为 CNC 车床、CNC 铣床、加工中心、FMC 和 FMS。

数控机床 PLC 可分为两类：一类是 CNC 的生产厂家将数控装置（CNC）和 PLC 综合起来而设计的“内装型”（Build-in Type）PLC；另一类是专业的 PLC 生产厂家的产品，它们的输入/输出信号接口技术规范、输入/输出点数、程序存储容量以及运算和控制功能均能满足数控机床的控制要求，称为“独立型”（Sand-alone Type）PLC。

2.5.2　可编程控制器的结构、工作原理和编程方法

1. 可编程控制器的结构

PLC 的结构包括硬件和软件两大部分。

其硬件构成如图 2-30 所示。它是一种通用的可编程控制器，主要由中央处理单元 CPU、存储器、输入/输出（I/O）模块以及供电电源组成。它的硬件是通用的，用户只要按需要组合，并相应改变在存储器内的程序，就可以用于控制各种类型的数控机床。可编程控制器的各部分都通过总线连接起来。内装型 PC 与 CNC 装置统一设计和制造，除电源和输入/输出与 CNC 装置共用外，结构组成基本相同。

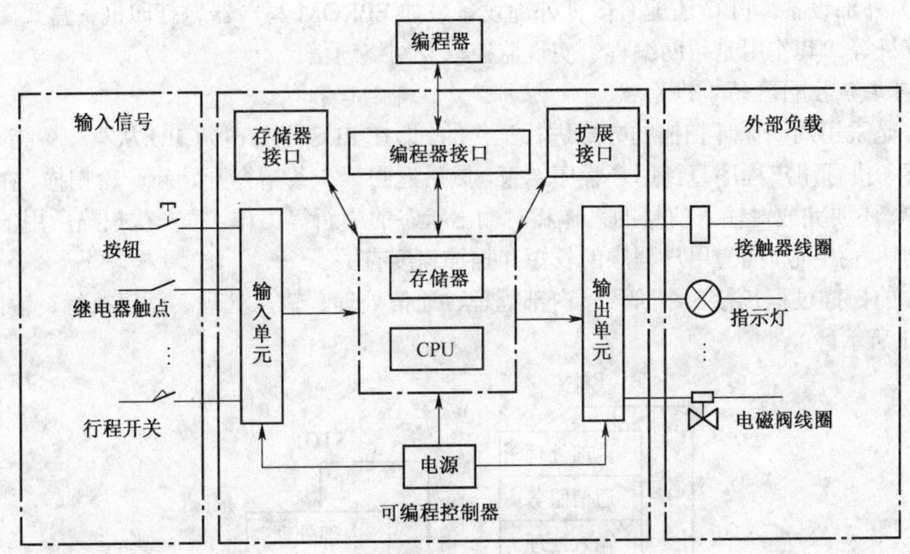

图 2-30　PLC 的硬件结构

（1）中央处理单元（CPU）。中央处理单元是 PLC 的核心，由运算器和控制器组成。在 PLC 中 CPU 按系统程序赋予的功能完成逻辑运算、数学运算、协调系统内部各部分工作等任务。

（2）存储器。存储器主要用于存储程序及数据。PLC 中的存储器有两种：系统程序存储器和用户程序存储器。系统程序存储器用来存放系统程序，由制造厂家编写并在机器出厂时固化于 ROM（只读存储器）或 EPROM（可擦除的只读存储器）中，用户不能修改。用户程序存储器用于存放用户编制的控制程序，由用户通过编程器输入到 PLC 的 RAM（读写存储器）中，允许修改。

（3）输入/输出接口。输入/输出接口通常也称为 I/O 单元或 I/O 模块，是 PLC 与工业生产现场之间的连接部件。PLC 通过输入接口接收生产过程中的各种控制信号或参数，同时通

过输出接口将处理结果送给被控制对象，驱动各种执行机构，实现工业生产过程的自动控制。为适应工业过程现场对不同输入/输出信号的匹配要求，PLC 配置了各种类型的输入/输出模块单元。

此外，PLC 还配置了 I/O 扩展接口，用于扩展输入/输出点数，当用户控制系统所需要的输入/输出点数超过 PLC 主机的输入/输出点数时，要通过 I/O 扩展接口将主机与 I/O 扩展单元连接起来。

（4）编程器。编程器是 PLC 的重要设备，用于实现用户与 PLC 的人机对话。用户通过编程器不但可以实现用户程序的输入、检查、修改和测试，还可以监视 PLC 的运行。目前，许多 PLC 利用微型计算机作为编程工具，在计算机上增添硬件接口和专用编程软件，代替专用编程器进行编程。

（5）电源。电源的作用是把外部电源（220V 的交流电源）转换成内部工作电压。外部连接的电源通过 PLC 内部配备的一个专用开关式稳压电源将交流/直流供电电源转化为 PLC 内部电路需要的工作电源（直流 5V、12V、24V），并为外部输入元件（如接近开关）提供 24V 直流电源（仅供输入端使用），而驱动 PLC 负载的电源由用户提供。

（6）外部设备。PLC 还配有多种外部设备，如 EPROM 写入器、打印机、盒式磁带录音机、计算机等，其作用是帮助编程、实现监控以及网络通信。

2. 可编程控制器的工作原理

PLC 是采用周期循环扫描的方式进行工作的。即在 PLC 运行时，CPU 从第一条指令开始，按顺序逐条执行用户程序直到用户程序结束，然后返回第一条指令开始新一轮扫描。在每次扫描过程中，还要完成对输入信号的采样和对输出状态的刷新等工作。每一次扫描所用的时间称为扫描周期。扫描周期与用户程序的长短和扫描速度有关。

PLC 的扫描过程包括 5 个阶段：内部处理、通信处理、输入处理、程序执行、输出处理，如图 2-31 所示。

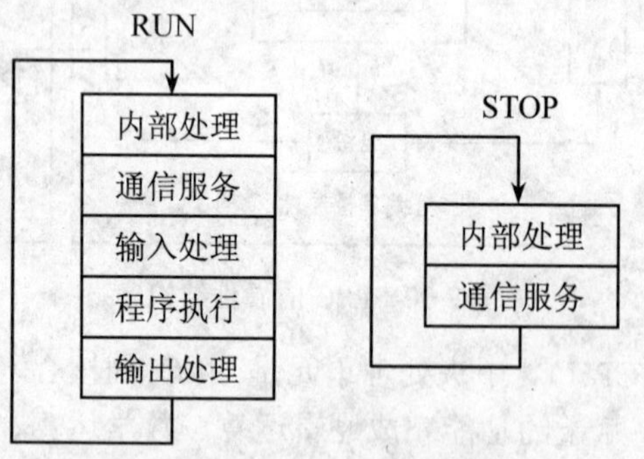

图 2-31　PLC 扫描工作过程

在内部处理阶段，PLC 检查 CPU 模块内部各硬件是否正常。在通信处理阶段，CPU 自动检测各通信接口的状态，处理通信请求。

当 PLC 处于停止（STOP）状态时，只完成内部处理和通信处理工作。当 PLC 处于 PLC 运行（RUN）状态时，还要完成其他 3 个阶段。

PLC 的程序执行过程一般分为输入处理、程序执行和输出处理 3 个阶段，如图 2-32 所示。

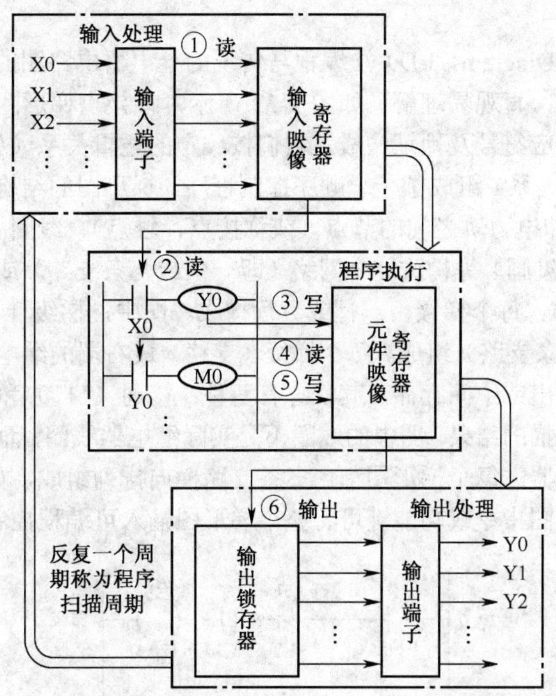

图 2-32　PLC 的程序执行过程

（1）输入处理阶段。在输入处理阶段，PLC 以扫描方式将所有输入端的输入信号状态（ON/OFF 状态）读入到输入映像寄存器中寄存起来，称为对输入信号的采样。接着转入程序执行阶段，在程序执行期间，即使输入状态变化，输入映像寄存器的内容也不会改变。输入状态的变化只能在下一个工作周期的输入处理阶段才被重新读入。

（2）程序执行阶段。在程序执行阶段，PLC 对程序按顺序进行扫描。如程序用梯形图表示，则总是按先上后下、先左后右的顺序扫描。每扫描到一条指令时所需要的输入状态或其他元素的状态分别由输入映像寄存器或输出映像寄存器中读入，然后进行相应的逻辑或算术运算，运算结果再存入专用寄存器。若执行程序输出指令时，则将相应的运算结果存入输出映像寄存器。

（3）输出处理阶段。在所有指令执行完毕后，输出映像寄存器中的状态就是欲输出的状态。在输出处理阶段，将映像寄存器中的状态转存到输出锁存电路，再经输出端子输出信号去驱动用户输出设备，这就是 PLC 的实际输出。

PLC 重复地执行上述 3 个阶段，每重复一次就是一个工作周期（或称扫描周期），工作周期的长短与程序的长短有关。

由于输入/输出模块滤波器的时间常数、输出继电器的机械滞后以及执行程序时按工作周期进行等原因，会使输入/输出响应出现滞后现象，所以对一般工业控制设备来说，这种滞后现象是允许的。如果设备中的某些信号要求有快速响应时，PLC 应采用高速响应的输入/输出模块，也有的将顺序程序分为快速响应的高级程序和一般响应速度的低级程序。

3. 可编程控制器的编程方法

由于可编程控制器的硬件结构不同，功能也不尽相同，因此程序的表达方法（即编程方法）也不同。可编程控制器的编程方法有以下几种：

（1）梯形图。

用梯形图（Ladder Diagram，LD）法编程与传统的继电器电路图的设计很相似，用电路元件符号来表示控制任务，直观易理解。如图 2-33 所示，该接点梯形图由表示常开接点、常闭接点和继电器线圈的相应符号及地址构成，它们按一定的逻辑关系（如图中的并联——“或”关系，串联——“与”关系）组成了一个顺序控制程序。梯形图的结构是：左右二条竖直线称为“电力轨”，电力轨和电力轨之间的节点（或称接点、触点）、线圈（或称继电器线圈）、功能块（功能指令，图中没画）等构成一个网络（即一条或几条支路）或多个网络，一个网络称为一个“梯级”（Rung）。每个梯级由一行或数行构成。图中，梯级 1 由两行（两个支路）组成，梯级 2 由一行（一条支路）组成。每个梯级（支路）最右端的继电器线圈表示该梯级（支路）的终点，它表示输出或中间存储，其状态有两种：接通（“1”）和断开（“0”），这个状态取决于对该梯级左边扫描的结果。图中的线圈不是实际继电器线圈，而是可编程控制器存储器的某一位，或称软继电器。每个梯形图都由多条支路横向排列组成，如同梯子，故称梯形图。应用编程器上的各梯形图指令或功能键可将整个梯形图输入可编程控制器。

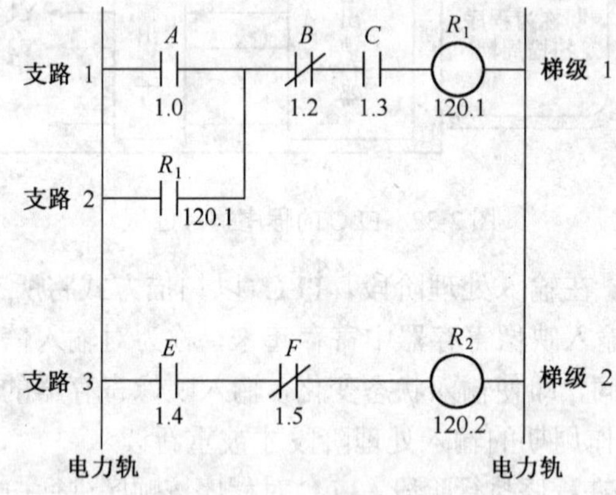

图 2-33　接点梯形图

（2）语句表。

语句表也称指令表（Instruction List，IL），或叫指令表语言。用指令语句编程时，要理解每条指令的功能和用法。每一个语句包含有一个操作码部分和一个操作数部分。操作码表示功能类型，操作数表示到哪里去操作，它由地址码和参数组成。若采用指令语句，则图 2-33 所示的梯形图程序可表达为：

RD A 1.0
OR R1 120.1
AND.NOT B 1.2
AND C 1.3
WRT R1 120.1
RD E 1.4
AND.NOT F 1.5
WRT F2 120.2

其中，RD、OR、AND、NOT 等为指令语句的操作码，而 1.0、120.1、1.2 等为操作数。

这种编程方法紧凑、系统化，但比较抽象，有时先用梯形图表达，然后写成相应的指令语句再用编程器上的指令和功能键输入。

除了上面介绍的编程方法外，还有用控制系统流程图（逻辑功能图）编程方法；功能模块图表示的“功能块语言”编程方法；基于图形表示的“图形语言”编程方法；用指定、子程序控制和指令语句表示的“结构文本语言”编程方法以及用逻辑式编程等方法。在用户程序的编制中，应用梯形图方法编程最为普遍，语句表法的使用也较多。

随着数控技术的发展，可编程控制器控制的设备已由单机扩展到 FMS、CIMS 等。可编程控制器处理的信息除直流开关量信号、模拟量信号、交流信号外，还需要完成与上位机或下位机的信息交换。某些信息的处理已不能采用顺序执行的方式，而必须采用高速实时处理方式。基于这些原因，计算机所用的高级语言便逐步被引用到 PC 的应用程序中来。

2.5.3　典型可编程控制器的指令和程序编制

1. FANUC PMC-L 型可编程控制器指令

该可编程控制器为数控机床用内装型可编程控制器，有两类指令：基本指令和功能指令。在设计顺序程序时使用最多的是基本指令。由于数控机床执行的顺序逻辑往往较为复杂，仅用基本指令编程常会十分困难或规模庞大，因此必须借助功能指令以简化程序。

在指令执行中，逻辑操作的中间结果暂存于“堆栈”寄存器中，该寄存器由 9 位组成（如图 2-34 所示），按先进后出、后进先出的堆栈原理工作。ST0 位存放正在执行的操作结果，其他 8 位（STl～ST8）寄存逻辑操作的中间状态。操作的中间结果进栈时（执行暂存进栈指令），寄存器左移一位；出栈时，寄存器右移一位。

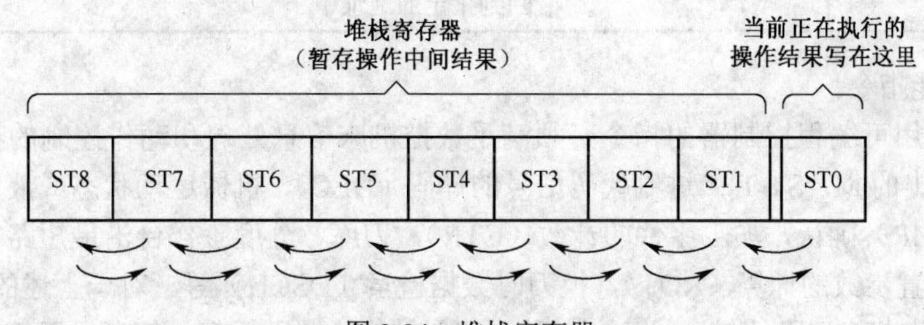

图 2-34　堆栈寄存器

（1）基本指令。

PMC-L 有 12 种基本指令，基本指令格式如图 2-35 所示。

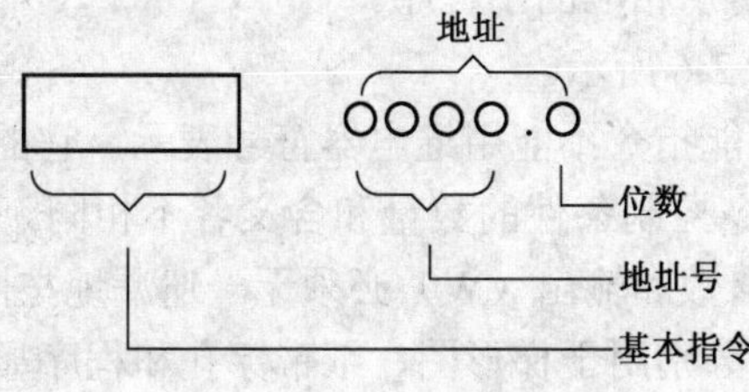

图 2-35　基本指令格式

基本指令是在顺序程序设计中最常用的指令，它们执行一位运算，如 AND 或 OR 等，如表 2-5 所示。

表 2-5 PLC 基本指令及功能表

序号	指令		功能
	格式 1（代码）	格式 2（FAPT LADDER 键操作）	
1	RD	R	读入指定的信号状态并设置在 ST0 中
2	RD.NOT	RN	将读入的指定信号的逻辑状态取非后设到 ST0
3	WRT	W	将逻辑运算结果（ST0 的状态）输出到指定的地址
4	WRT.NOT	WN	将逻辑运算结果（ST0 的状态）取非后输出到指定的地址
5	AND	A	逻辑与
6	AND.NOT	AN	将指定的信号状态取非后逻辑与
7	OR	O	逻辑或
8	OR.NOT	ON	将指定的信号状态取非后逻辑或
9	RD.STK	RS	将寄存器的内容左移 1 位，把指定地址的信号状态设到 ST0
10	RD.NOT.STK	RNS	将寄存器的内容左移 1 位，把指定地址的信号状态取非后设到 ST0
11	AND.STK	AS	ST0 和 ST1 逻辑与后，堆栈寄存器右移一位
12	OR.STK	OS	ST0 和 ST1 逻辑或后，堆栈寄存器右移一位
13	SET	SET	ST0 和指定地址中的信号逻辑或后，将结果返回到指定的地址中
14	RST	RST	ST0 的状态取反后和指定地址中的信号逻辑与，将结果返回到指定的地址中

（2）功能指令。

数控机床用可编程控制器的指令必须满足数控机床信息处理和动作控制的特殊要求。例如，由 NC 输出的 M、S、T 二进制代码信号的译码（DEC），机械运动状态或液压系统动作状态的延时（TMR）确认，加工零件的计数（CTR），刀库、分度工作台沿最短路径旋转和现在位置至目标位置步数的计算（ROT），换刀时数据检索（DSCH）等。对于上述的译码、定时、计数、最短径选择，以及比较、检索、转移、代码转换、四则运算、信息显示等控制功能，仅用一位操作的基本指令编程实现起来将会十分困难。因此，要增加一些具有专门控制功能的指令解决基本指令无法解决的那些控制问题。这些专门指令就是功能指令。功能指令都是一些子程序，应用功能指令就是调用了相应的子程序。

有 35 种功能指令，如表 2-6 所示。

1）功能指令的格式：功能指令不能用继电器符号表示，它的格式如图 2-36 所示。

控制条件：每条功能指令控制条件的数量和含义各不相同，控制条件结果存于堆栈寄存器中，控制条件以及指令、参数和输出（W）必须无一遗漏地按固定的编码顺序编写。

指令：指令有 3 种格式分别用于梯形图、纸带穿孔和程序显示，编程机输入时用简化指令。TMR（定时）、DEC（译码）指令分别用编程机的 T 和 D 键输入。其他指令用 SUB 键和它后面的数字键输入。

表 2-6　PMC-L 的功能指令表

序号	指令				序号	指令			
	格式 1（梯形图）	格式 2（显示）	格式 3（输入）	处理内容		格式 1（梯形图）	格式 2（显示）	格式 3（输入）	处理内容
1	END1	SUB1	S1	1 级程序结束	19	DSCH	SUB17	S17	数据检索
2	END2	SUB2	S2	2 级程序结束	20	XNOV	SUB18	S18	变址数据转换
3	END3	SUB48	248	3 级程序结束	21	ADD	SUB19	S19	加
4	TMR	TMB	T	定时	22	SUB	SUB20	S20	减
5	TMRB	SUB24	S24	固定定时	23	MUL	SUB21	S21	乘
6	DEC	DEC	D	译码	24	DIV	SUB22	S22	除
7	CTR	SUB5	S5	计数	25	NUME	SUB23	S23	常数定义
8	ROT	SUB6	S6	旋转控制	26	PACTL	SUB25	S25	位置 Mote-A
9	COD	SUB7	S7	代码转换	27	CODB	SUB27	S27	二进制代码转换
10	MVOE	SUB8	S8	逻辑乘后数据移动	28	DCNVB	SUB31	S31	扩展数据转换
11	COM	SUB9	S9	公共线控制	29	COMPB	SUB32	S32	二进制数据比较
12	COME	SUB29	S29	公共线控制结束	30	ADDB	SUB36	S36	二进制加
13	JMP	SUB10	S10	跳转	31	SUBB	SUB37	S37	二进制减
14	JMPE	SUB30	S30	跳转结束	32	MULB	SUB38	S38	二进制乘
15	PAR1	SUB11	S11	奇偶检查	33	DRVB	SUB39	S39	二进制除
16	DCNN	SUB14	S14	数据转换	34	NUMEB	SUB40	S40	二进制常数定义
17	COMP	SUB15	S15	比较	35	DLSP	SUB49	S49	信息显示
18	COIN	SUB16	S16	符合检查					

参数：与基本指令不同，功能指令可处理数据。数据或存有数据的地址可作为参数写入功能指令。参数数目和含义随指令不同而不同。用可编程控制器编程器的 PRM 键可以输入参数。

输出（W）：功能指令操作结果用逻辑“0”或“1”状态输出到 W。W 地址由编程者任意指定。有些功能指令不用 W，如 MOVE（逻辑乘后，数据移动）、COM（公共线控制）、JMP（转移）等。功能指令处理的数据包括 BCD 码数据（2 字节，共 4 位）和二进制数据（4 字节）。

2）PMC-L 部分功能指令说明。

下面介绍在编程实例中用到的几个功能指令。

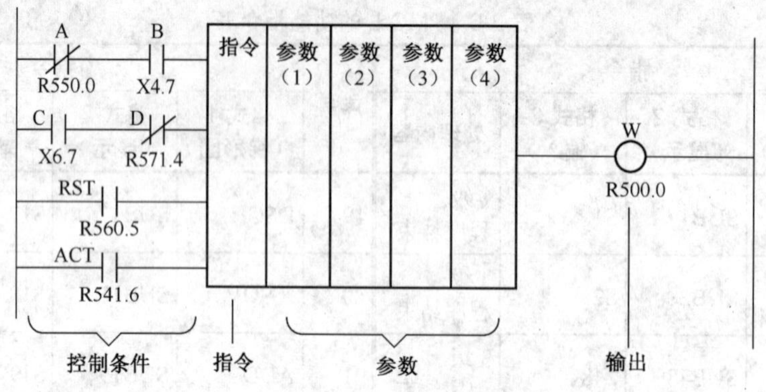

图 2-36 功能指令格式

- 定时器指令（TMR、TMRB）：用于顺序程序中需要时间延迟逻辑顺序关系的场合。指令格式有两种，如图 2-37 所示。

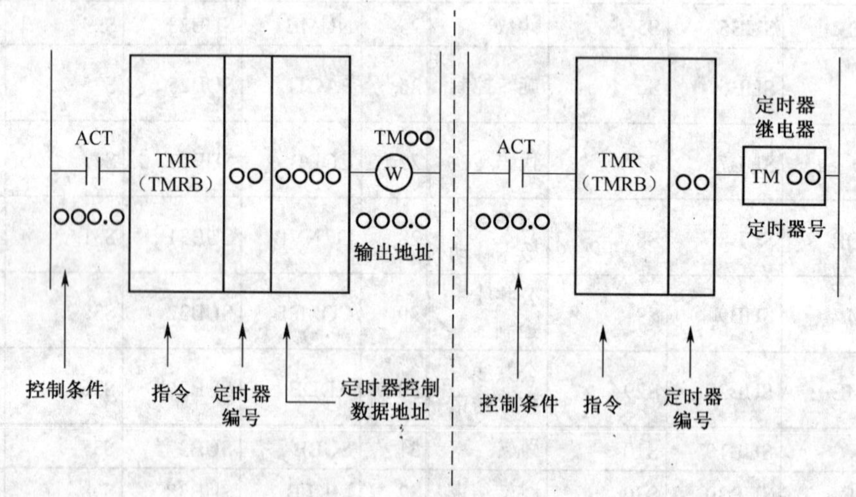

图 2-37 定时器指令格式

TMR 是设定时间可以更改的延时定时器。它通过 CRT/MDI 面板在指令规定的“定时器”控制数据地址来设定时间，设定值用二进制表示。二进制 1 相当于 50ms，设定范围为 0.05～1638.35s。指令 TMRB 的设定时间与顺序程序一起被写入 EPROM。TMRB 是设定时间固定不变的延时定时器，设定时间以十进制表示，每 50ms 为一挡，时间范围为 0.05～1638.35s。

定时器工作原理是：当控制条件 ACT=0 时，输出 W=0（即定时继电器 TMOO 断开）；当 ACT=1 时，定时器开始计时，在到达预定的时间后，W=1（即接通定时器继电器 TMOO）。

- 译码指令（DEC）：数控机床在执行加工程序中规定 M、S、T 机能时，CNC 装置以 BCD 代码形式输出 M、S、T 代码信号。这些信号需要经过译码才能从 BCD 码状态转换成具有特定功能含义的一位逻辑状态。DEC 功能指令的格式如图 2-38 所示。

译码信号地址是指数控装置至 PMC 的二字节 BCD 代码的信号地址。译码规格数据由序号和译码位数两部分组成。

其中，序号必须由两位数指定。例如，对 M03 译码，这两位数即为 03。“译码位数”的设定有 3 种情况：01 为对低位数译码；10 为对高位数译码；11 为对二位数译码。

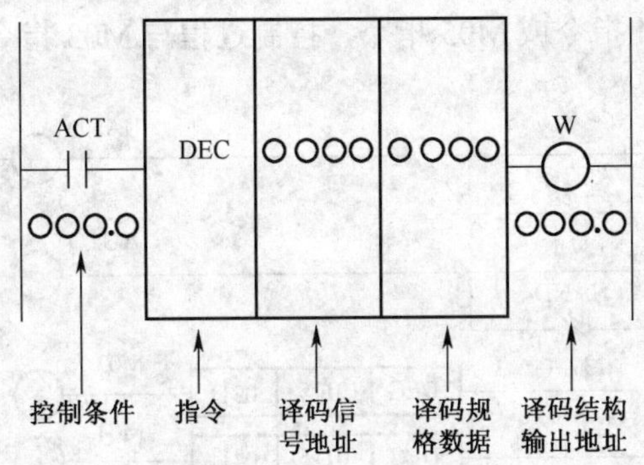

图 2-38　译码指令格式

DEC 指令的工作原理是：控制条件 ACT=0 时，不译码，译码结果继电器断开；ACT=1 时允许译码。当指定译码信号地址中的代码信号状态与指定信号相同时，输出 W=1，反之，W=0；译码输出 W 的地址由编程员任意指定。

2. 顺序程序的编制

例 2-3　控制主轴运动的顺序程序编制。

图 2-39 所示是控制主轴运动的局部梯形图。图中包括主轴旋转方向控制（顺时针旋转或逆时针旋转）和主轴齿轮换挡控制（低速挡或高速挡）。控制方式分手动和自动两种工作方式。当机床操作面板上的工作方式开关选在手动时，HS.M 信号为 1。此时，自动工作方式信号 AUTO 为 0（梯级 1 的 AUTO 常闭软接点为“1”）。由于 HS.M 为 1，软继电器 HAND 线圈接通，使梯级 1 中的 HAND 常开软接点闭合，线路自保，从而处于手动工作方式。

在“主轴顺时针旋转”梯级中，HAND="1"，主轴旋转方向选择旋钮置于顺转位置，CW.M（旋转开关信号）=1，又由于主轴停止旋钮开关 OFF.M 没接通，SPOFF 常闭接点为“1”，使主轴手动控制顺时针旋转。

当方向选择旋钮置于逆时针接通状态时，和顺时针旋转分析方法相同，使主轴逆时针旋转。由于主轴顺转和逆转继电器的常闭触点 SPCW 和 SPCCW 互相接在对方的自保线路中，再加上各自的常开触点接通，使之自保并互锁。同时 CW.M 和 CCW.M 是一个旋钮的两个位置，也起互锁作用。

在“主轴停”梯级中，如果把主轴停止旋钮开关接通（即 OFF.M="1"），使主轴停、软继电器线圈通电，它的常闭软触点（分别接在主轴顺转和主轴逆转梯级中）断开，从而停止主轴转动（正转或逆转）。

工作方式开关选在自动位置时，此时 AS.M="1"，使系统处于自动方式（分析方法同手动方式）。由于手动、自动方式梯级中软继电器的常闭触点互相接在对方线路中，使手动、自动工作方式互锁。

在自动方式下，通过程序给出主轴顺时针旋转指令 M03，或逆时针旋转指令 M04，或主轴停止旋转指令 M05，分别控制主轴的旋转方向和停止。图中 DEC 为译码功能指令。当零件加工程序中有 M03 指令后，在输入执行时经过一段时间延时（约几十毫秒），MF="1"，开始执行 DEC 指令，译码确认为 M03 指令后，M03 软继电器接通，其接在“主轴顺转”梯级中的 M03 软常开触点闭合，使继电器 SPCW 接通（即为“1”），主轴顺时针（在自动控制方式下）旋转。若程序上有 M04 指令或 M05 指令，控制过程与 M03 指令时类似。

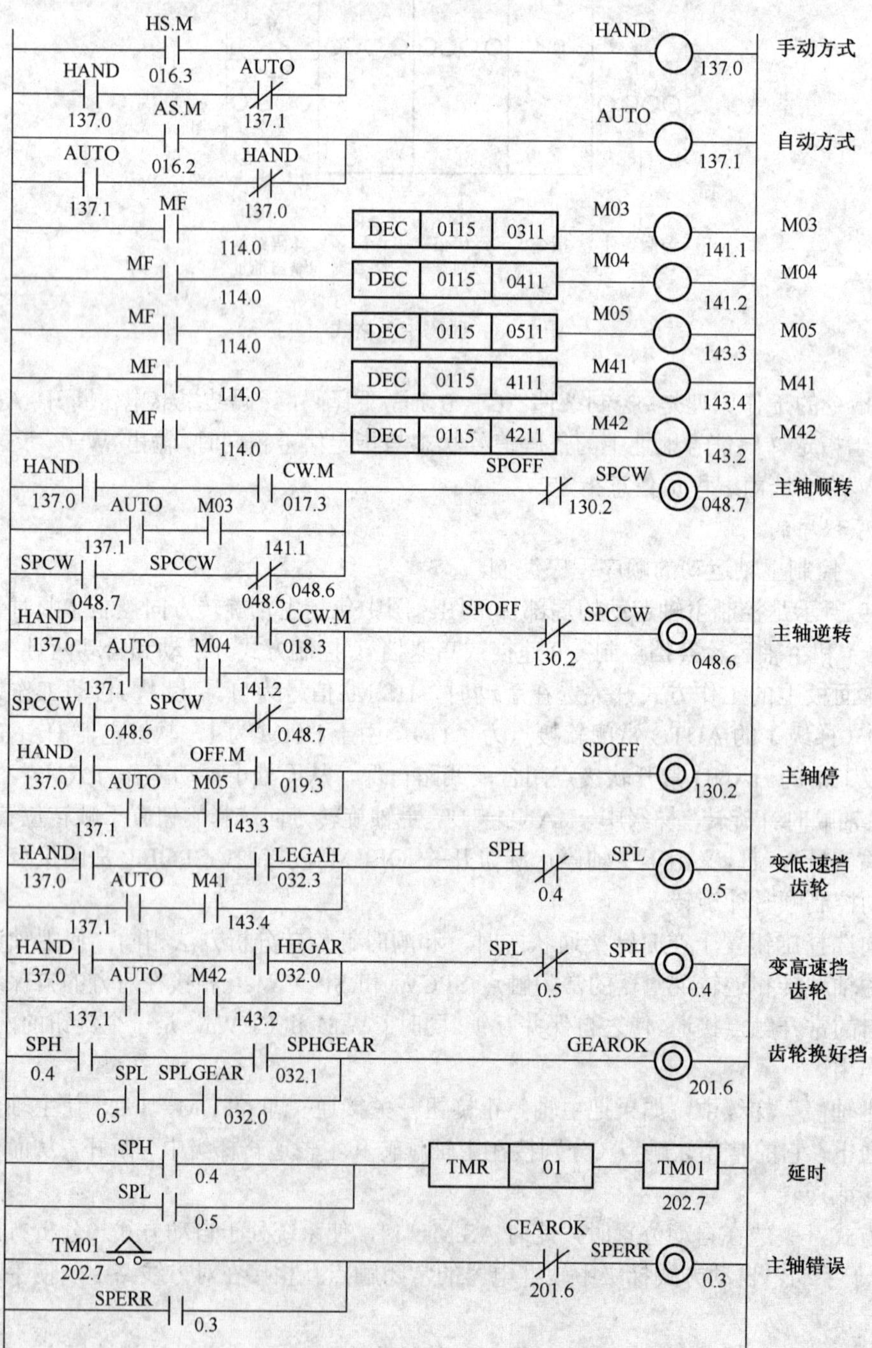

图 2-39 控制主轴运动的局部梯形图

本章小结

数控机床之所以能够自动加工，是因为数控系统具有控制功能。常用的数控系统有经济型数控系统和标准型数控系统。经济型数控系统由硬件（由 MPU、存储器、输入/输出（I/O）接口电路组成）、软件（监控与操作程序、插补计算软件、步进电机控制软件、误差补偿软件）组成；标准型数控系统也是由硬件（单微处理器的结构、多微处理器的结构）、软件（管理软件、控制软件）组成；数控机床能够准确地完成零件轮廓的加工是因为数控系统具有插补运算和数据处理功能。根据大多数零件轮廓的形状，主要有直线插补和圆弧插补。根据零件轮廓线上的已知点，数控系统按照进给方向、进给速度、刀具参数等要求计算出轮廓线上中间点位置坐标值的过程称为插补，实际上插补的目的是为了获得对各坐标轴的控制，以最小的逼近误差来拟合零件轮廓。常用的插补方法分为两类：基准脉冲插补（数字脉冲插补乘法器、逐点比较法、数字积分法等）、数据采样插补（时间分割插补法、扩展 DDA 数据采样插补方法等）。数控系统的数据处理主要包括：译码（代码识别、功能解释）、刀具半径补偿计算（B 刀具半径补偿、C 刀具半径补偿）、程序段间转接方式的判断（直线与直线转接、直线与圆弧转接、圆弧与圆弧转接）、加减速的控制（前加减速控制、后加减速控制）、误差补偿（动反转间隙补偿、丝杠螺距误差补偿）等内容。

PLC 通过位置控制单元或模块可实现位置的定位控制。通过位置控制单元或模块输出的指令脉冲串或模拟信号，经驱动装置带动步进电动机或伺服电动机，可完成位置的开环或闭环控制。数控机床中的 PLC 用以实现各 I/O 状态的控制，主要有主轴的正、反转及停止，切削液的开、关，润滑系统的运行、停止，刀库选刀控制，加工中心的换刀及回转工作台控制等。输入开关有按钮、压力开关、液位开关、行程开关、接近开关等；输出开关有继电器、接触器、电磁阀及电磁制动器等。

习题与思考题

1．简述经济型数控系统的硬件组成、软件组成。

2．简述标准型数控系统的硬件组成、软件组成。

3．什么是插补？有哪些插补的方法？

4．什么是译码？译码的作用是什么？

5. 什么是刀具半径补偿？什么是 B 功能刀具半径补偿？什么是 C 功能刀具半径补偿？两种刀具半径补偿有什么区别？

6．加减速控制的作用是什么？有几种控制方法？

7．间隙误差补偿、丝杠螺距误差补偿产生的原因是什么？其解决方法是什么？

8．标准型数控系统的单微处理器结构和多微处理器结构各有什么特点？

9．试简述 PLC 的程序执行过程。程序的扫描周期与哪些因素有关？

10．数控机床中 PLC 控制的对象有哪些？

11．以 PLC 为中心，在 CNC、PLC 和 MT 之间的信息是如何传递的？

12．简述可变定时器 TMB 与固定定时器 TMRB 的区别及各自的使用场合。

第 3 章　数控加工编程

本章学习目标

本章主要介绍数控机床的坐标系统、数控加工程序格式及编制代码、数控加工的工艺特点、典型车/铣削零件的加工编程及加工工艺，对一些典型零件的编程进行了举例。最后，简要介绍了自动编程的基础知识。通过本章学习，读者应该掌握：

- 数控机床坐标系的确定和方向的判定
- 掌握加工程序的组成和格式
- 数控机床的工作原理、应用
- 熟悉数控加工程序的各种编制代码，主要包括 G、M、F、S、T 代码等，特别是准备功能 G 代码和辅助功能 M 代码，它是程序段的主要组成部分
- 在编程之前能对所加工的零件进行工艺分析，拟定好加工方案，并选择合适的刀具和确定切削用量等
- 了解自动编程的基本概念和基本原理

3.1　数控机床的坐标系统

3.1.1　数控机床坐标轴的命名和方向

数控机床坐标轴和方向的命名制订了统一的标准，目前国际上数控机床的坐标轴和运动方向均已标准化。我国也于 1982 年颁布了 JB3051－82《数控机床的坐标和运动方向的命名》标准。标准规定，在加工过程中无论是刀具移动、工件静止，还是工件移动、刀具静止，一般都假定工件相对静止不动，而刀具在移动，并同时规定刀具远离工件的方向作为坐标轴的正方向。

数控机床上的坐标系是采用右手直角笛卡儿坐标系。规定直线进给运动的坐标轴用 X、Y、Z 表示，常称基本坐标轴。围绕 X、Y、Z 轴旋转的圆周进给坐标轴用 A、B、C 表示，常称旋转轴。如图 3-1 所示，X、Y、Z 直线进给坐标系按右手定则规定，而围绕 X、Y、Z 轴旋转的圆周进给坐标轴 A、B、C 则按右手螺旋定则判定。

机床各坐标轴及其正方向的确定原则是：

（1）先确定 Z 轴。在确定数控机床坐标轴时，一般先确定 Z 轴。以平行于机床主轴的刀具运动坐标为 Z 轴。当机床有几个主轴时，则选一个垂直于工件装夹面的主轴为 Z 轴；若没有主轴，则规定垂直于工件装夹面的坐标轴为 Z 轴。规定刀具远离工件的方向作为 Z 轴正方向。

（2）X 轴的确定。X 轴是水平的、平行于工件装卡平面的轴。对于刀具旋转的机床，若

Z 轴为水平时，由刀具主轴的后端向工件看，X 轴正方向指向右方；若 Z 轴为垂直时，由主轴向立柱看，X 轴正方向指向右方。对无主轴的机床（如刨床），X 轴正方向平行于切削方向。

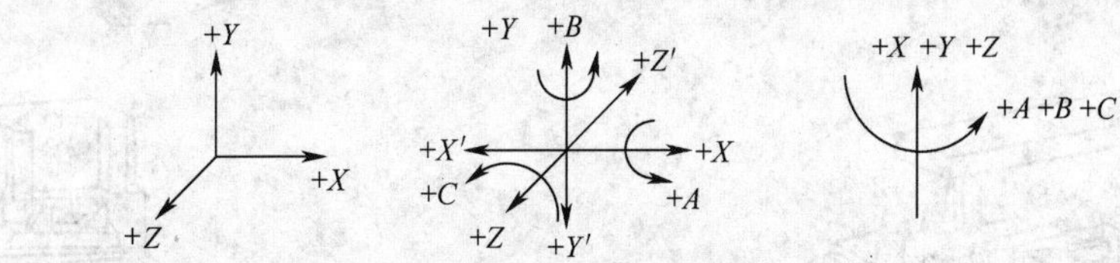

图 3-1　右手直角笛卡儿坐标系

（3）Y 轴的确定。X、Z 轴的正方向确定后，垂直于 X 及 Z 轴，按右手定则确定其正方向。

（4）旋转轴的确定。根据右手螺旋定则，如图 3-1 所示，以大姆指指向+X、+Y、+Z 方向，则食指、中指等的指向是圆周进给运动的+A、+B、+C 方向。

（5）附加坐标轴的确定。在基本的线性坐标轴 X、Y、Z 之外的附加线性坐标轴指定为 U、V、W 和 P、Q、R。这些附加坐标轴的运动方向可按决定基本坐标轴运动方向的方法来决定。

3.1.2　机床坐标系与工件坐标系

机床坐标系是机床上固有的坐标系，用于确定被加工零件在机床中的坐标、机床运动部件的位置以及运动范围。机床参考点是确立机床坐标系的参照点，机床坐标系通过回参考点操作来确立。机床原点就是机床坐标系的原点，也称机械原点、参考点或零点。它是机床上固定的一个点，也是工件坐标系和机床参考点的基准点，机床一经设计和制造出来，机床原点就已经被确定下来。图 3-2 所示为几种典型机床的坐标系。机床启动时，通常要进行机动或手动回零，就是回到机床原点。数控机床的机床原点一般在直线坐标或旋转坐标回到正向的极限位置。

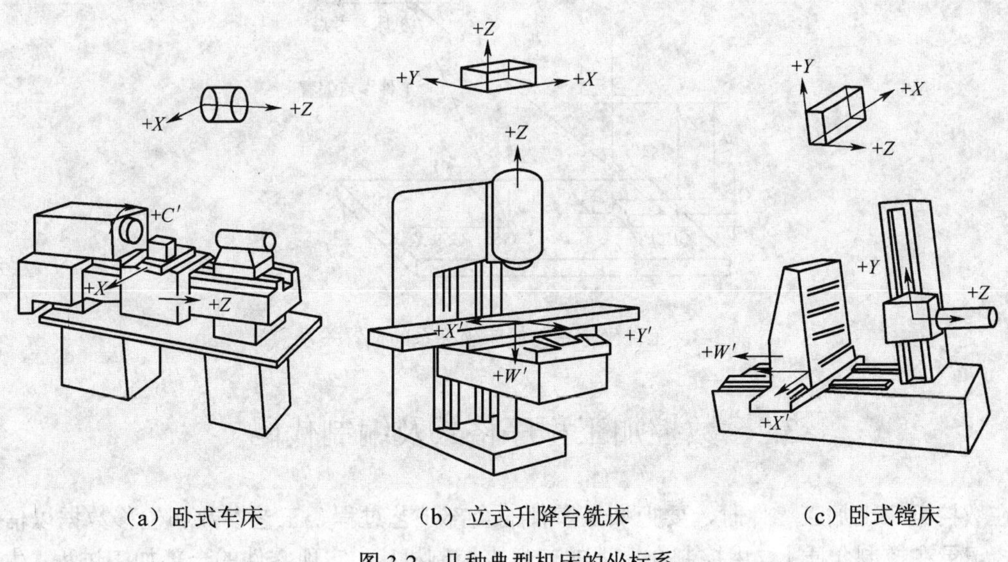

（a）卧式车床　　（b）立式升降台铣床　　（c）卧式镗床

图 3-2　几种典型机床的坐标系

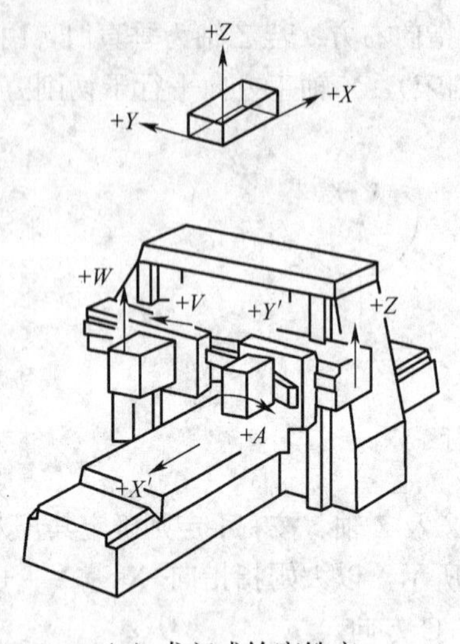

（d）龙门式轮廓铣床

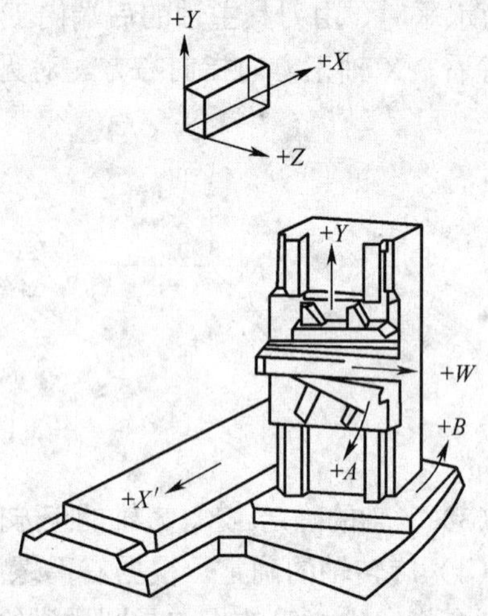

（e）五坐标工作台移动式曲面和轮廓铣床

图 3-2　几种典型机床的坐标系（续图）

工件坐标系亦称编程坐标系，是编程人员在编制加工程序时使用的坐标系，用来确定刀具和程序的起点，编程人员可根据具体情况自行确定。但坐标轴的方向应与机床坐标系一致，并且与之有确定的尺寸关系。机床坐标系与工件坐标系的关系如图 3-3 所示。不同的工件建立的坐标系也可有所不同，有的数控系统允许一个工件可建立多个工件坐标系，或者在一个工件坐标系下再建立一个坐标系称之为局部坐标系。局部坐标系原点的坐标值应是相对于工件坐标系，而不是相对于机床坐标系。通过建立多个坐标系或局部坐标系可大大简化零件的编程工作。工件坐标系的原点称为工件原点或编程原点。

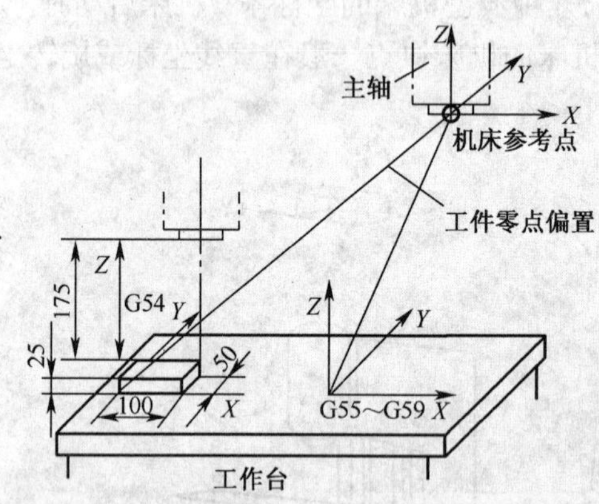

图 3-3　工件坐标系与机床坐标系的位置关系

3.2　数控加工程序格式及编制代码

在数控机床上加工零件时，要把加工零件的全部工艺过程、工艺参数和位移数据以信息的形式记录在控制介质上，用控制介质上的信息来控制机床，实现零件的全部加工过程。生成用数控机床进行零件加工的数控程序的过程，称为数控编程。编程就是将加工零件的加工顺序、刀具运动轨迹的尺寸数据、工艺参数加工信息，用规定的文字、数字、符号组成的代码按一定格式编写成加工程序。数控程序的编制方法一般分为手工编程和自动编程两大类。手工编程是指整个程序的编制过程是由人工完成的。自动编程是用计算机把人们输入的零件图纸信息生成数控机床能执行的数控加工程序，数控编程的大部分工作由计算机来完成。

3.2.1　数控加工程序格式

1. 程序的组成

一个完整的加工程序由程序头、程序主干、程序尾三部分组成。下面是一个车削轮廓加工程序实例。工件如图 3-4 所示，其加工程序如下：

O0001	程序名
N10 G92 X70.0 Z150.0;	建立工件坐标系
N20 S630 M03;	让主轴以 630 r/min 正转
N30 G90 G00 X20.0 Z88.0 M08;	刀具快速移到毛坯的右端
N40 G01 Z78.0 F100;	工进车外圆 F20
N50 G02 Z64.0 R12.0;	车 R12 圆弧成型面
N60 G01 Z60.0;	车外圆 F20
N70 G04 X2.0;	转角处暂停
N80 G01 X24.0;	车端面
N90 G03 X44.0 Z50.0 R10.0;	车转角圆弧 R10
N100 G01 Z20.0;	车外圆 F44
N110　X55.0;	车端面并退出到工件外
N120 G00 X70.0 Z150.0 M09;	返回起刀点
N130　M05;	主轴停转
N140 M30;	程序结束

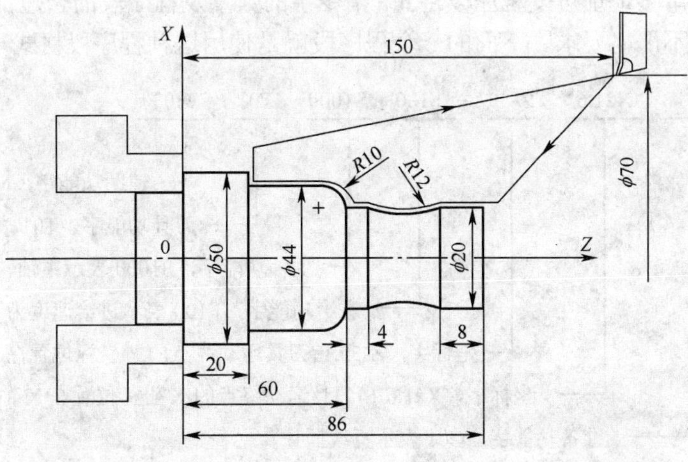

图 3-4　车削工件图

（1）程序头。包括程序名、建立工件坐标系、启动主轴、开启切削液、从起刀点快进到工件要加工的部位附近等准备工作。程序名就是给零件数控加工程序一个编号，以便进行程序检索。每一个独立的程序都应有程序号，它一般由地址码 O 和四位数字组成。不同的数控系统程序号地址码也有所差异。如FANUC系统用O，西门子系统用%等。图3-4车削程序中O0001为程序号，也可称程序名。N10、N20，…，N140为程序段号，整个程序由14个程序段组成。其中N10～N30程序段为程序头组成部分，例如N10的内容是建立工件坐标系，N20的内容是主轴以630 r/min正转，N30的内容是刀具快速移到毛坯的右端。

（2）程序主干。程序主干是整个程序的核心，表示零件加工过程中数控机床要完成的全部动作。它由许多程序段组成，每个程序段中完成一个加工工步或一个加工动作。图3-4程序主干则是由具体的车削轮廓的各程序段组成，有必要的话可含子程序调用。N40～N110程序段为车削轮廓主干程序。每个程序段有若干个指令字（功能字），每个指令字表示一种功能。例如程序段“N40 G01 Z78.0 F100;”所要完成的动作是工件车外圆F20。细分这个程序段，其中N40为程序段号，G01、Z78.0、F100为功能字，功能字的组成开头是英文字母，其后是数字。

（3）程序尾。包括快速退刀、返回起刀点、关主轴和切削液、程序结束停机等。程序结束可用指令M02或M30作为整个程序结束的符号，程序结束应位于最后一个程序段。

2. 程序格式

（1）程序段的构成要素。

程序字的构成是由“地址”和“数字”组合而成的。程序中出现的英文字母及字符称为“地址”，如X、Y、Z、A、C、%；程序中出现的数字0～9、“+”、“-”、小数点等称为数字。例如G01是一个字，由字母G及数字0、1组成，字G01定义为直线插补。X-50.6也是一个字，它表示刀具位移至X轴负方向50.6mm处。程序字是组成程序最基本的单位，各种指令字（或称功能字）组合成一行即为一个程序段，整个程序则由若干个程序段组成。

（2）程序段格式。

数控装置对输入程序的信息处理是以字为单位来进行的。字地址程序段格式由一系列指令字（功能字）组成。程序段格式是指一个程序段中指令字的排列顺序和表达方式。目前国内外数控系统广泛采用字地址可变程序段格式。指令字的数量及程序段的长短都是可变的，指令字的排列顺序也并不严格要求。下面的一个程序段就是使用这种程序段格式。

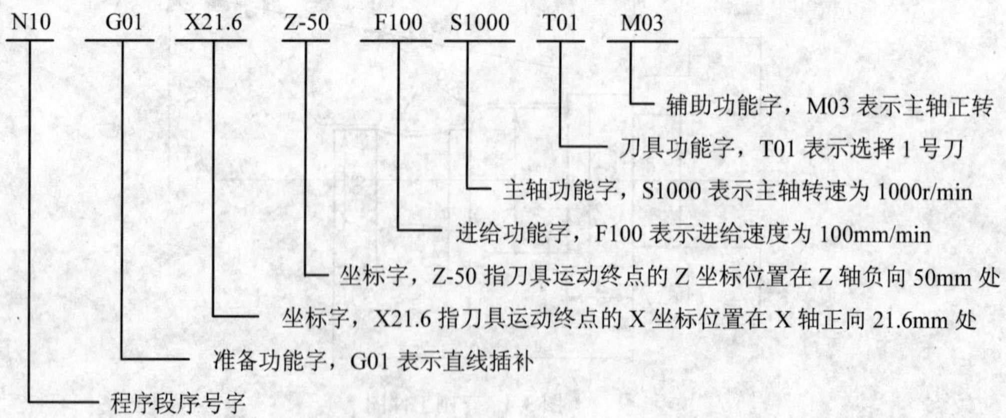

该程序段表示的内容是机床用1号刀具主轴以630 r/min的速度正转，并以100mm/min的进给速度直线插补运动至X21.6mm和Z-50mm处。式中，N为程序段号字；G为准备功能字；

X、Z 为坐标功能字；F 为进给功能字；S 为主轴转速功能字；T 为刀具功能字；M 为辅助功能字。常用地址码及其含义如表 3-1 所示。

表 3-1　常用地址码及其含义

机能	地址码	说明
程序段号	N	程序段顺序编号地址
坐标字	X、Y、Z、U、V、W、P、Q、R A、B、C、D、E R I、J、K	直线坐标轴 旋转坐标轴 圆弧半径 圆弧圆心相对起点坐标
准备功能	G	准备功能
切削用量	F S	进给量或进给速度 主轴转速
刀具号	T	刀库中的刀具编号
辅助功能	M	辅助功能
补偿值	H 或 D	补偿值地址

3. 主程序与子程序

在一个加工程序中，如果有几个一连串的程序段在多处出现，则可将这些重复的程序段按规定的格式单独抽出，独立编号成一个子程序以备调用。在执行主程序的过程中，子程序可以被主程序多次重复调用。还有一些数控系统，在调用子程序的过程中子程序同时也可调用其他的子程序。通过采用子程序，可以加快程序的编制和简化程序，同时也利于程序的检验和修改。主程序调用子程序可以用 M98 指令，从子程序返回主程序可以用 M99 指令。子程序的程序段格式和主程序的程序段格式相同。子程序也有自己的程序名，主程序通常引用子程序的程序名来调用子程序。调用子程序的编程格式为：M98　P__L__

其中 P 表示被调用的子程序号，L 表示调用子程序的次数。

主程序调用子程序的例子如下：

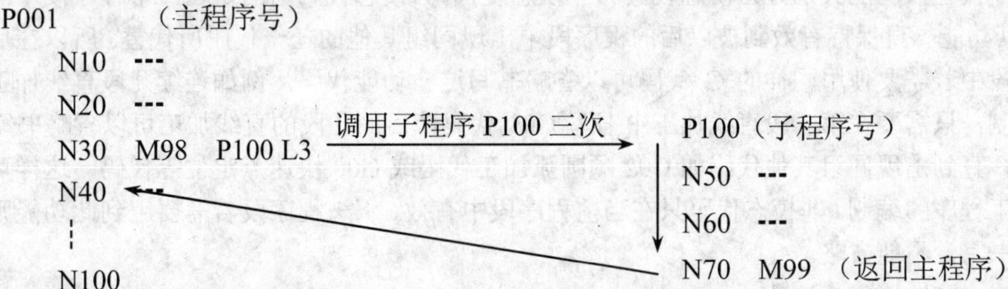

主程序执行到 N30 程序段时，开始调用子程序 P100，重复调用三次后程序执行返回主程序指令 N70 M99，程序回到主程序后结束子程序的调用接着执行主程序段号 N40 的内容。如果返回指令用 M99 P__，例如 M99 P100，则在调用了子程序后，将返回到主程序段号为 N100 的程序段去执行。

3.2.2 数控加工程序编制代码

数控加工程序的编制代码主要包括准备功能 G 代码、辅助功能 M 代码、进给功能 F 代码、主轴功能 S 代码、刀具功能 T 代码等。其中准备功能 G 代码和辅助功能 M 代码是程序段的主要组成部分。

1. 准备功能 G 代码

准备功能 G 代码用来规定刀具和工件的相对运动轨迹（即指令插补功能）、机床坐标系、坐标平面、刀具补偿、坐标偏置等多种加工操作，可称为 G 功能或 G 代码。G 代码由地址 G 和后面的二位数字组成，G00～G99 共有 100 种。这些代码中一些常用的准备功能代码的定义对于不同的机床定义几乎相同，但也有很多代码其含义及应用格式并不一致，因此在编程前必须熟悉和了解机床使用说明书或编程手册。常用的准备功能 G 代码如表 3-2 所示。

表 3-2　常用准备功能 G 代码

<table>
<tr><th>代码</th><th>组</th><th>功能</th><th>代码</th><th>组</th><th>功能</th><th>代码</th><th>组</th><th>功能</th></tr>
<tr><td>G00</td><td rowspan="6">a</td><td>快速点定位</td><td>G20</td><td rowspan="2">b</td><td>英制单位</td><td>G80</td><td rowspan="3">e</td><td>固定循环取消</td></tr>
<tr><td>G01</td><td>直线插补</td><td>G21</td><td>公制单位</td><td rowspan="2">G81
～G89</td><td rowspan="2">固定循环</td></tr>
<tr><td>G02</td><td>顺圆插补</td><td>G27</td><td rowspan="3">g</td><td>回参考点检查</td></tr>
<tr><td>G03</td><td>逆圆插补</td><td>G28</td><td>回参考点</td><td>G90</td><td rowspan="2">i</td><td>绝对坐标编程</td></tr>
<tr><td rowspan="2">G32
～G33</td><td rowspan="2">螺纹切削</td><td>G29</td><td>参考点返回</td><td>G91</td><td>增量坐标编程</td></tr>
<tr><td>G40</td><td rowspan="4">d</td><td>刀补取消</td><td>G92</td><td>00</td><td>预置寄存</td></tr>
<tr><td>G04</td><td>00</td><td>暂停延时</td><td>G41</td><td>左刀补</td><td></td><td></td><td></td></tr>
<tr><td>G17</td><td rowspan="3">c</td><td>XY 平面选择</td><td>G42</td><td>右刀补</td><td></td><td></td><td></td></tr>
<tr><td>G18</td><td>ZX 平面选择</td><td rowspan="2">G54
～G59</td><td rowspan="2">f</td><td rowspan="2">零点偏置</td><td></td><td></td><td></td></tr>
<tr><td>G19</td><td>YZ 平面选择</td><td></td><td></td><td></td></tr>
</table>

注：①表中组别中凡有小写字母 a、b、c、d、e 等指示的 G 代码为同一组代码，称为模态指令。

②表中组别为“00”的属非模态代码；其余为模态代码，同组可相互取代。

G 代码按功能类别分为模态代码和非模态度代码。模态代码指的是在一个程序段中一经指定，其功能一直保持有效到被以后的程序段中出现同组其他的任一代码所代替。所以在后续的程序段中若需要使用同样的 G 代码可以省略书写这一功能代码。例如连续几段直线加工的程序编制，只需要在第一段直线加工中书写 G01 代码，后面几段的直线加工可以省略书写 G01 代码，直到出现同组其他代码如 G02 顺圆弧加工代码或 G00 快速点定位等代码，这样可以简化加工程序的编制。非模态代码只在当前程序段中有效，下一程序段若需要用到此功能则需要重新书写，不能省略。

2. 辅助功能 M 代码

辅助功能 M 代码是加工过程中对一些辅助器件进行操作控制用的工艺性代码，可称为 M 功能或 M 代码。M 代码也是由地址 M 和两位数字组成。该代码与控制系统插补器运算无关，一般书写在程序段的后面。例如，机床启动主轴的正、反转和停止；冷却液的开关；刀具的更换；程序结束；部件的夹紧或松开等。M00～M99 这 100 种代码中，同样也有一些代码因机床系统不同而不同，也有相当一部分代码是不指定的。常用的辅助功能 M 代码如表 3-3 所示。

表 3-3　常用辅助功能 M 代码

代码	作用时间	组别	意义	代码	作用时间	组别	意义	代码	作用时间	组别	意义
M00	★	00	程序暂停	M06		00	自动换刀	M19	★		主轴准停
M01	★	00	条件暂停	M07	#		开切削液 1	M30	★	00	程序结束并返回
M02	★	00	程序结束	M08	#	b	开切削液 2	M60	★	00	更换工件
M03	#		主轴正转	M09	★		关切削液	M98		00	子程序调用
M04	#	a	主轴反转	M10			夹紧	M99		00	子程序返回
M05	★		主轴停转	M11		c	松开				

注：①组别为“00”的属非模态代码；其余为模态代码，同组可相互取代。

②作用时间为“★”号者表示该指令功能在程序段指令运行完成后开始作用，“＃”号者则表示该指令功能与程序段指令运行同时开始。

3. F、S、T 代码

（1）F 进给功能指令 F 代码。进给功能指令 F 代码指定为刀具向工件进给的相对速度。进给量的单位用 G94 或 G95 来指定。一般表示为 mm/min，即用 G94 来指定进给速度与主轴速度无关的每分钟进给量。当进给速度与主轴转速有关（如车螺纹、攻丝）时单位为 mm/r，用 G95 指定。进给速度有直接指定法和代码法两种表示方法。直接指定法指的是 F 后面跟的数字直接表示进给速度的大小。如 F80 表示进给速度是 80mm/min。目前大多数数控机床在进给速度范围内都实现了无级变速，都采用此方法，这种方法较为直观。代码法指的是 F 后面跟的二位数字并不直接表示进给速度的大小，而是机床进给速度序列的代号，可以是算术级数，也可以是几何级数，用 F00～F99 表示 100 种进给速度，低档数控系统大多数采用此方法。

（2）转速功能指令 S 代码。转速功能指令 S 代码用来指定主轴的转速，单位为 r/min 或 m/min。同样也有直接指定法和代码法两种表示方法。如 S1000 表示主轴转速为 1000r/min，中档以上的数控机床采用直接指定法的方式来指定主轴转速。而大多数经济型数控机床仍采用代码法来指定。

（3）刀具功能指令 T 代码。刀具功能指令 T 代码用来选择刀具或刀具偏置。在加工中心机床中，该指令用以自动换刀时选择所需的刀具。在车床中，常用 T 后面跟 4 位数字，如 T0101，前两位 01 为刀具号，后两位 01 为刀具补偿号，在铣镗床中 T 后常跟两位数，用于表示刀具号，刀补号则用 H 代码或 D 代码表示。

上述 F、S 代码和部分 G、M 指令代码都属于模态代码。

3.3　数控加工的工艺特点

不论是手工编程还是自动编程，在 CNC 机床上加工零件，编程之前都要对所加工的零件进行工艺分析，并拟定加工方案，选择合适的刀具，确定切削用量。在编程中，对一些工艺问题（如对刀点、加工路线等）也需要做出处理。因此，程序编制中的工艺分析是一项十分重要的工作。

3.3.1 数控加工工艺的基本特点

在普通机床上零件加工的工序卡片内容比较简单，机床加工走刀路线的安排、切削用量的大小、工序内的工步安排等可由操作者自行决定。而在数控机床上加工零件时，加工零件的全部工艺过程、工艺参数、刀具参数、切削用量及位移参数等都应包含在工序卡片中，在编制程序时预先确定好并编入其中，以此按照程序来控制数控机床自动完成加工。

3.3.2 数控加工工艺的主要内容

数控加工工艺的内容主要包括以下几个方面：

（1）适合在数控机床上加工零件的选择。

（2）数控加工工艺分析。通过分析零件的材料、形状、尺寸、精度以及毛坯形状、热处理要求等，明确加工内容和技术要求，从而确定零件的加工方案。

（3）设计数控加工工艺路线。具体为设计数控加工工序，如工步的划分、零件的定位与夹具/刀具的选择、切削用量的确定等。

（4）调整数控加工工序的程序。如工步内容、对刀点、换刀点的选择、走刀路线的确定、刀具的补偿等。

3.3.3 数控加工零件的选定

从零件加工成本出发，从数控机床的使用合理性和经济性并充分发挥数控机床的功能等方面考虑，一般来说只安排零件加工的一部分工序在数控机床上完成。原则上数控机床仅进行较复杂零件重要基准的加工和零件的精加工。可以根据零件图和毛坯来选择适合加工该零件的数控机床；也可根据数控机床来选择适合在该机床上加工的零件。数控加工零件的选择具有以下几个特点：

（1）多品种、小批量生产的零件或短期内急需的零件。

（2）新产品试制中的零件或需要多次改型的零件。

（3）轮廓形状复杂，对加工精度要求较高的零件。

（4）用普通机床加工较困难或无法加工（需要昂贵的工艺装备）的零件。

（5）价值昂贵，加工中不允许报废的关键零件。

1. 加工方法的选择原则

加工方法的选择原则是保证加工表面的加工精度和表面粗糙度的要求。由于获得同一级精度与表面粗糙度的加工方法有多种，无论是哪种情况，进行选择时要结合零件的轮廓形状复杂程序、尺寸大小、加工精度、零件的数量和热处理要求以及毛坯的材料和类型等。例如对 IT7 级精度的孔采用镗削、铰削、磨削等加工方法均可达到要求。一般小尺寸的箱体孔选择铰孔，孔径较大时选择镗孔，箱体上的孔不宜用磨削，可采用镗削或铰削。此外，应结合工厂实际现有生产设备，合理提高生产率以及降低生产成本等。一般而言，形状比较复杂的轴类零件和由复杂曲线回转形成的模具内型腔选择数控车床加工较好；平面凸轮、样板、形状复杂的平面或立体零件以及模具的内、外型腔等选择在立式数控铣床上加工；卧式数控铣床则适合于加工箱体、泵体、壳体类零件；而大型非圆曲线、曲面、叶轮或者是不仅需要铣削还伴有孔加工的零件适宜在加工中心上加工。常用的加工方法的加工精度与表面粗糙度可查阅有关工艺手册。

2. 加工方案的确定原则

确定加工方案时，零件上比较精确表面的加工首先应根据主要表面的精度和表面粗糙度的要求，初步确定加工方法。同时要结合质量要求、机床情况和毛坯条件来确定最终的加工方案。常常是通过精加工、半精加工和精加工逐步达到的。例如对于小尺寸的 IT7 级精度的箱体孔，最终的加工方案为精铰。而进行精铰之前需要经过钻孔、扩孔和粗铰等工序的加工。

3.3.4　加工工序的划分

零件加工工序的划分指的是加工零件尽可能被安排在一台数控机床上完成整个零件的加工。如若不能，则应决定其中哪些加工在数控机床上完成，哪些加工在其他机床上完成。工序的划分一般有以下几种方式：

（1）以零件装夹定位方式与加工部位划分。

由于每个零件结构形状不同，对于加工内容很多的零件可根据零件结构将加工部位分成内形、外形、典面或平面等几个部分。由于各个部分的技术要求不同，因此零件的装夹定位方式也产生差异。加工外形时以内形定位，加工内形时则以外形定位。根据定位方式的不同来划分工序。一般来说，先平面，再定位面，后加工孔；先形状简单的几何形状加工，再形状复杂的几何形状加工；先精度低的部位加工，再精度高的部位加工。

（2）按粗、精加工方式划分。

根据零件的形状、尺寸精度、刚度和变形等因素来划分工序，可按粗、精加工分开的原则来划分工序，先粗加工，再精加工。对于易发生变形的零件，为减少粗加工后零件的变形，粗精加工之间最好隔一段时间，以提高零件的加工精度；通常在一次安装中，为防止因切削力太大而引起已精加工表面变形，不允许将零件的某一部分表面加工完毕后，再加工零件的其他表面；否则可能会在对新的表面造成变形以后，再进行精加工。

（3）按所用刀具划分工序。

为了减少换刀次数，压缩空行程运行时间，减少不必要的定位误差，可按相同刀具集中工序的方法来进行零件加工的工序划分，即在一次装夹中，尽可能使用同一把刀具加工出所有可能加工到的部位，然后更再换另一把刀具加工其他部位。在专用数控机床和加工中心上常采用此法。

3.3.5　工件的安装与夹具的选择

1. 定位装夹的基本原则

在数控机床上加工零件时，定位安装的基本原则与普通机床相同。也要合理选择定位基准和夹紧方案。为提高数控机床的效率，在确定定位基准与夹紧方案时应注意以下 3 点：

（1）力求设计、工艺与编程计算的基准统一。

（2）尽量减少装夹次数，尽可能在一次定位装夹后，加工出全部待加工表面。

（3）避免采用占机人工调整式加工方案，以充分发挥数控机床的效能。

2. 选择夹具的基本原则

数控加工的特点对夹具提出了两个基本要求：一是要保证夹具的坐标方向与机床的坐标方向相对固定；二是要协调零件和机床坐标系的尺寸关系。除此之外，还要考虑以下几点：

（1）当零件加工批量不大时，应尽量采用组合夹具、可调式夹具及其他通用夹具，以缩短生产准备时间，节省生产费用。当达到一定批量生产时才考虑用专用夹具，并力求结构简单。

（2）零件的装卸要快速、方便、可靠，以缩短机床的停顿时间。

（3）夹具上各零部件应不妨碍机床对零件各表面的加工。即夹具要开敞，其定位夹紧机构元件不能影响加工中的走刀（如产生碰撞等）。

此外，为提高数控加工的效率，在成批生产中，还可采用多位、多件夹具。例如在数控铣床或立式加工中心的工作台上，可安装一块与工作台大小一样的平板，既可用它作为大工件的基础板，也可作多个中小工件的公共基础板，依次加工并排装夹的多个中小工件。

3.3.6 对刀点与换刀点的确定

在进行数控加工编程时，往往是将整个刀具浓缩视为一个点，那就是“刀位点”，它是在刀具上用于表现刀具位置的参照点。一般来说，立铣刀、端铣刀的刀位点是刀具轴线与刀具底面的交点；球头铣刀刀位点为球心；镗刀、车刀刀位点为刀尖或刀尖圆弧中心；钻头是钻尖或钻头底面中心；线切割的刀位点则是线电极的轴心与零件面的交点。

对刀操作就是要测定出在程序起点处刀具刀位点（即对刀点，也称起刀点）相对于机床原点以及工件原点的坐标位置。如图 3-5 所示，对刀点相对于机床原点为(X_0,Y_0)，相对于工件原点为(X_1,Y_1)，据此便可明确地表示出机床坐标系、工件坐标系和对刀点之间的位置关系。

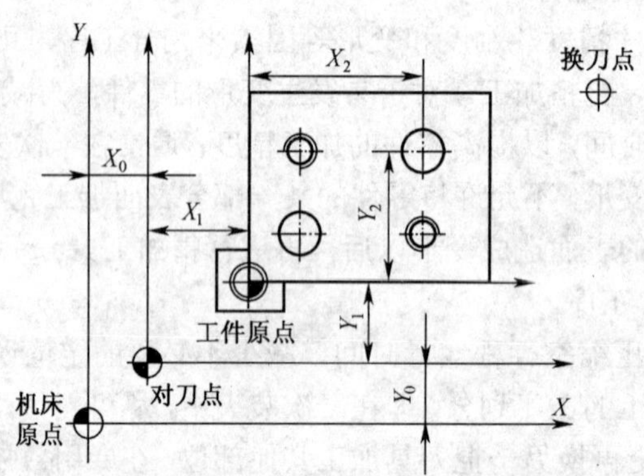

图 3-5　对刀点与换刀点

数控机床对刀时常采用千分表、对刀测头或对刀瞄准仪进行找正对刀，具有很高的对刀精度。对有原点预置功能的 CNC 系统，设定好后，数控系统即将原点坐标存储起来。即使你不小心移动了刀具的相对位置，也可很方便地令其返回到起刀点处。有的还可分别对刀后，一次预置多个原点，调用相应部位的零件加工程序时，其原点自动变换。在编程时，应正确地选择“对刀点”的位置。其大致选择原则是：

（1）便于数学处理和简化程序编制。

（2）在机床上找正容易，加工中便于检查。

（3）引起的加工误差小。

对刀点可以设置在零件、夹具或机床上，为提高零件的加工精度，尽可能设在零件的设计基准或工艺基准上，或与零件的设计基准有一定的尺寸关系。对于以孔定位的零件，可以取孔的中心作为对刀点。成批生产时，为减少多次对刀带来的误差，常将对刀点既作为程序的起点，也作为程序的终点。

换刀点则是指加工过程中需要换刀时刀具的相对位置点。换刀点往往设在工件的外部，以能顺利换刀、不碰撞工件及其他部件为准。如在铣床上，常以机床参考点为换刀点；在加工中心上，以换刀机械手的固定位置点为换刀点；在车床上，则以刀架远离工件的行程极限点为换刀点。选取的这些点，都是便于计算的相对固定点。

3.3.7　工艺加工路线的确定

在数控加工中，工艺加工路线是指刀具刀位点相对于工件运动的轨迹和方向。编程时，其主要确定原则如下：

（1）加工方式、路线应保证零件的加工精度和表面粗糙度。如铣削轮廓时，应尽量采用顺铣方式，可减少机床的“颤振”，提高加工质量。

（2）尽量减少空运行行程，尽量缩短加工路线。

（3）进、退刀位置应选在不太重要的位置，并且使刀具尽量沿切线方向进、退刀，避免采用法向进、退刀和进给中途停顿而产生刀痕。

在确定工艺加工路线时，还需要考虑零件的加工余量以及机床、刀具的刚度，确定整个的切削是一次走刀还是多次来完成，并且确定是采用逆铣加工还是顺铣加工等。

对点位控制机床，只要求定位精度较高、定位过程尽可能快，而刀具相对于工件的运动路线无关紧要。因此，这类机床应按加工路线最短来安排。但对孔位精度要求较高的孔系加工，还应注意在安排孔加工顺序时，防止将机床坐标轴的反向间隙带入而影响孔位精度。如图 3-6 所示的零件，若按图（a）所示路线加工时，由于 5、6 孔与 1、2、3、4 孔定位方向相反，Y 方向反向间隙会使定位误差增加，影响 5、6 孔与其他孔的位置精度。按图（b）所示路线，加工完 4 孔后往上多移动一段距离到 P 点，然后再折回来加工 5、6 孔，使方向一致，可避免引入反向间隙。

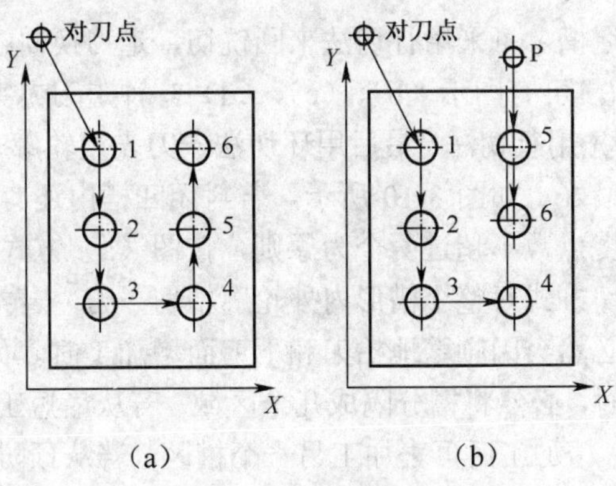

图 3-6　点位加工路线

对于车削，可考虑将毛坯件上过多的余量，特别是含铸、锻硬皮层的余量安排在普通车床上加工。如必须用数控车床加工时，则要注意程序的灵活安排。可以用一些子程序（或粗车循环）对余量过多的部位先作一定的切削加工。在安排粗车路线时，应让每次切削所留的余量相等。如图 3-7 所示，若以 90° 主偏刀分层车外圆，合理的安排应是每一刀的切削终点依次提前一小段距离 e（e 可取 0.05mm）。这样即可防止主切削刃在每次切削终点处受到瞬时重负荷的冲击。当刀具的主偏角大于但仍接近 90° 时，也宜作出层层递退的安排，经验表明，这对延长粗加工刀具的寿命是有利的。

铣削平面零件时，一般采用立铣刀侧刃进行切削。为减少接刀痕迹，保证零件表面质量，应对刀具的切入和切出程序精心设计。如图 3-8（a）所示，铣削外表面轮廓时，铣刀的切入、切出点应沿零件轮廓曲线的延长线上切向切入和切出零件表面，而不应法向直接切入零件，引入点选在尖点处较妥。如图 3-8（b）所示，铣削内轮廓表面时，切入和切出无法外延，这时铣刀可沿法线方向切入和切出或加引入引出弧改向，并将其切入、切出点选在零件轮廓两几何元素的交点处。但是，在法向切入切出时，还应避免产生过切的可能性。

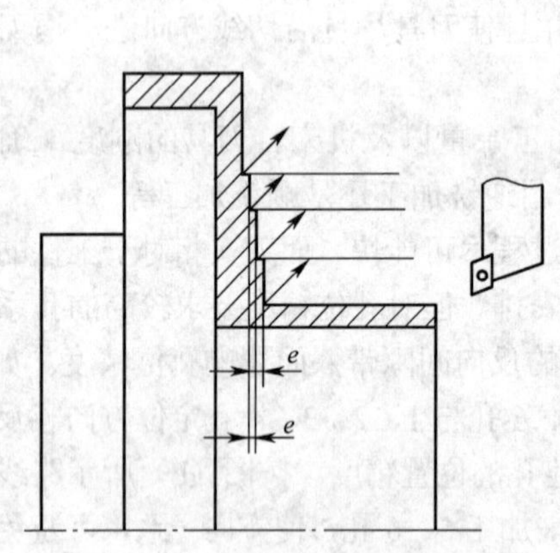

图 3-7　90° 主偏刀车外圆的情况

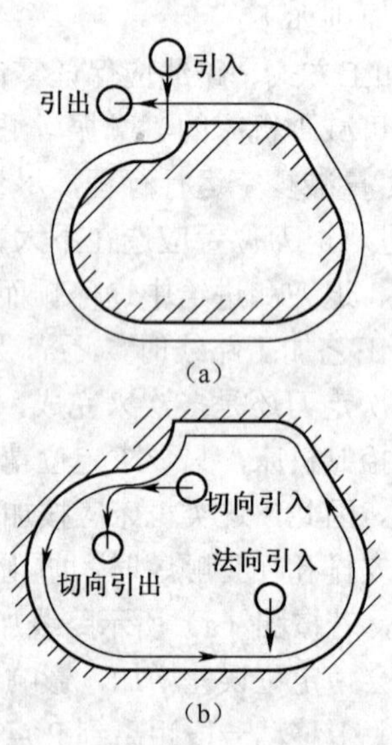

图 3-8　切入和切出

对于槽形铣削，若为通槽，可采用行切法来回铣切，走刀换向在工件外部进行，如图 3-9（a）所示。若为封闭凹槽，可有图示（b）、（c）、（d）3 种走刀方案。图（b）为行切法，图（c）为环切法，图（d）为先用行切法，最后用环切法一刀光整轮廓表面。这 3 种方案中，（b）图方案最差，（d）图方案最好。如图 3-10 所示，若封闭凹槽内还有形状凸起的岛屿，则以保证每次走刀路线与轮廓的交点数不超过两个为原则，按图（a）方式将岛屿两侧视为两个内槽分别进行切削，最后用环切方式对整个槽形内外轮廓精切一刀。若按图（b）方式，来回地从一侧顺次铣切到另一侧，必然会因频繁地抬刀和下刀而增加工时。如图（c）所示，当岛屿间形成的槽缝小于刀具直径时，必然将槽分隔成几个区域，若从最短工时考虑，可将各区视为一个独立的槽，先后完成粗、精加工后再去加工另一个槽区。若从预防加工变形考虑，则应在所有的区域完成粗铣后再统一对所有的区域先后进行精铣。

对于曲面铣削，常用球头铣刀采用“行切法”进行加工。如图 3-11 所示的大叶片类零件，当采用图 3-11（a）所示沿纵向来回切削的加工路线时，每次沿母线方向加工，刀位点计算简单、程序少，加工过程符合直纹面的形成，可以准确保证母线的直线度。当采用图 3-11（b）所示沿横向来回切削的加工路线时，符合这类零件数据给出情况，便于加工后的检验，叶形准确度高，但程序较多。

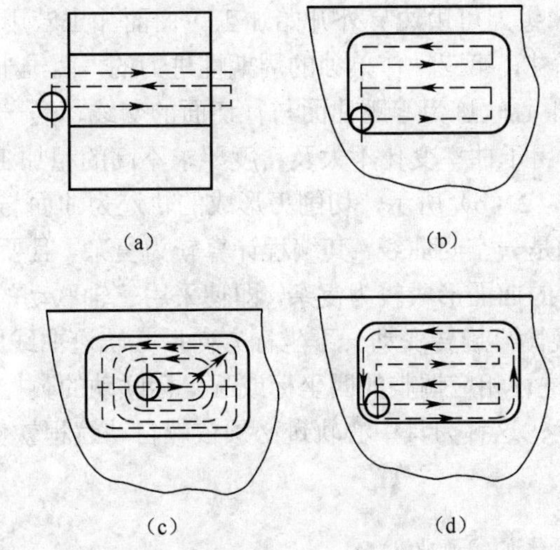

图 3-9　铣槽方案

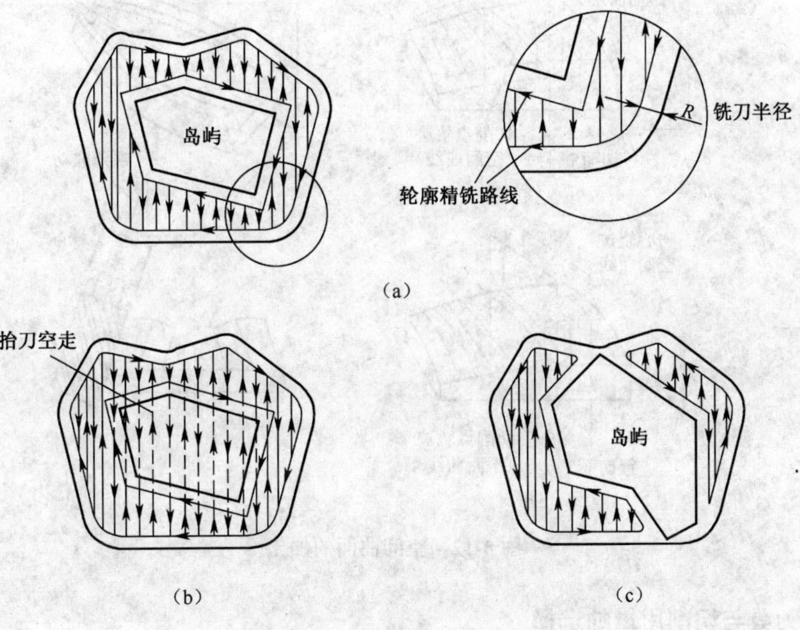

图 3-10　带岛屿的槽形铣削

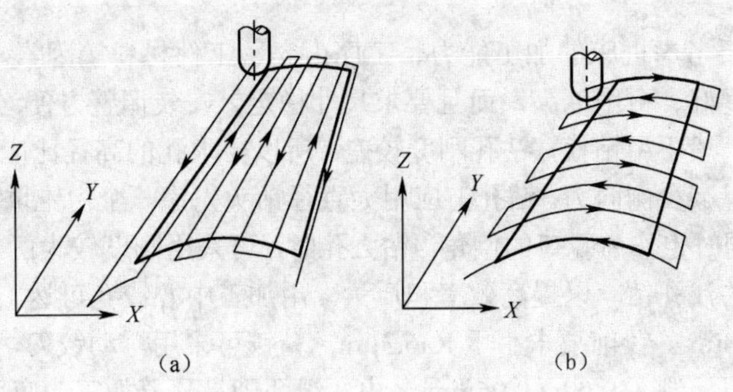

图 3-11　大叶片加工

对边界敞开的曲面，球头刀可由边界外开始加工。曲面加工若用两坐标联动的三坐标铣床，则采用任意两轴联动插补，第三轴作单独的周期性进刀的“两维半”联动加工方法，如图3-12（a）所示。此时刀具中心轨迹为等距曲面与行切面的交线，是一条平面曲线，编程计算比较简单，因此这种方法常用于曲率变化不大及精度要求不高的粗加工中。若用三坐标联动插补的行切加工方法，如图 3-12（b）所示，切削刃形成的轨迹为曲面与行切面的交线即平面曲线，但此时刀具中心轨迹则是一空间曲线，其编程计算较为复杂，且要求机床必须具备三轴联动功能。有些空间曲面零件的曲面形成较为复杂，即使采用三轴联动的机床，其编程加工亦很复杂。但根据其曲面形成规律，旋转变动一下坐标方向后其轨迹曲线则比较简单，如图 3-12（c）所示，据此可采用能进行相应调整的四坐标或五坐标联动的数控机床进行加工控制，以获得较高的加工质量。当然，这种刀具中心轨迹必须依赖自动编程软件来进行计算。

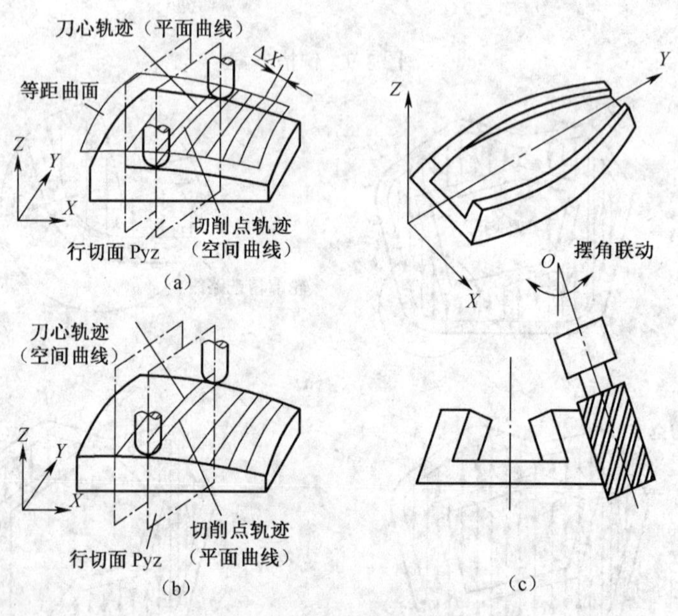

图 3-12　空间曲面的加工

3.3.8　刀具与切削用量的选择

1. 刀具的选择

选择刀具通常要考虑机床的加工能力、工序内容、工件材料等因素。数控加工不仅要求刀具的精度高、刚度好、耐用度高，而且要求尺寸稳定、安装调整方便。

由于数控加工一般不用钻模，钻孔刚度较差。所以要求孔的高径比应不大于 5，钻头两主刀刃应刃磨得对称以减少侧向力。钻孔前应用大直径钻头先锪一个内锥坑或顶窝，作为钻头切入时的定心锥面，同时也作为孔口的倒角。钻大孔时，可采用刚度较大的硬质合金扁钻，钻浅孔时宜用硬质合金的浅孔钻，以提高效率和质量。用加工中心铰孔可达 IT7～IT9 级精度，表面粗糙度 Ra1.6～0.8μm。铰前要求小于 Ra6.3μm。精铰可采用浮动铰刀，但铰前孔口要倒角。铰刀两刀刃对称度要控制在 0.02～0.05mm 之内。镗孔则是悬臂加工，应采用对称的两刃或两刃以上的镗刀头进行切削，以平衡径向力，减轻镗削振动。振动大时可采用减振镗杆。对阶梯孔的镗削加工采用组合镗刀，以提高镗削效率。精镗宜采用微调镗刀。

数控车兼作粗精车削，粗车时要选强度高、耐用度好的刀具，以便满足粗车时大吃刀量、大进给量的要求。精车时，要选精度高、耐用度好的刀具，以保证加工精度的要求。此外，为减少换刀时间和方便对刀，应尽可能采用机夹刀和机夹刀片。夹紧刀片的方式要选择得比较合理，刀片最好选择涂层硬质合金刀片。应根据零件的材料种类、硬度、加工表面粗糙度要求和加工余量的已知条件来决定刀片的几何结构（如刀尖圆角）、进给量、切削速度和刀片型号。具体选择可参考相关切削用量手册。

铣削加工选取刀具时，要使刀具的尺寸与被加工工件的表面尺寸和形状相适应。生产中，平面零件周边轮廓的加工常采用立铣刀。铣削平面时，应选硬质合金刀片铣刀；加工凸台、凹槽时，选高速钢立铣刀；加工毛坯表面或粗加工孔时，可选镶硬质合金的立铣刀或玉米铣刀；对一些立体型面和变斜角轮廓外形的加工，常采用球头铣刀、环形铣刀、鼓形刀、锥形刀和盘形刀。曲面加工常采用球头铣刀，但加工曲面较平坦部位时，刀具以球头顶端刃切削，切削条件较差，因而应采用环形刀。在单件或小批量生产中，为取代多坐标联动机床，常采用鼓形刀或锥形刀来加工一些变斜角零件。若加镶齿盘铣刀，适用于在五坐标联动的数控机床上加工一些球面，其效率比用球头铣刀高近十倍，并可获得好的加工精度，如图 3-13 所示。

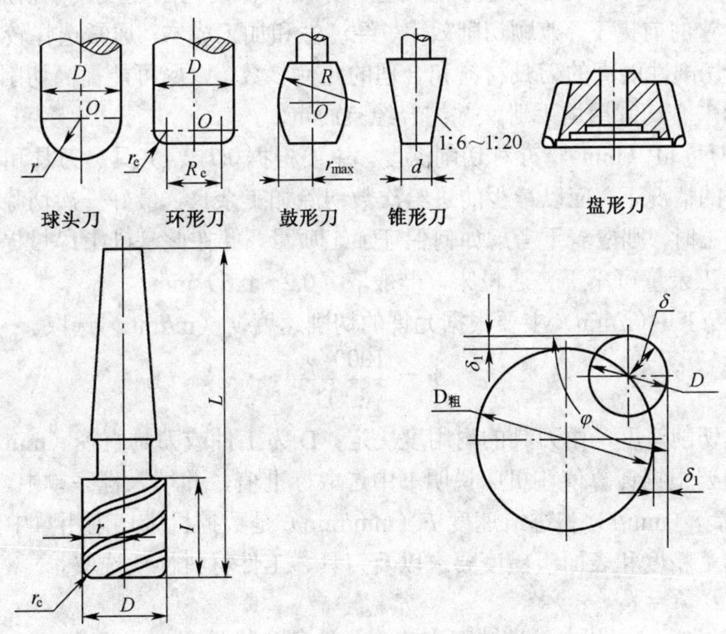

图 3-13　铣刀类型及其尺寸关系

常用立铣刀具的有关参数可按下述经验数据选取：

（1）刀具半径 r 应小于零件内轮廓面的最小曲率半径ρ，一般取 r =（0.8～0.9）ρ。

（2）零件的加工高度 H =（1/4～1/6）r，以保证刀具有足够的刚度。

（3）对深槽孔，选取 l = H+（5～10）mm。l 为刀具切削部分长度，H 为零件高度。

（4）加工外形及通槽时，选取 l =H+re+（5～10）mm。re 为刀尖转角半径。

（5）粗加工内轮廓面时，铣刀最大直径 D粗可按下式计算：

$$D_{粗} = 2 \cdot \frac{\delta \cdot \sin\frac{\varphi}{2} - \delta 1}{1 - \sin\frac{\varphi}{2}} + D$$

式中：D 为轮廓的最小凹圆角半径；δ为圆角邻边夹角等分线上的精加工余量；δ1 为精加工余量；φ为圆角两邻边的最小夹角。

（6）加工肋时，刀具直径为 D =（5～10）b（b 为肋的厚度）。

在加工中心上，各种刀具分别安装在刀库上，按程序规定随时进行选刀和换刀工作。因此必须有一套连接普通刀具的接杆，以便使钻、镗、扩、铰、铣削等工序用的标准刀具迅速、准确地装到机床主轴或刀库上去。作为编程人员应了解机床上所用刀杆的结构尺寸以及调整方法、调整范围，以便在编程时确定刀具的径向和轴向尺寸。目前我国的加工中心采用 TSG 工具系统，其柄部有直柄（3 种规格）和锥柄（4 种规格）两类，共包括 16 种不同用途的刀具。

2. 切削用量的确定

切削用量包括主轴转速（切削速度）、背吃刀量、进给量。对于不同的加工方法，需要选择不同的切削用量，并应编入程序单内。

合理选择切削用量的原则是，粗加工时，一般以提高生产率为主，但也应考虑经济性和加工成本，通常选择较大的背吃刀量和进给量，采用较低的切削速度；半精加工和精加工时，应在保证加工质量的前提下，兼顾切削效率、经济性和加工成本，通常选择较小的背吃刀量和进给量，并选用切削性能高的刀具材料和合理的几何参数，以尽可能提高切削速度。具体数值应根据机床说明书、切削用量手册，并结合经验而定。

（1）背吃刀量 aP（mm），亦称切削深度。主要根据机床、夹具、刀具和工件的刚度来决定。在刚度允许的情况下，应以最少的进给次数切除加工余量，最好一次切除余量，以便提高生产效率。精加工时，则应着重考虑如何保证加工质量，并在此基础上尽量提高生产率。在数控机床上，精加工余量可小于普通机床，一般取（0.2～0.5）mm。

（2）主轴转速 n（r/min）主要根据允许的切削速度 v_c（m/min）选取。

$$n = \frac{1000 \cdot v_c}{\pi \cdot D}$$

式中，v_c为切削速度，由刀具的耐用度决定；D 为工件或刀具直径（mm）。

主轴转速 n 要根据计算值在机床说明书中选取标准值，并填入程序单中。

（3）进给量 f（mm/r）和进给速度 F（mm/min）是数控机床切削用量中的重要参数，主要根据零件的加工精度和表面粗糙度要求以及刀具、工件材料性质选取。

车削时：　　$F = f \cdot n$

铣削时：$F = fz \cdot z \cdot n$ 其中 z 为铣刀齿数，fz 为每齿进给量（mm/z）。

当加工精度、表面粗糙度要求高时，进给速度（进给量）应选小些，一般在 20～50mm/min 范围内选取。粗加工时，为缩短切削时间，一般进给量就取得大些。工件材料较软时，可选用较大的进给量，反之，应选较小的进给量。

车、铣、钻等加工方式下的切削用量可参考表 3-4 至表 3-7 选取。

表 3-4　数控车削用量推荐表

工件材料	加工方式	背吃刀量 mm	切削速度 m/min	进给量 mm/r	刀具材料
碳素钢 σ_b>600MPa	粗加工	5～7	60～80	0.2～0.4	YT 类
	粗加工	2～3	80～120	0.2～0.4	
	精加工	0.2～0.3	120～150	0.1～0.2	
	车螺纹		70～100	导程	
	钻中心孔		500～800r/min		W18Cr4V
	钻孔		25～30	0.1～0.2	
	切断（宽度<5mm）		70～110	0.1～0.2	YT 类
合金钢 σ_b=1470MPa	粗加工	2～3	50～80	0.2～0.4	YT 类
	精加工	0.1～0.15	60～100	0.1～0.2	
	切断（宽度<5mm）		40～70	0.1～0.2	
铸铁 200HBS 以下	粗加工	2～3	50～70	0.2～0.4	YG 类
	精加工	0.1～0.15	70～100	0.1～0.2	
	切断（宽度<5mm）		50～70	0.1～0.2	
铝	粗加工	2～3	600～1000	0.2～0.4	YG 类
	精加工	0.2～0.3	800～1200	0.1～0.2	
	切断（宽度<5mm）		600～1000	0.1～0.2	
黄铜	粗加工	2～4	400～500	0.2～0.4	YG 类
	精加工	0.1～0.15	450～600	0.1～0.2	
	切断（宽度<5mm）		400～500	0.1～0.2	

表 3-5　铣刀的切削速度　（m / min）

工件材料	铣刀材料					
	碳素钢	高速钢	超高速钢	Stellite	YT	YG
铝	75～150	150～300		240～460		300～600
黄铜	12～25	20～50		45～75		100～180
青铜（硬）	10～20	20～40		30～50		60～130
青铜（最硬）		10～15	15～20			40～60
铸铁（软）	10～12	15～25	18～35	28～40		75～100
铸铁（硬）		10～15	10～20	18～28		45～60
铸铁（冷硬）			10～15	12～28		30～60
可锻铸铁	10～15	20～30	25～40	35～45		75～110
铜（软）	10～14	18～28	20～30		45～75	
铜（中）	10～15	15～25	18～28		40～60	
铜（硬）		10～15	12～20		30～45	

表 3-6 铣刀进给量（mm/每齿）

工件材料＼铣刀类别	圆柱铣刀	面铣刀	立铣刀	杆铣刀	成形铣刀	高速钢嵌齿铣刀	硬质合金嵌齿铣刀
铸铁	0.2	0.2	0.07	0.05	0.04	0.3	0.1
软（中硬）钢	0.2	0.2	0.07	0.05	0.04	0.3	0.09
硬钢	0.15	0.15	0.06	0.04	0.03	0.2	0.08
镍铬钢	0.1	0.1	0.05	0.02	0.02	0.15	0.06
高镍铬钢	0.1	0.1	0.04	0.02	0.02	0.1	0.05
可锻铸铁	0.2	0.15	0.07	0.05	0.04	0.3	0.09
铸铁	0.15	0.1	0.07	0.05	0.04	0.2	0.08
青铜	0.15	0.15	0.07	0.05	0.04	0.3	0.1
黄铜	0.2	0.2	0.07	0.05	0.04	0.3	0.21
铝	0.1	0.1	0.07	0.05	0.04	0.2	0.1
Al-Si 合金	0.1	0.1	0.07	0.05	0.04	0.18	0.08
Mg-Al-Zn 合金	0.1	0.1	0.07	0.04	0.03	0.15	0.08
Al-Cu-Mg 合金 Al-Cu-Si	0.15	0.1	0.07	0.05	0.04	0.2	0.1

表 3-7 高速钢钻头的切削用量（切削速度 v：m / min，进给量 f：mm / r）

工件材料	σ_b（MPa）	钻头直径 (mm)									
		2～5		6～11		12～18		19～25		26～50	
		v	f	v	f	v	f	v	f	v	f
钢	<490	20～25	0.1	20～25	0.2	30～35	0.2	30～35	0.3	25～30	0.4
	490～686	20～25	0.1	20～25	0.2	20～25	0.2	25～30	0.2	25	0.2
	686～882	15～18	0.05	15～18	0.1	15～18	0.2	18～22	0.3	15～20	0.35
	882～1078	10～14	0.05	10～14	0.1	12～18	0.15	16～20	0.2	14～16	0.3
铸铁	118～176	25～30	0.1	30～40	0.2	25～30	0.35	20	0.6	20	1.0
	176～294	15～18	0.1	14～18	0.15	16～20	0.2	16～	0.3	16～18	0.4
黄铜	软	<50	0.05	<50	0.15	<50	0.3	<50	0.45	<50	--
青铜	软	<35	0.05	<35	0.1	<35	0.2	<35	0.35	<35	--

实际上现代数控机床的操作面板上一般都有主轴转速和进给速度等修调（倍率）开关，可在加工过程中人工随时调整修正，有较大的灵活性。

数控加工工艺的主要内容有：

（1）选择适合在数控机床上加工的零件，并确定其加工的工序内容。

（2）通过分析零件的材料、形状、尺寸、精度以及毛坯形状、热处理要求等，明确加工内容和技术要求，从而确定零件的加工方案。

3.3.9 数控加工的工艺文件

数控加工工艺文件既是数控加工、产品验收的依据，也是操作者要遵守、执行的规程，同时还为产品零件重复生产做了技术上的必要工艺资料积累和储备。目前数控加工工艺文件尚未制定国家统一标准，各企业一般都根据本单位的特点制定了一些必要的工艺文件，主要包括数控加工工序卡、数控刀具调整单、机床调整单、零件加工程序单等。

1. 工序卡

由编程员根据图纸和加工任务书编制数控加工工艺和作业内容，并反映使用的辅具、刃具和切削参数、切削液等，工序卡中应按已确定的工步顺序填写。如果在数控机床上只加工零件的一个工步时，也可不填写工序卡。不同的数控机床，其工序卡也有差别。

上述座架零件在数控机床上的加工安排是：先用端面铣刀铣出上表面，再用立铣刀铣四周侧面及 A、B 工作面，最后用钻头分别钻 6 个小孔和两个大孔。填写工序卡如表 3-8 所示。

表 3-8　数控加工工序卡片

xxx 厂	数控加工工序卡片		产品名称代号		零件名称			零件图号
					座　架			WD-9901
工艺序号	程序编号	夹具名称	夹具编号		使用设备			车　间
		台　钳			XH713A			数控
工步号	工步作业内容	加工面	刀具号	刀具规格	主轴转速	进给速度	切削深度	备注
1	ϕ40 面铣刀铣上表面	上表面	T01	ϕ40 面铣刀	500	200	+15	
2	ϕ20 立铣刀铣四周侧面	四侧面	T02	ϕ20 立铣刀	600	200	-11	
3	ϕ20 立铣刀铣 A、B 台阶面	A、B 面	T02	ϕ20 立铣刀	600	200	0	
4	ϕ6 钻头钻6个小孔	小孔 6	T03	ϕ6钻头	800	100	-27	
5	ϕ14 钻头钻2个大孔	大孔 2	T04	ϕ14 钻头	600	80	-28	
编 制		审 核		批 准		年　月　日	共　页	第　页

2. 数控刀具调整单

数控刀具调整单主要包括数控刀具卡片和数控刀具明细表（简称刀具表）两部分。

数控加工时，对刀具的要求十分严格，一般要在机外对刀仪上事先调整好刀具直径和长度。刀具卡主要反映刀具编号、刀具结构、尾柄规格、组合件名称代号、刀片型号和材料等，它是组装刀具和调整刀具的依据。其格式如表 3-9 所示。

表 3-9　数控刀具卡片

零件图号	WD-9901	数控刀具卡片				使用设备
刀具名称	立铣刀					XH713A
刀具编号	T02	换刀方式	自　动	程序编号	O0002	
刀具组成	序号	编号	刀具名称	规格	数量	备注
	1	vfd.17550 x 4	拉　钉			
	2	GB1106-85	刀　柄			
	3		铣　刀	ϕ20 X 80	1	
	4		筒　夹	ER40-20	1	

续表

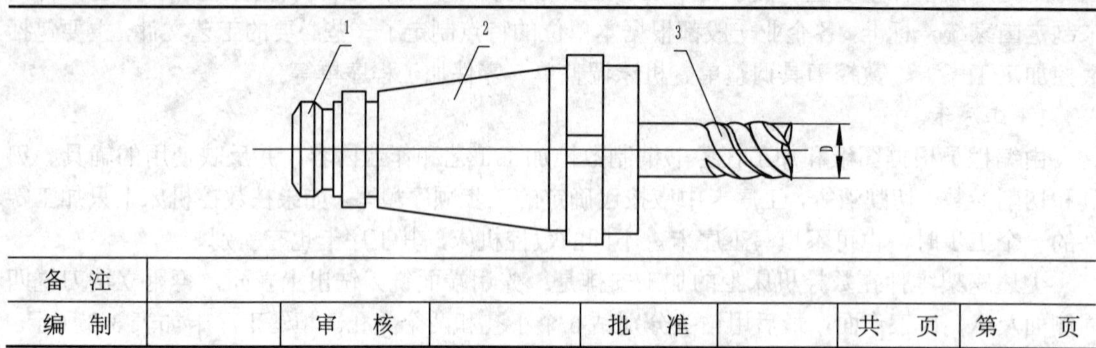

备 注							
编 制		审 核		批 准		共 页	第 页

数控刀具明细表是调刀人员调整刀具输入的主要依据，其格式如表 3-10 所示。

表 3-10 数控刀具明细表

零件图号		零件名称	材 料	数 控 刀 具			程序编号		车间	使用设备
WD-9901		座架	20#	明 细 表					数控	XH713A
刀号	刀位号	刀具名称	刀具图号	刀 具			刀补		换刀	加工部位
				直径（mm）		长度	地址		方式	
				实用	补偿	设定	直径	长度	自动/手动	
T01		面铣刀		$\phi 40$		-310		H01	自动	上表面
T02		立铣刀		$\phi 20$	R10	-295	D02	H02	自动	侧面/A、B 面
T03		钻头		$\phi 6$		-255		H03	自动	小孔
T04		钻头		$\phi 14$		-230		H04	自动	大孔
编 制		审 核		批 准			年 月 日		共 页	第 页

3.4 典型零件的加工编程

3.4.1 数控车削加工编程实例

1. 零件加工工艺分析和处理

工艺性分析通常从零件结构形状的复杂程度、位置及尺寸精度的可控制程度、材料难加工程度几个方面进行分析说明。

（1）零件的结构形状：图 3-14 所示零件属简单轮廓回转体轴类零件，整体结构清晰简单。工件大体由轴向阶台、圆锥面、圆弧成型面等轮廓要素组成，无薄壁窄槽等难加工的特殊部位，工艺性良好，可以通过车削加工来完成。因其轮廓要素中具有锥面和圆弧成型面，普通车床加工比较困难，需要采用数控车床。需要调头加工。

（2）零件的尺寸精度要求：从图可以看出零件的总体尺寸精度要求不是很高。有右端径向尺寸$\phi 27^{0}_{-0.08}$（IT10 级）、径向尺寸$\phi 35^{0}_{-0.15}$（IT11 级）、左端轴$\phi 40^{0}_{-0.15}$（IT11 级）、轴向尺寸 38.5±0.05（IT10 级）、$18^{0}_{-0.1}$（IT11 级）；有几处表面粗糙度要求为 1.6μm 和 3.2μm，采用

粗车半精车即可达到零件加工的要求。

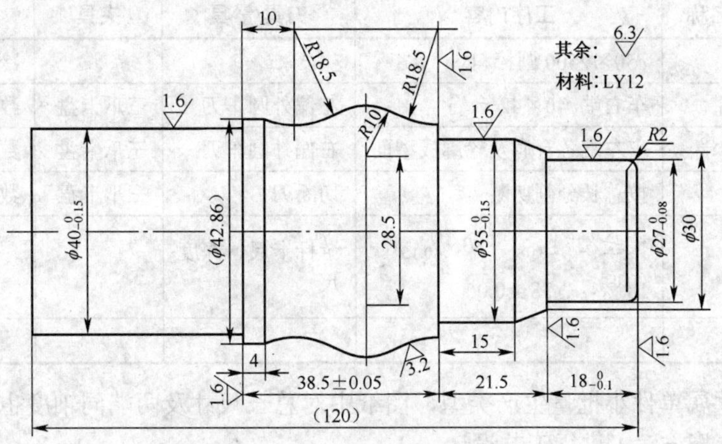

图 3-14　车削零件图

（3）零件的材料性能：该零件材料为硬铝 LY12，切削加工性能良好。由于铝材塑性好，在加工过程中易粘刀而形成积屑瘤，故加工过程中要求刀具要锋利、冷却充分。

（4）加工方案的设计：该零件的结构形状是中间大、两头小，可以从以下两个方案中进行选择：

方案 1：采用锯床下料、锯切长度超过 125mm、ϕ50 以上的圆棒料作毛坯，先加工一端后再调头加工另一端。

方案 2：采用直径ϕ50 以上的长圆棒料，穿越主轴孔后一端夹持，使用左右偏刀分别车削左右两端，最后由切断刀切断得到总长。继续送料后可接着加工下一件。

对以上两个方案进行比较，方案 1 在使用普通三爪装夹的情形下，总长及两端轴向相对位置不容易保证，调头装夹也会使得两端轴颈同轴度降低，但需要使用的刀具较少。若为大批量生产类型要求，则需要制作精密软爪定位或进行装夹定位方案的设计，以减少调头对刀的麻烦和由此引起的总长尺寸误差。方案 2 是一次装夹加工左右两端，总长及两端轴向相对位置容易保证，两端轴颈同轴度较高，但需要使用多把车刀（左右偏刀和切断刀），较适合于精度要求较高或大批量生产类型。

该零件的总体加工工艺方案如表 3-11 和表 3-12 所示。

表 3-11　总体加工工艺方案（1）

序号	工序名称	工序内容	刀具/量具	夹具	设备
1	备料	ϕ50×125 冷轧圆棒料	带锯/锯条		锯床
2	车左端	车左端ϕ40×42 台肩	焊接外圆车刀	三爪卡盘	数控车床/普通车床
3	检	检验$\phi 40\,^{0}_{-0.15}$	游标卡尺		
4	调头车右端	车右端各台肩及轮廓成型面	焊接外圆车刀	三爪卡盘	数控车床
5	检	检验$\phi 27\,^{0}_{-0.08}$、$\phi 35\,^{0}_{-0.15}$、$18\,^{0}_{-0.15}$、38±0.05	游标卡尺、深度尺		
6	入库				

表 3-12　总体加工工艺方案（2）

序号	工序名称	工序内容	刀具/量具	夹具	设备
1	备料	ϕ50×2500 圆棒料			冷轧
2	车一端	车右端ϕ40×42 台肩	左偏外圆车刀	三爪卡盘	数控车床
	车另一端	车左端各台肩及轮廓成型面	右偏外圆车刀	三爪卡盘	数控车床
	切断	按总长分割切断	切断刀	三爪卡盘	数控车床
3	检	检验$\phi 27^{\ 0}_{-0.08}$、$\phi 35^{\ 0}_{-0.15}$、$18^{\ 0}_{-0.15}$、38±0.05	游标卡尺、深度尺		
4	入库				

由于该零件属单件小批量生产类型，图纸中对总长尺寸及两端同轴度也没有提出特别高的要求，因此选择方案 1 进行工艺设计。

（5）加工路线的确定。由于零件加工精度要求不是太高，采用粗、精车即可保证。按照“先粗后精、先易后难”的工序划分原则，因零件左端结构简单，且轴颈尺寸较大，先粗、精加工左端Φ40×42 的台肩作调头加工时装夹定位的精基准，再粗、精加工右端复杂台肩及圆弧成型面。左端加工时可将左端圆弧曲面部分粗加工完成，调头加工右侧时可连续走刀将圆弧成型面一起精加工出来，以减少使用刀具数量并保证圆弧面的完整，避免对接加工产生接刀痕。先加工左端尺寸较大的Φ40 长轴颈部分，可确保调头夹持时获得较好的刚性。

该零件加工顺序及装夹方案如图 3-15 和图 3-16 所示。

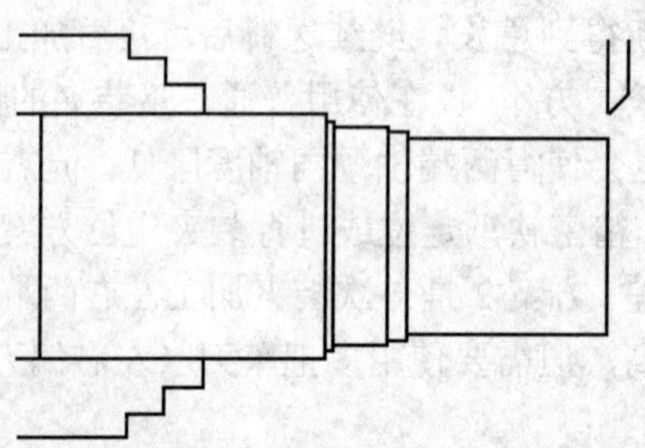

图 3-15　左端简单台肩加工

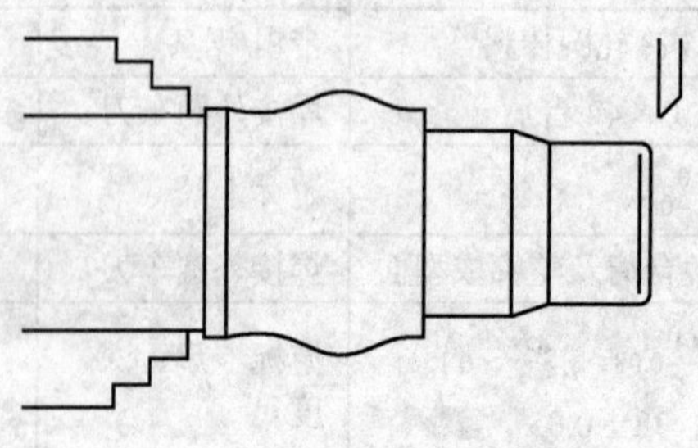

图 3-16　右端复杂台肩及圆弧面加工

（6）刀具及设备的选用。由于采用调头分别车削两端，完成零件的加工只需要用一把外圆车刀即可。毛坯材料为硬铝 LY12，选择高速钢材质的刀具即可，刀具必须刃磨锋利，前角约 20º～30º。由于零件中有半径为 R10 和 R18.5 的凹凸圆弧成型面，从交接处切线角度分析，外圆车刀的副偏角必须大于 30º，如图 3-17 所示。若使用副偏角小于 30º的外圆车刀，则必须在两端调头加工前后分别进行粗、精车对接加工，在一般三爪卡盘装夹定位的条件下，容易产生接痕。该零件结构简单且具有一定长度的稳定夹持表面，不需要特殊的夹具，使用三爪卡盘即可。

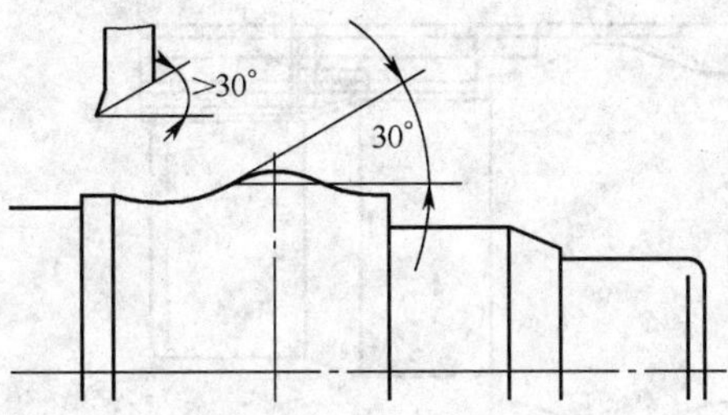

图 3-17　外圆车刀的副偏角必须大于 30º

如果使用机夹车刀，以副偏角要大于 30º 的要求，应选用 J 形刀杆、V 形刀片，参照 CK616I 机床刀架允许装刀要求，可选用 16×16 或 20×20 刀片的刀杆，因此最后应选用的机夹车刀型号为 SVJCR1616-H16、SVJCR2020-K16，刀片型号为 VC 1604。

（7）起刀位置及走刀路线。左端车削加工除Φ40 的轴颈需要精车到尺寸外，其余仅作台肩粗车。车削的走刀路线如表 3-13 所示。

表 3-13　左端台肩车削走刀路线图

数控加工走刀路线图	零件图号	C01	工序号	2	工步号		程序号	
机床型号	CK616i	程序号		加工内容	车左端台肩		第　页	共　页
0　1　2　3 节点：0（52，2）1（44.5，-60）2（42.86，-57）3（40，-42）							编程说明： 在考虑余量的基础上，使用 G80 循环作粗车，根据背吃刀量人为分层，每层切削终点的 Z 向应保留精切余量；最后使用基本指令作连续轮廓精修编程	
							编程	
							校对	
							审批	
符号								
含义	抬刀	下刀	编程原点	起刀点	走刀方向	刀路相交	爬斜坡	钻孔	行切

调头装夹车右端时可使用 G80 粗车后直接进行轮廓精车（包括圆弧成型面）。使用 G80 对锥面作半精车时，要考虑外偏和延伸量后进行节点计算。右端台肩及圆弧成型面车削加工的走刀路线如表 3-14 所示。

表 3-14　右端台肩及圆弧成型面车削走刀路线图

数控加工走刀路线图	零件图号	C01	工序号	2	工步号		程序号	
机床型号	CK616i	程序号		加工内容	车左端台肩		第　页	共　页

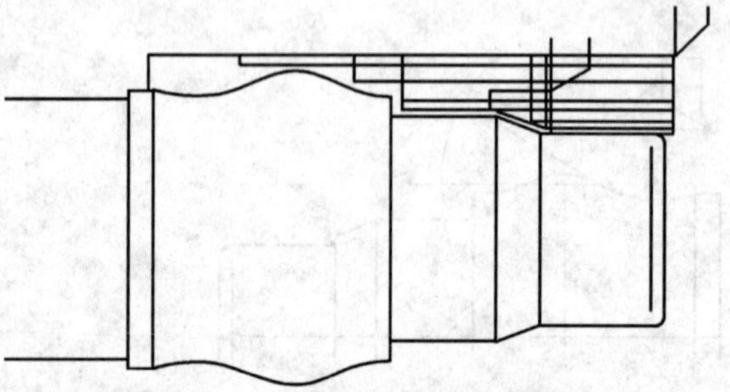

使用 G80 粗车、用基本指令精车

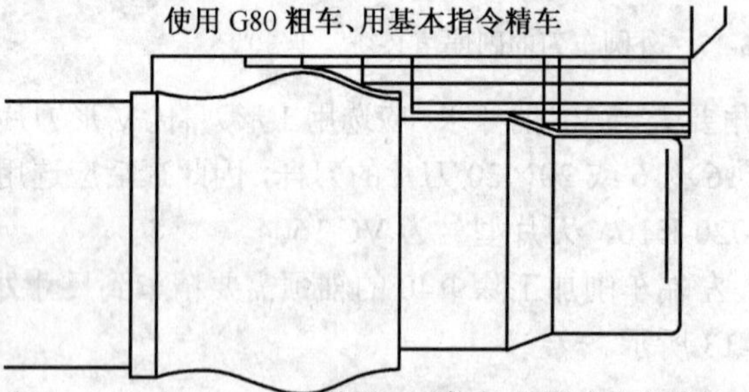

使用 G71 粗车、用基本指令精车

编程说明：

在考虑余量的基础上，使用 G80 循环作粗车，根据背吃刀量人为分层，每层切削终点的 Z 向应保留精切余量；最后使用基本指令作连续轮廓精修编程。

也可使用 G71 粗车复合循环指令作粗车，编程更简单

编程	
校对	
审批	

符号									
含义	抬刀	下刀	编程原点	起刀点	走刀方向	刀路相交	爬斜坡	钻孔	行切

（8）切削用量的选用。由切削参数资料查得，高速钢刀具车削铝合金材料时推荐 v_c=15～200m/min，按车削ϕ40 直径计算，其主轴转速 N=1000v_c/πD 为 120～1600r/min，考虑机床刚性问题，粗车时 S=600r/min，ap=2mm，精车时 S=800r/min，ap=0.1～0.2mm。切削用量如表 3-15 所示。

表 3-15　切削用量选用数据

工件材料	加工方式	背吃刀量（mm）	主轴转速（r/min）	进给量（mm/r）	进给速度（mm/min）
硬铝 LY12	粗加工	1～2	600	0.2～0.4	
	精加工	0.1～0.2	800	0.1～0.2	

（9）数控加工工序卡片，如表 3-16 和表 3-17 所示。

表 3-16　左端车削加工工序卡片

产品名称	数控加工工序卡片	零（部）件图号	零（部）件代号	工序名称	工序号
成型轴		01	WTC-C01	左端车削	
材料名称	材料牌号				
硬铝	LY12				
机床名称	机床型号				
数控车床	CK616i				
夹具名称	夹具编号				

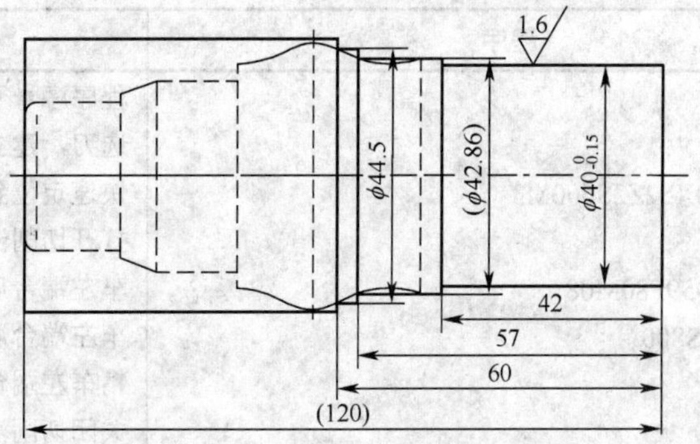

工步	工作内容	刀具	量具	主轴转速 *N*（r/min）	背吃刀量（mm）	进给速度 *F*（mm/min）
1	车左端台肩Φ44.5	外圆刀	游标卡尺	600	2.25	80
2	精车左端台肩Φ42.86	外圆刀		800	1mm	80
3	精车左端台肩Φ40	外圆刀		800	1.43mm	30
4	检验					
5						

表 3-17　右端车削加工工序卡片

产品名称	数控加工工序卡片	零（部）件图号	零（部）件代号	工序名称	工序号
成型轴		01	WTC-C01	右端车削	
材料名称	材料牌号				
硬铝	LY12				
机床名称	机床型号				
数控车床	CK616i				
夹具名称	夹具编号				

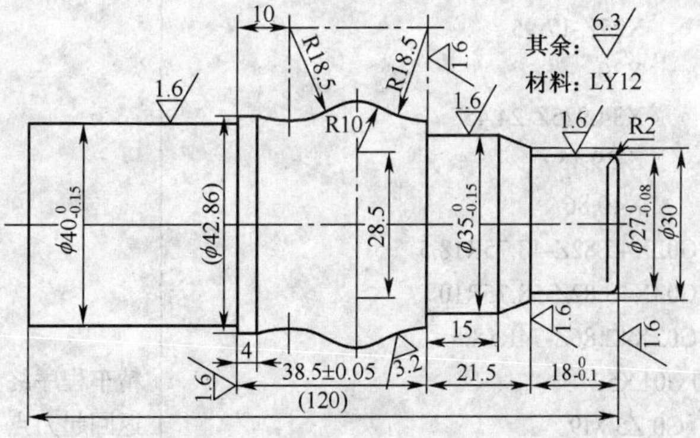

工步	工作内容	刀具	量具	主轴转速 *N*（r/min）	背吃刀量（mm）	进给速度 *F*（mm/min）
1	粗车右端台肩	外圆刀	游标卡尺	600	1.2mm	80
2	精车右端轮廓	外圆刀		800	0.2mm	30
3	检验					
4						

2. 零件加工程序设计

程序编制，如表 3-18 和表 3-19 所示。

表 3-18 零件左端加工程序

程序	释义
O0001	程序序号
T0101	选刀，建立坐标系
G94G90G00X52Z2S600M3	快速定位到起刀点
M08	打开切削液
G80X44.5Z-59F80M08	车左端台肩Φ44.5
X42.86Z-57S800	车左端台肩Φ42.86
X40Z-42	精车左端台肩Φ40
M9	关闭切削液
M5	停止主轴
M30	程序结束

表 3-19 零件右端

程序	释义
O0001	程序序号
T0101	选刀，建立坐标系
G90G00X52Z5S600M3	快速定位到起刀点
M8	打开切削液
G71U1.5R2P100Q200E0.2F80	粗车右端阶梯
N100G01X0F30S800	精车程序起始行
Z0	
X27Z0R2	
X27Z-17.95	
X30	
X34.925Z-24.45	
Z-39.45	
X40.86	
G02X45.82Z-48.75R18.5	
G03X48.82Z-58.75R10	
G02X42.86Z-74R18.5	
N200 G01X52	精车程序终止行
G0 Z5 M9	返回起刀点、关闭切削液
M5	关闭主轴
M30	程序结束

3.4.2 数控铣削加工编程实例

1. 零件加工分析

（1）零件的结构形状。该零件属典型的轮廓加工阶台类零件，轮廓描述清晰。工件大体结构是由 3 个轮廓凸台和矩形台阶所组成。最上层为一柱台，第二层为五边形凸台，第三层为带凸凹转角的正方形阶台，右侧为一矩形台肩，如图 3-18 所示。

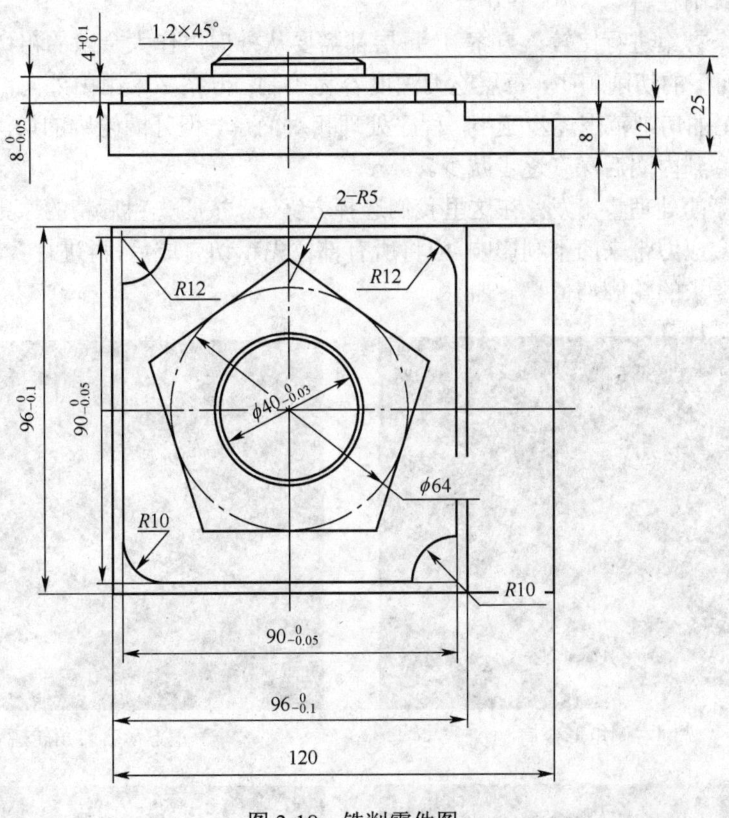

图 3-18　铣削零件图

（2）零件的尺寸精度要求：零件的尺寸标注完整，从基座零件图可以看出，该零件有几处尺寸精度要求较高，它们分别是 $90^{0}_{-0.05}$（IT 7～8）、$40^{0}_{-0.03}$（IT 7～8）、深度 $8^{0}_{-0.05}$（IT9～10）、顶部直径 $\phi\ 40^{0}_{-0.03}$（IT7～8）。精度要求较高的部位要合理地分配精加工余量；一般情况硬铝精加工余量为单边 0.2～0.3mm。

（3）零件的材料性能及装夹：该零件材料为硬铝 LY12，切削加工性能良好。工艺过程主要涉及轮廓铣削，由于毛坯面简单规则，铣削加工时利用通用的装夹定位工具——平口钳即可。

固定钳口边可限制 Y 向移动、Z 向旋转自由度。

等高垫铁可限制 Z 向移动和 X、Y 向旋转自由度。

批量加工时可增设一个横向定位的挡块来限制 X 向移动自由度。

（4）加工方案及加工路线的确定。该零件整体结构较简单，主要是轮廓铣削和矩形台肩面铣削。总体加工工艺方案可以采用：①铣六面：上下平面、前后侧平面和左右侧平面，可用面铣刀在普通铣床上铣出；②正面台阶轮廓数控铣削：各轮廓阶台因有一定的斜线和圆弧要素，且尺寸精度相对较高，需要在数控铣床或加工中心上实现，如图 3-19 所示。主要有以下两个方案进行选择：

方案 1：由上而下逐层铣削，按先粗后精原则先铣削去除柱台周边余料，后铣削柱台；再同样地铣削出五边形轮廓、正方形带转角轮廓；最后铣削右侧矩形台肩。

方案 2：由外向内逐次铣削，先铣削右侧矩形台肩；再铣削正方形带转角轮廓、铣削五边形轮廓；最后铣削柱台。

对以上两个方案进行比较，方案 1 每层都需要从外向内作大余量的粗切，程序处理较复杂，但按自上而下的切削顺序，每层吃刀深度容易控制；方案 2 采用由外向内逐步减少余量的方法，后续加工的切削范围逐步变小，程序处理相对简单，但外圈轮廓的切深较大，需要分层重复轮廓切削，到内圈后深度逐步减少。

从减少程序的处理量出发，在这里我们选择方案 2。按照先粗后精的原则，以充分释放因加工产生的残余应力带来的不利影响，应将所有部位先粗切完成后，再进行各轮廓的精修加工，特别是有精度要求的轮廓部位。

铣削右侧矩形台肩

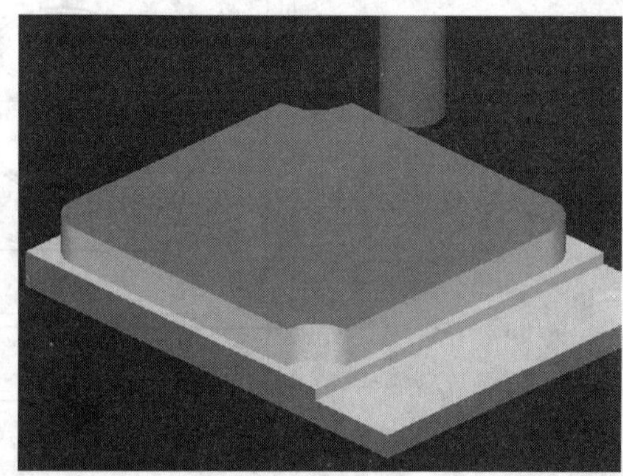

正方形带转角轮廓

铣削五边形轮廓

铣削柱台

图 3-19 铣削工艺示意图

（5）刀具及设备的选用。正面各轮廓阶台加工需要用到的刀具包括以下几个方面的考虑：

- 铣削右侧矩形台肩：台肩面宽 24，可以使用ϕ25 及以上的铣刀走一段直线，相对于小尺寸铣刀可避免来回走刀，以简化程序并提高效率。
- 正方形台阶：可以使用ϕ14 及以上的铣刀沿轮廓作一圈的粗铣，精铣时刀具尺寸不得超过ϕ20。
- 五边形台阶及柱台：需要使用ϕ30 及以上的铣刀一圈铣出，避免小尺寸铣刀多圈铣削的编程处理并提高效率。

综括上述刀具尺寸要求，粗铣时可以使用ϕ32 的立铣刀，精铣时可以选用ϕ16 的合金立铣刀。

（6）数控加工工序卡片，如表 3-20 所示。

表 3-20　阶台零件数控加工工艺卡片

产品名称	数控加工	零件图号	零件代号	工序名称	工序号
阶台零件	工序卡片	L01	M-01		
材料名称	材料牌号				
硬铝	LY12				
机床名称	机床型号				
数控铣床					
夹具名称	夹具编号				
零件紧靠定位装置装紧，轻轻敲平					

工步	工作内容	刀具	量具	主轴转速 N r/min	吃刀深度 mm	进给速度 F（mm/min）
1	铣右边台肩	ϕ32	游标卡尺	1500	-17	600
2	铣正方形凸台	ϕ32		1500	-13	600
3	铣正五边形凸台	ϕ32		1500	-9	600
4	铣圆柱台	ϕ32		1500	-5	600
5	精加工各部分	ϕ16		2000		400

2. 零件加工程序设计

（1）程序编制。

基本编程方法有手工编程、自动编程，下面介绍手工编程的要点。

右侧台肩面：刀具从毛坯外右下角下刀，沿+Y 向走直线至刀心超出上边线，分层下刀后沿-Y 回切。

正方形轮廓：从右边线毛坯外延长线处下刀，沿轮廓逆时针走一圈后切出，使用机床自动刀补 G42，分层切削采用主子程序调用。

五边形轮廓：从下边线左侧毛坯外延长线下刀，逆时针走一圈后从延长线切出，使用 G42，分层切削采用主子程序调用。

柱台：可以使用整圆编程处理，使用 G42。

（2）程序代码。

```
O0001
G0G17G40G49G80G90
G0G90G54X-60.0Y45.S2200M3
G0Z20.M8
Z5.
G1Z0F200.
M98P1001L3  分三层粗切外圈，带凸凹转角的正方形阶台
```

```
M98P1002     精切外圈
G0G90Z20.
X-70.Y0
Z5.
G1Z-4.5F200.
M98P1003        粗切五边形凸台，第一层大圈
X-54.442Y0
M98P1004         粗切五边形凸台，第一层内圈
X-70.Y0
G1Z-9.F200.
M98P1003         粗切五边形凸台，第二层大圈
X-54.442Y0
M98P1004        粗切五边形凸台，第二层内圈
X-54.442Y0
M98P1005        精修五边形凸台，第二层
G0G90Z20.
X40.Y0.
Z5.
G1Z-5.F200.          铣圆柱台
G41D2X24.F600.
G2I-24.J0.             柱台外圈
G1G40X30.
G41D2X20.F600.
G2I-20.J0.             柱台内圈
G1G40X30.M9
G0Z50.M5
M30

O1001                    粗铣带凸凹转角的正方形阶台
G91G1Z-4.333F200.
G90G41D1X-33.F600.;D1=8.5
;X33.
G1X45.R12.
;G2X45.Y33.R12.
G1Y-35.
G3X35.Y-45.R10.
;G1X-35.
G1X-45.R10.
;G2X-45.Y-35.R10.
```

```
G1Y33.
G3X-33.Y45.R12.
G1G40Y65.
X-60.0Y45.
M99

O1002
G90G41D2X-33.F600.;D2=8      精修带凸凹转角的正方形阶台
G1X45.R12.
G1Y-35.
G3X35.Y-45.R10.
G1X-45.R10.
G1Y33.
G3X-33.Y45.R12.
G1G40Y65.
X-60.0Y45.
M99

O1003                             粗铣五边形阶台
G41D3X-37.618Y12.223F600.;D3=18
;X-2.939Y37.419
G1X0Y39.554R5.
;G2X2.939R5.
G1X37.618Y12.223
;X24.372Y-28.545
G1X23.249Y-32.R5.
;G2X19.617Y-32.R5.
G1X-23.249
X-37.618Y12.223
G40X-45.Y34.942
M99

O1004                             半精铣五边形阶台
G41D1X-37.618Y12.223F600.;D1=8.5
G1X0Y39.554R5.
G1X37.618Y12.223
G1X23.249Y-32.R5.
G1X-23.249
X-37.618Y12.223
```

```
G40X-45.Y34.942
M99

O1005                                        精铣五边形阶台
G41D2X-37.618Y12.223F600.;D2=8
G1X0Y39.554R5.
G1X37.618Y12.223
G1X23.249Y-32.R5.
G1X-23.249
X-37.618Y12.223
G40X-45.Y34.942
M99
%
```

3.5 自动编程简介

3.5.1 自动编程的产生与发展

20 世纪 50 年代初期，麻省理工学院研制成功了第一台三坐标数控铣床，并着手开发 APT（Automatically Programmed Tools）系统，1955 年公布了研制成果。20 世纪 50 年代末，数控加工技术正式走向工业生产。

最初的 APT 系统，只能处理简单的曲线，如直线、圆弧等。20 世纪 60 年代初，升级的 APT-11 已能加工三维物体。20 世纪 70 年代初发展到 APT-W 版本。CAGD（计算机辅助几何设计）技术的发展，以曲面造型为主要手段的造型，方便地解决了任意表面的数学描述，使得 CAM 技术也相应地发展到了能加工 3D 雕塑曲面的水平。以 APT 批处理语言系统为代表的数控加工编程技术，在 20 世纪 70 年代，已解决了复杂产品的加工问题。但是，使用这类语言编程系统有许多不便之处：采用语言定义零件几何形状，难以描述复杂的几何形状，缺乏几何直观性；缺乏对刀具轨迹正确性的有效检验手段；难以与 CAD 数据库和 CAP 系统进行有效的连接；不易做到高度的自动化、集成化。

20 世纪 70 年代以后，出现了小型计算机，由于其运算速度快、存储量大，特别是图形输入板、大容量磁盘的出现，使 CAD/CAM 一体化出现了可能，在美国，出现了最初的 CAD/ CAM 一体化软件 CAD/CAM。由此，数控加工编程系统实现了交互式图形编程。它是通过与 CAD 集成，成为 CAD/CAM 系统的集成化应用模块，与 CAD 部分共享统一的数据结构。目前，交互式图形数控自动编程是使用最为广泛的自动编程方式。根据 CAD/CAM 软件系统流派，现代自动编程技术分为：基于特征的自动编程技术和基于曲面模型的自动编程技术，其编程过程相同。目前比较常见的软件有 MasterCAM、Pro/Engineer、UniGraphics、CAXA 制造工程师等。

3.5.2 自动编程的基本原理与步骤

1. 工作原理

手工编程对于编制外形不太复杂或计算工作量不大的零件程序时，简便、易行。但是，对于一些复杂零件，特别是具有空间曲线、曲面的零件，如叶片、叶轮、复杂模具等，或者零件的几何形状虽不复杂但程序量很大的零件，由于这些零件的编程计算相当烦琐，程序量大，手工编程很难胜任，即使能够编出，往往耗费很长时间。据统计，一般手工编程所需时间与机床加工时间之比约为 30: 1。因此，这些工件的编程只能采用自动编程来完成。自动编程软件是专用的数控软件，只有在计算机内配备了这种自动编程软件，才能进行自动编程。

自动编程就是用电子计算机代替手工编程。其过程是：编程人员根据零件图和工艺要求，运用数控语言，编写零件加工的源程序，将该源程序输入通用计算机，在编译程序支持下，进行译码、计算和后置处理，自动生成出数控加工所需的二进制代码穿孔纸带（卡），或通过打印机打印成加工程序单，或通过计算机通信接口将加工程序直接输送给 CNC 存储器予以调用。所以，要实现自动编程，数控语言、编译程序、通用计算机三者缺一不可。

（1）数控语言。它接近于工厂车间里使用的工艺用语和工艺规程。这样，用户在编写、阅读、修改零件程序时，变得直观、简便、易掌握。

应用数控语言编写的零件加工程序称为零件源程序，数控语言是一套规定好的基本符号和由基本符号描述零件加工程序的规则。数控语言又称“工艺语言”。该程序包含加工零件的形状、尺寸、刀具动作、切削条件、机床的辅助功能等项内容。编写零件源程序的数控语言由以下 3 种主要语句构成。几何定义语句（描述几何图形的语句），规定点、线、圆等定义的表达式；刀具运动语句：指定刀具运动轨迹和动作顺序的语句；控制语句：变更执行刀具运动语句的顺序和改变几何定义语句作用的语句。

（2）编译程序。编译程序（又称为系统处理程序）是把输入计算机的源程序翻译成为等价的目标程序的程序。目标程序是源程序经过编译程序处理而获得的计算机可识别和直接执行的程序。

编译程序是根据数控语言的要求，结合生产对象和具体的计算机，由专家应用汇编语言或高级语言编好的一套庞大的程序系统。在编译程序的支持下，计算机就能对零件源程序进行翻译、计算、处理，最后获得某特定数控机床所需的一套加工指令代码，并能自动地将其制备到穿孔带或打印出程序清单。

（3）自动编程流程。图3-20所示为自动编程流程图。

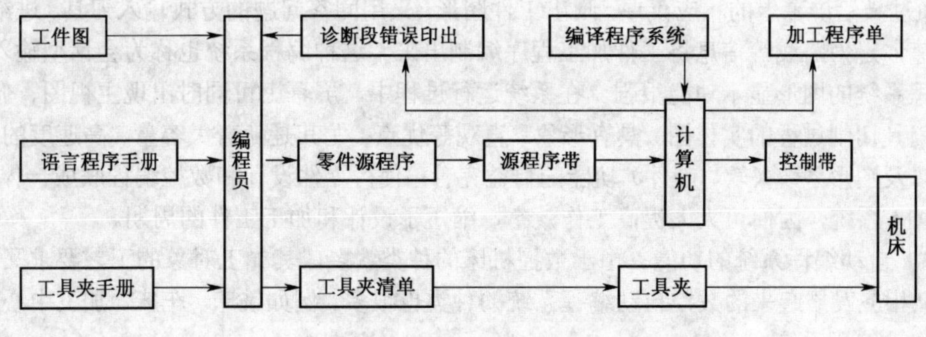

图 3-20　自动编程流程图

用数控语言编写的零件源程序经过如下3个阶段才能变为可供数控机床使用的加工程序和穿孔带：

1）翻译阶段。识别语言，并理解其含义。

2）运行阶段。执行各种语句，进行复杂的数值计算和逻辑运算，如求交点、作切线、圆弧等。

3）后置处理阶段。把前面过程所得到的数据，按该机床数控系统的要求，转换成加工指令码程序。例如，把计算结果圆整到机床数控系统要求的位数；把程序段整理为某种固定格式的文字、数字、分隔符组成的指令序列；核对计算数据是否超出数控系统的容量；根据机床能力选择合理的切削用量等。

最后，根据需要可以通过打印机打印出程序单或制作穿孔带。

2. 自动编程系统的组成与功能

（1）自动编程系统的组成。自动编程系统是由计算机、外围设备和自动编程软件等组成的。而自动编程软件由前置处理程序和后置处理程序两部分组成。

前置处理程序的功能是接收用户输入的信息，并对它进行编译、计算、处理，将其结果按一定格式放置在一专门文件中。这种文件称为刀位数据文件（CLD）。其格式已由ISO标准规定。这种格式不是数控加工程序的格式。

后置处理程序的功能是根据CLD文件的内容和数控机床的具体性能编制出符合要求的加工程序，并将该程序输出（即穿孔纸带孔、录入磁盘、通信输出到数控系统）。

一个自动编程软件，一般配有多个后置处理程序，以适用于多种型号的数控机床，没有配备相应后置处理程序的自动编程软件是无法使用的。

（2）自动编程系统的输入方式。自动编程系统的输入方式有两类，即语言式输入和图形式输入。

1）语言式输入方式首先要编写一个称为“源程序”的程序。源程序的书写格式类似于语言表达，描绘工件加工的全过程。相应的自动编程系统（也称为数控编程语言系统）对源程序进行编译、计算、处理，最后得出加工程序。世界上最早的自动编程系统——美国1955年研究成功的APT数控编程语言系统就是采用语言式输入的。40多年来，世界各国先后研制成功了许多各有特色的自动编程语言系统，例如德国的EXAPT、日本的FAPT和HAPT、法国的IFAPT、英国的PICNIC，以及我国的SAPT、SKC和TZ - APNS等。

2）图形式输入方式是近几年来发展起来的系统。它不需要编写源程序，而是采用鼠标和键盘，通过激活屏幕上的相应菜单，画出工件图形，采用回答问题的方式输入刀具、进给速度、主轴转速、走刀路线等信息将工件加工程序编制出来。这种编程系统也称为会话型输入系统。这种编程系统的图形显示功能很强，在系统运行过程中，屏幕上可同时出现主视图、俯视图，甚至有刀具切削过程的实体图。具有形象、直观等优点。尤其是随着大容量、高速度的计算机的普及以及图形系统（软、硬件）功能的日益完善，使得零件设计和数控编程联成一体，称为CAD/CAM系统，因而可大大提高工作效率，缩短了设计和加工工件的周期。

（3）自动编程系统的功能。由于数控机床的种类繁多，其加工对象的工艺要求又各不相同，因此相应发展起来的数控自动编程系统的种类也很多。例如铣床、车床、加工中心等均有相应的自动编程系统。

随着计算机技术和数控技术的迅速发展，自动编程系统的功能也由单一的编制加工程序扩大到加工管理。例如，有的系统建立了切削参数数据库，在程序中自动引入切削参数；有的优化加工程序并加入一些管理信息。例如火焰切割机的编程系统，还加入了套料功能，可最大限度地提高板材的利用率。

自动编程系统解决了一系列烦琐、复杂、难度大的工件加工，不仅可使数控机床的编程效率大大提高，而且还解决了手工编程无法解决的难题。自动编程系统的出现，使数控机床的应用水平得到了极大提高。随着科学技术的发展，自动编程系统将不断推陈出新，达到更高水平，促使数控机床的应用达到更高水平。

3. 利用CAM系统进行自动编程的基本步骤

（1）加工工艺确定。加工工艺的确定目前主要依靠人工进行，其主要内容有：

1）核准加工零件的尺寸、公差和精度要求。

2）确定工件装夹位置。

3）选择刀具。

4）确定加工路线。

5）选定工艺参数。

（2）加工模型建立。利用CAM系统提供的图形生成和编辑功能将零件的被加工部位绘制在计算机屏幕上，作为计算机自动生成刀具轨迹的依据。

加工模型的建立是通过人机交互方式进行的。被加工零件一般用工程图的形式表达在图纸上，用户可根据图样建立三维加工模型。针对这种需求，CAM系统应提供强大的几何建模功能，不仅应能生成常用的直线和圆弧，还应提供复杂的样条线、组合曲线、各种规则的和不规则的曲面等的造型方法，并提供各种过渡、裁剪、几何变换等编辑手段。

被加工零件数据也可由其他CAD/CAM系统传入，因此CAM系统针对此类需求应提供标准的数据接口，如DXF、IGES、STEP等。由于分工越来越细，企业之间的协作越来越频繁，这种形式目前越来越普遍。被加工零件的外形还可由测量机测量得到，针对此类需求，CAM系统应提供读入测量数据的功能，按一定格式给出的数据，系统自动生成零件的外形曲面。

（3）刀具轨迹生成。建立了加工模型后，即可利用CAM系统提供的多种形式的刀具轨迹生成功能进行数控编程。用户可以根据不同的工艺要求和精度要求，通过交互指定加工方式和加工参数等，方便快速地生成所需要的刀具轨迹即刀具的切削路径。

为满足特殊的工艺需要，CAM系统应能对已生成的刀具轨迹进行编辑。通常CAM系统还可通过模拟仿真检验生成的刀具轨迹的精度及进行加工过程干涉检查，并可通过代码校核，用图形方式检验加工代码的正确性。

（4）后置代码生成。在屏幕上用图形形式显示的刀具轨迹要变成可以控制机床的代码，需要进行所谓后置处理。后置处理的目的是形成数控指令文件，利用CAM系统提供的后置处理器，用户按机床规定的格式进行定制，即可方便地生成和特定机床相匹配的加工代码。

（5）加工代码输出。生成数控指令之后，可通过计算机的标准接口与机床直接连通。CAM系统一般可通过计算机的串口或并口与机床连接，将数控加工代码传输到数控机床，控制机床各坐标的伺服系统，驱动机床。

3.5.3　国内、外主要的CAM软件介绍

1. MasterCAM软件

MasterCAM是美国CNC公司开发的一套适用于机械设计、制造，运行在PC平台上的3DCAD/CAM交互式图形集成系统。它可以完成产品的设计和各种类型数控机床的自动编程，包括数控铣床（2-5轴）、车床（可带C轴）、线切割机（4轴）、激光切割机、加工中心等的

编程加工。Master CAM 软件在使用线框造型方面较有代表性，而且它又是侧重于数控加工方面的软件，这样的软件在数控加工领域内占重要地位，有较高的推广价值。

产品零件的造型可以由系统本身的 CAD 模块来建立模型，也可以通过三坐标测量仪测得的数据建模。系统提供的 DXF、IGES、CADL、VDA、STL、PARASLD 等标准图形接口，可实现与其他 CAD 系统的双向图形传输，也可以通过专用 DWG 图形接口与 AutoCAD 进行图形传输。

系统具有很强的加工能力，可实现多曲面连续加工、毛坯粗加工、刀具干涉检查与消除、实体加工模拟、DNC 连续加工以及开放式的后置处理等功能。

2. UG II 软件

UG II 软件是美国 Unigraphics Solutions 公司的 CAD/CAM/CAE 产品。其核心 Parasolid 提供强大的实体建模功能和无缝数据转换能力。UG II 提供给用户一个灵活的复合建模，包括实体建模、曲面建模、线框建模和基于特征的参数建模。UG II 覆盖制造全过程，融合了工业界丰富的产品加工经验，为用户提供了一个功能强劲的、实用的、柔性的 CAM 软件系统。UG II 可以运行在工作站和微机、UNIX 或 Windows 操作环境下。

（1）UG II 的 CAD 功能主要是提供实体建模、自由曲面建模等造型手段，提供装配建模、标准件库建模等环境；可建立和编辑各种标准的设计特征，如孔、槽、型腔、凸台、倒角和倒圆等；可从实体模型生成完全相关的二维工程图；提供 IGES、STEP 等标准图形接口和大量的直接转接器，如与 CATIA、CADDS、I-DEAS、AutoCAD 等 CAD/CAM 系统直接高效地进行数据转换；具有有限元分析和机构分析模块；对二维、三维机构可进行复杂的运动学分析和设计仿真。

（2）UG II 的 CAM 功能主要是提供 2-4 轴车削加工，具有粗车、多次走刀、精车、车沟槽、车螺纹和中心钻孔等功能；提供 2-5 轴或更高的铣削加工，如型芯和型腔铣削；提供粗切单个或多个型腔，沿任意形状切去大量毛坯材料以及可加工出型芯的全部功能。这些功能对加工模具和冷冲模特别有用。

UG II 软件还具有固定轴铣削功能、Cut 清根切削功能、可变轴铣削功能、顺序铣切功能、切削仿真（VERICUT）功能、EDM 线切削功能、机床仿真功能（包含整个加工环境——机床、刀具、夹具和工件，对数控加工程序进行仿真，检查相互间的碰撞和干涉情况）等。它还提供非均匀 B 样条轨迹生成器：从 NC 处理器中直接生成基于 NURBS 的刀具轨迹数据，直接从 UG 的实体模型中产生新的刀具轨迹，其加工程序可比原来的程序减少 50%-70%，特别适用于高速加工。

3. Pro/Engineer 软件

Pro/Engineer 软件是美国 PTC 公司 1988 年推出的产品，是一整套机械设计自动化软件产品，它以参数化和基于特征建模的技术提供给工程师一个革命性的方法，去实现机械设计自动化。Pro/Engineer 是由一个产品系列组成的。它是专门应用于机械产品从设计到制造全过程的产品系列。

Pro/Engineer 产品系列的参数化和基于特征的建模给工程师提供了空前容易和灵活的环境。另外，Pro/Engineer 的唯一的数据结构提供了所有工程项目之间的集成，使整个产品从设计到制造紧密地联系在一起，这样，能使工程人员并行地开发和制造它的产品，可以很容易地评价多个设计的选择，从而使产品达到最好的设计、最快的生产和最低的造价。

（1）Pro/Engineer CAD 功能主要具有简单零件设计、装配设计、设计文档（绘图）和复杂曲面的造型等功能；具有从产品模型生成模具模型的所有功能；可直接从 Pro/Engineer 实体模型生成全关联的工程视图，包括尺寸标注、公差、注释等，还提供三坐标测量仪的软件接口，可将扫描数据拟合成曲面，完成曲面光顺和修改。

提供图形标准数据库交换接口，包括 IGES、SET、VDA、CGM、SIA 等，还提供 Pro/Engineer 与 CATIA 软件的图形直接交换接口。

（2）Pro/Engineer CAM 主要具有提供车加工、2-5 轴铣削加工、电火花线切割、激光切割等功能。加工模块能自动识别工件毛坯和成品的特征。当特征发生修改时，系统能自动修改加工轨迹。

4. “CAXA 制造工程师” 软件

“CAXA 制造工程师”软件是由北京北航海尔软件有限公司开发的全中文 CAD/CAM 软件。

（1）CAXA 的 CAD 功能主要是提供用线框造型、曲面造型方法来生成 3D 图形；采用 NURBS 非均匀 B 样条造型技术，能更精确地描述零件形体；有多种方法来构建复杂曲面，包括扫描、放样、拉伸、等距、边界网格等；对曲面的编辑方法有任意裁剪、过渡、拉伸、变形、相交、拼接等；可生成真实感图形；具有 DXF 和 IGES 图形数据交换接口。

（2）CAXA 的 CAM 功能主要是支持车削加工，如轮廓粗车、精车、切槽、钻中心孔、车螺纹；可以对轨迹的各种参数进行修改，以生成新的加工轨迹；支持线切割加工，如快、慢走丝切割；可输出 3B 或 G 优码的后置格式；支持 2-5 轴铣削加工，提供轮廓、区域、3-5 轴加工；允许区域内有任意形状和数量的岛，分别指定区域边界和岛的起模斜度，自动进行分层加工；针对叶轮、叶片类零件提供 4-5 轴加工；可以利用刀具侧刃和端刃加工整体叶轮和大型叶片；支持带有锥度的刀具进行加工，任意控制刀轴方向。此外还支持钻削加工。

系统提供丰富的工艺控制参数、多种加工方式（粗加工、参数线加工、限制线加工、复杂曲线加工、曲面区域加工、曲面轮廓加工）、刀具干涉检查、真实感仿真、数控代码反读、后置处理等功能。

本章小结

为了简化编程以及保持程序的通用，数控机床坐标轴的命名和方向的判别制定了统一的标准，规定直线进给运动的坐标轴用 X、Y、Z 表示，常称为基本坐标轴。围绕 X、Y、Z 轴旋转的圆周进给坐标轴用 A、B、C 表示，常称为旋转轴。X、Y、Z 坐标轴的相互关系用右手定则决定。A、B、C 坐标轴的相互关系根据右手螺旋定则决定。机床坐标系是机床固有的坐标系，它是固定的点，机床坐标系的原点称为机床原点或机床零点，机床通过回参考点建立机床坐标系，也就知道了坐标轴的零点位置。一个数控加工程序是由若干个程序段组成的，每个程序段是由若干个指令字组成的，它遵循一定的结构和格式等。数控加工程序的编制代码主要有 G 代码、M 代码、F 代码、S 代码、T 代码等。G 代码和 M 代码是程序段的主要组成部分。G 代码由地址 G 和后面的二位数字组成，用来规定刀具和工件的相对运动轨迹（即指令插补功能）、机床坐标系、坐标平面、刀具补偿、坐标偏置等多种加工操作。M 代码主要是用于控制零件程序的走向以及对一些辅助器件进行操作控制用的工艺性代码，也是由地址 M 和两位数字组成。数控加工工艺的主要内容是选择适合零件加工的数控机床并确定其工序内容，通过分析零件的材料、形状、尺寸、精度以及毛坯形状、热处理等要求明确加工内容和技术要求，从而确定零件的加工方案。

对于一些复杂零件，特别是具有空间曲线、曲面的零件，如叶片、叶轮、复杂模具等，或者零件的几何形状虽不复杂但程序量很大的零件，它们的编程计算相当烦琐、程序量大，手工编程很难胜任，即使能够编出，往往耗费很长时间。这些工件的编程只能采用自动编程来完成。要实现自动编程，数控语言、编译程序、通用计算机三者缺一不可。自动编程系统的出现，使数控机床的应用水平得到了极大提高。按工作方式可以把当前的数控自动编程系统分为批处理语言系统和交互式图形编程系统两大类。批处理语言系统的代表是20世纪50年代末诞生的APT，这种编程方法经历了数十年的发展，软件系统已相当成熟，但已逐渐淡出历史舞台。随着CAD技术的发展，数控加工编程系统实现了交互式图形编程。目前，图形数控自动编程是使用最为广泛的自动编程方式。比较常见的软件有MasterCAM、Pro/Engineer、UniGraphies、CAXA制造工程师等。

习题及思考题

1．NC机床零件加工程序的编制方法有几种？试简述它们的特点。

2．名词解释：对刀点、刀位点、坐标轴、坐标系、机床原点、工件原点、模态/非模态指令、联动、行切法

3．试解释下列指令的意义：

G00 G01 G02 G03;G40 G41 G42;G04;G90 G91;G92;

G54 G55;G17 G18 G19;M02;M03 M04 M05;M07 M08;

4．试说明机床坐标系与工件坐标系各自的功用，以及它们的相互关系和如何确定它们的相互关系。

5．请按ISO标准，判别数控机床的坐标系，并说明各坐标轴运动方向的确定原则（即说明所确定的方向是刀具还是工件的运动方向）。

6．加工程序编制中首件试切的作用是什么？

7．编程：自选零件形状编制零件加工程序。

8．简述数控编程的内容和步骤。

9．什么是右手直角坐标系？X轴、Z轴在数控机床上是怎样确定的？

10．机床坐标系和工件坐标系有何不同。

11．什么是机床原点、编程原点、工件原点、机床参考点？

12．数控加工的特点是什么？数控加工的主要应用范围有哪些？

13．数控加工工艺设计的主要内容有哪些？

14．数控加工的工序可有哪几种划分方法？

15．对刀点、换刀点指的是什么？一般应如何设置？常用刀具的刀位点是怎么规定的？

16．加工路线的确定应遵循哪些主要原则？

17．铣削如图3-21所示的零件轮廓，请选择合适的铣刀直径，并绘制其走刀进给路线。

18．如图3-22所示的零件，试确定其加工工艺。

19．程序中常用的工艺指令有哪些？什么叫模态指令和非模态指令？

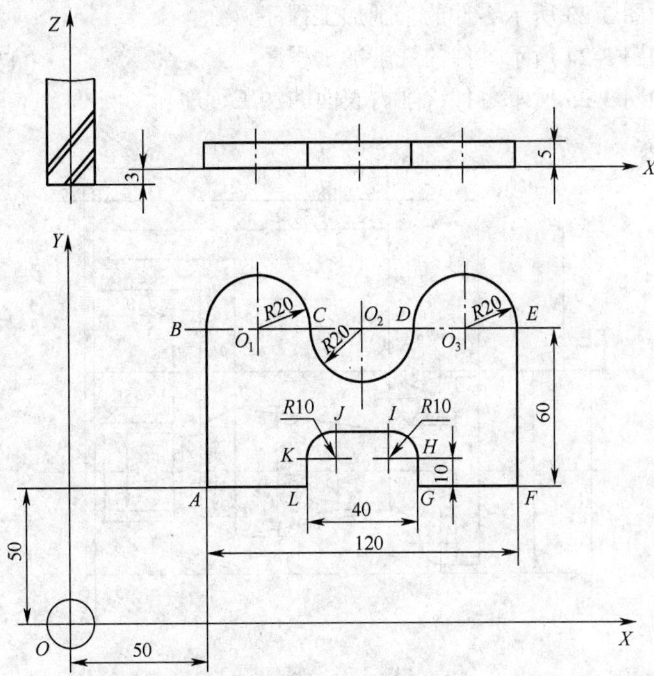

图 3-21　零件轮廓图

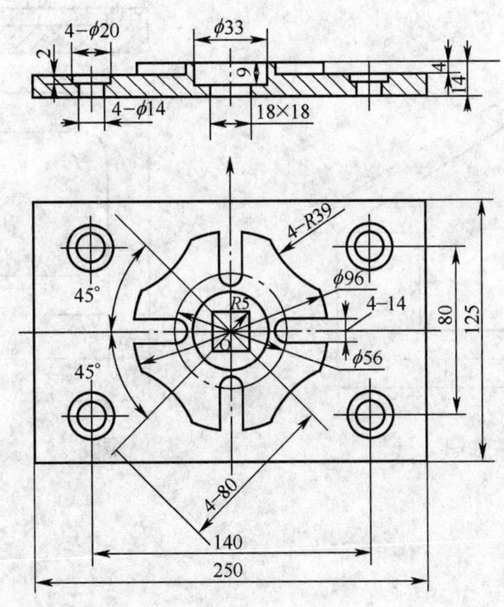

图 3-22　零件图

20．数控加工常用的工艺文件有哪些？

21．数控车削编程的特点是什么？

22．数控铣床编程的特点是什么？

23．加工中心编程的特点是什么？

24．试编制如图 3-23 所示零件的车削加工程序。

25．试编制如图 3-24 所示零件的铣削加工程序。

26．试编制如图 3-25 所示零件铣削内表面的加工程序。

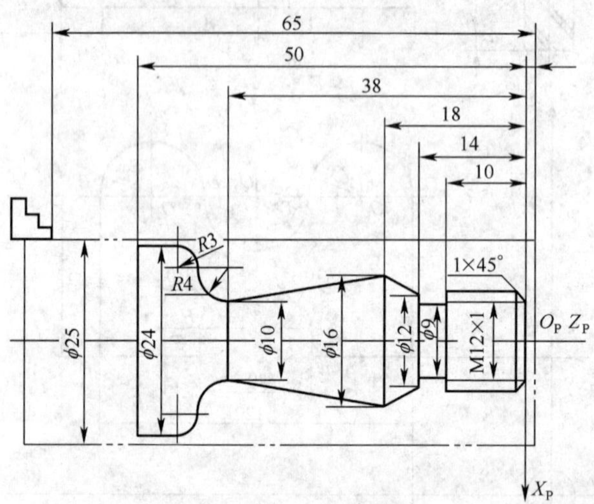

图 3-23　零件图

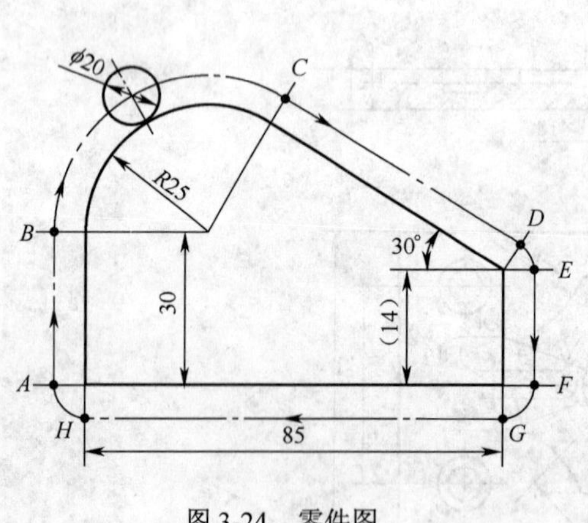

图 3-24　零件图

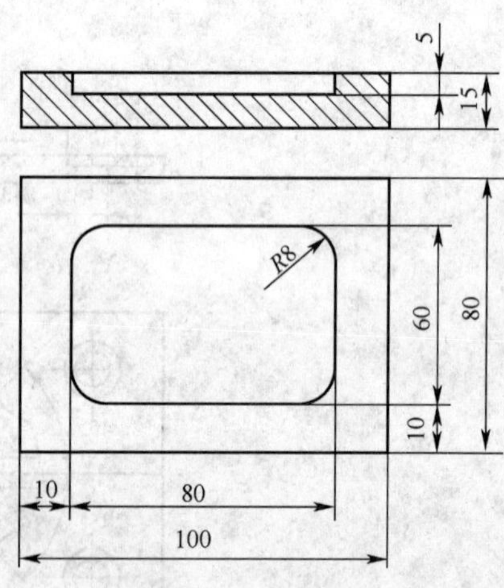

图 3-25　零件铣削内表面

第 4 章　位置检测装置

本章学习目标

在数控机床中，为了实现位置控制，必须有位置检测装置用于检测机床运动部件的位移。数控机床的位置检测装置有光栅、旋转变压器、感应同步器、编码器和磁栅等。通过本章学习，读者应理解和掌握以下内容：

- 掌握光栅的工作原理与应用
- 掌握旋转变压器的工作原理与应用
- 掌握感应同步器的工作原理与应用
- 了解磁栅的特点、类型，掌握磁栅的结构和工作原理
- 掌握旋转编码器的工作原理，熟悉旋转编码器在数控机床中的应用

4.1　光栅

4.1.1　概述

光栅有物理光栅和计量光栅之分。物理光栅的刻线细而密，栅距（两刻线间的距离）在 0.002～0.005mm 之间，通常用于光谱分析和光波波长的测定。计量光栅相对来说刻线较粗，栅距在 0.004～0.25 之间，常用于数字检测系统，用来检测高精度的直线位移和角位移。本章所讨论的光栅系指计量光栅。

计量光栅具有测量精度高、响应速度快、量程宽等特点，所以在高精度的数控机床上，常使用光栅作为反馈检测元件，以实现闭环位置控制。

计量光栅按形状可以分为直线光栅（又称长光栅）和圆光栅。直线光栅用于检测直线位移，圆光栅用于检测转角位移。按制作原理又可分为玻璃透射光栅和金属反射光栅。

1. 直线光栅

（1）玻璃透射光栅。玻璃透射光栅是在玻璃的表面上用真空镀膜法镀一层金属膜，再涂上一层均匀的感光材料，用照相腐蚀法制成透明与不透明间隔相等的线纹，也有用刻蜡、腐蚀、涂黑工艺制成的。玻璃透射光栅具有以下特点：

- 光源可采用垂直入射，光电元件可直接接受光信号，因此信号幅度大，读数头结构较简单。
- 每毫米上的线纹数多，一般为每毫米 100 条、125 条、250 条，再经过电路细分，可做到微米级的分辨率。

（2）金属反射光栅。金属反射光栅是在钢尺或不锈钢的镜面上用照相腐蚀法或用钻石刀直接刻划制成的光栅线纹。金属反射光栅常用的线纹数为每毫米 4 条、10 条、25 条、40 条、

50 条，因此，其分辨率比玻璃透射光栅低。金属反射光栅具有以下特点：

- 标尺光栅的线膨胀系数很容易做到与机床材料一致。
- 标尺光栅的安装和调整比较方便。
- 安装面积较小。
- 易于接长或制成整根的钢带长光栅。
- 不易碰碎。

2. 圆光栅

在玻璃圆盘的外环端面上，做成黑白相间的条纹，条纹呈辐射状，相互间夹角（称为栅距角）相等。根据不同的使用要求，在圆周内的线纹数也不相同。圆光栅一般有 3 种形式：

（1）六十进制，如圆周内的线纹数为：10800、21600、32400、64800 等。

（2）十进制，如圆周内的线纹数为：1000、2500、5000 等。

（3）二进制，如圆周内的线纹数为：512、1024、2048 等。

4.1.2 光栅的结构与工作原理

现以玻璃透射式直线光栅为例，说明其工作原理。

1. 光栅的结构

光栅是利用光的透射、衍射现象制成的光电检测元件，它主要由标尺光栅和光栅读数头两部分组成，二者之间可产生相对移动。通常，标尺光栅移动，光栅读数头固定。在光栅读数头中，安装着一个指示光栅，当光栅读数头相对于标尺光栅移动时，指示光栅便在标尺光栅上相对移动。

图 4-1 所示为光栅尺的示意图，标尺光栅和指示光栅上均匀刻有很多线纹，这些线纹相互平行，黑色为不透光线纹（宽度 a），白色为透光条纹（宽度 b），栅距（d）为黑白线纹宽度之和，即 d=a+b，通常情况下，a=b。安装光栅尺时，要严格保证标尺光栅和指示光栅的平行度以及两者之间的间隙（一般取 0.05mm 或 0.1mm）要求。

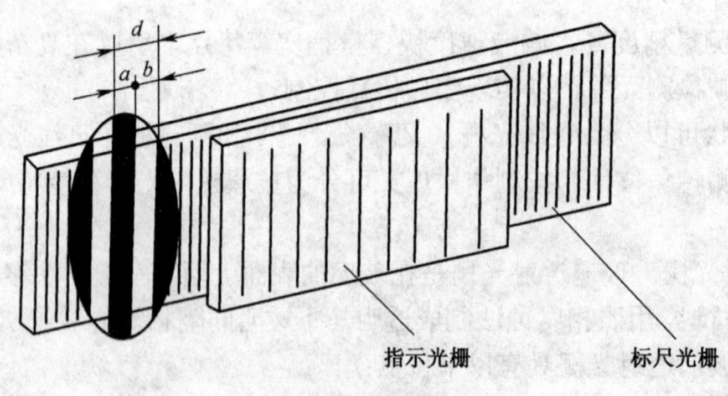

图 4-1　光栅尺

图 4-2 所示为光栅读数头（又称光电转换器），它由光源、透镜、指示光栅、光敏元件和驱动电路组成。读数头的光源一般采用白炽灯泡。白炽灯泡发出的辐射光线，经过透镜后变成平行光束，照射在光栅尺上。光敏元件是一种将光强信号转换为电信号的光电转换元件，它接收透过光栅尺的光强信号，并将其转换成与之成比例的电压信号。由于光敏元件产生的电压

信号一般比较微弱，在长距离传递时很容易被各种干扰信号所淹没、覆盖，造成传送失真。为了保证光敏元件输出的信号在传送中不失真，应首先将该电压信号进行功率和电压放大，然后再进行传送。驱动电路就是实现对光敏元件输出信号进行功率和电压放大的电路。

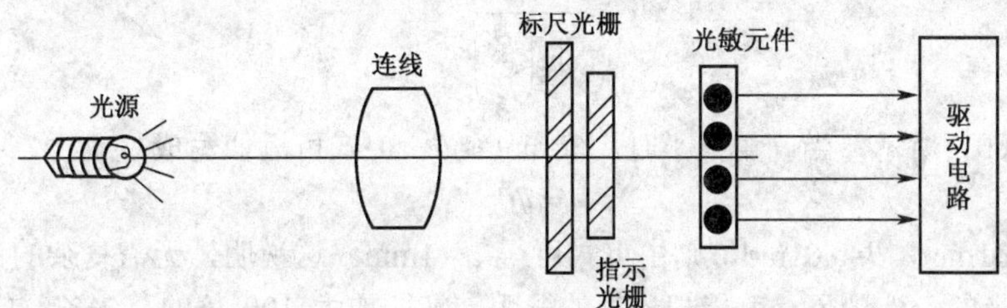

图 4-2　光栅读数头

根据不同的要求，读数头内常安装 2 个或 4 个光敏元件。

光栅读数头的结构形式，除图 4-2 的垂直入射式之外，按光路分，常见的有分光读数头、反射读数头和镜像读数头等，其结构原理如图 4-3（a）、（b）、（c）所示。图中 Q 表示光源，L 表示透镜，G 表示光栅尺，P 表示光敏元件，P_r 表示棱镜。

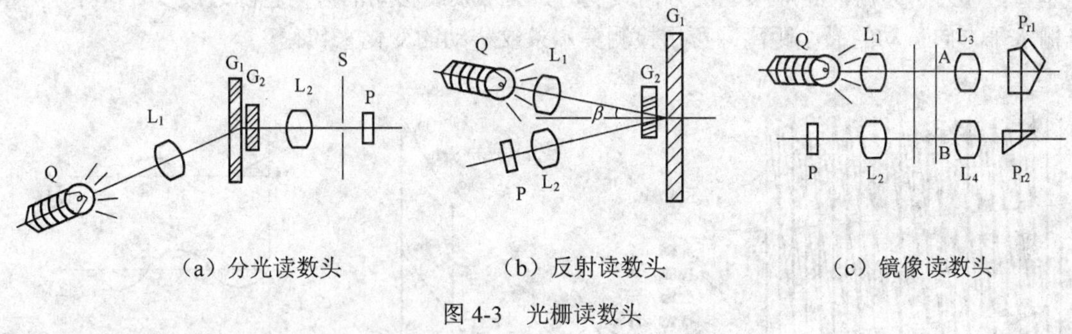

（a）分光读数头　（b）反射读数头　（c）镜像读数头

图 4-3　光栅读数头

玻璃透射式直线光栅，容易受外界气温的影响而产生误差。灰尘、切屑、油污、水汽等容易侵入，使光学系统受到杂质的污染，影响光栅信号的幅值和精度，且光栅尺是安装在机床上，与机床连接在一起，因此，光栅必须采用与机床材料膨胀系数接近的玻璃材料，并且要加强对光栅系统的维护和保养。

2. 光栅的工作原理

图 4-4 所示为光栅的工作原理图。当使指示光栅上的线纹与标尺光栅上的线纹构成一个很小的角度 θ 来放置两光栅尺时，必然会造成两光栅尺上的线纹互相交叉。在光源的照射下，交叉点近旁的小区域内由于黑色线纹重叠，因而遮光面积最小，挡光效应最弱，光的累积作用使得这个区域出现亮带。相反，距交叉点较远的区域，因两光栅尺不透明的黑色线纹的重叠部分变得越来越少，不透明区域面积逐渐变大，即遮光面积逐渐变大，使得挡光效应变强，只有较少的光线能通过这个区域透过光栅，使这个区域出现暗带。这些与光栅线纹几乎垂直，相间出现的亮、暗带就是莫尔条纹。

莫尔条纹具有以下特性：

（1）光强度分布规律。当用平行光束照射光栅时，透过莫尔条纹的光强度分布近似于余弦函数。

（2）放大作用。若用 W 表示莫尔条纹的宽度，d 表示光栅的栅距，θ 表示两光栅尺线纹的夹角，则它们之间的几何关系为

$$W = \frac{d/2}{\sin\left(\frac{\theta}{2}\right)} \tag{4-1}$$

如图 4-3（b）所示，当 θ 角很小时，取 $\sin\theta \approx \theta$，上式可近似写成：

$$W = d/\theta \tag{4-2}$$

若取 d=0.01mm，θ=0.01rad，则由上式可得 W=1mm。这说明，无需复杂的光学系统和电子系统，利用光的干涉现象，就能把光栅的栅距转换成放大 100 倍的莫尔条纹的宽度 W。这种放大作用是光栅的一个重要特点。

（3）误差平均效应。由于莫尔条纹是由若干条光栅线纹共同干涉形成的，所以莫尔条纹对光栅个别线纹之间的栅距误差具有平均效应，能消除由光栅线纹的制造误差导致的栅距不均匀而造成的测量误差。

（4）信息变换作用。莫尔条纹的移动与两光栅尺之间的相对移动成比例。两光栅尺相对移动一个栅距 d，莫尔条纹便相应移动一个莫尔条纹宽度 W，其方向与两光栅尺相对移动的方向垂直，且当两光栅尺相对移动的方向改变时，莫尔条纹移动的方向也随之改变。这样，测量光栅水平方向移动的微小距离即可用检测莫尔条纹移动的变化来代替。

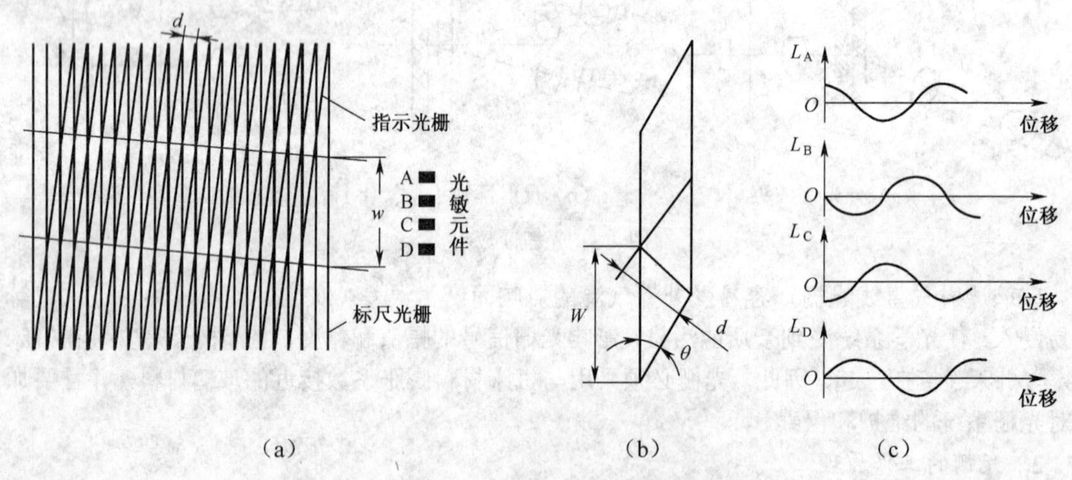

图 4-4　光栅的工作原理图

3. 光栅检测装置的应用

根据上述莫尔条纹的特性，在莫尔条纹移动的方向上开设 4 个观察窗口 A、B、C、D，且使这 4 个窗口两两相距 1/4 莫尔条纹宽度，即 W/4，由上述讨论可知，当两光栅尺相对移动时，莫尔条纹随之移动，从 4 个观察窗口 A、B、C、D 可以得到 4 个在相位上依次超前或滞后（取决于两光栅尺相对移动的方向）1/4 周期（即 π/2）的近似于余弦函数的光强度变化过程，用 L_A、L_B、L_C、L_D 表示，如图 4-4（c）所示。若采用光敏元件来检测，光敏元件把透过观察窗口的光强度变化 L_A、L_B、L_C、L_D 转换成相应的电压信号，设为 V_A、V_B、V_C、V_D。根据这 4 个电压信号，可以检测出光栅尺的相对移动。

（1）位移大小的检测。由于莫尔条纹的移动与两光栅尺之间的相对移动是相对应的，故通过检测 V_A、V_B、V_C、V_D 这 4 个电压信号的变化情况，便可相应地检测出两光栅尺之间的相对移动。V_A、V_B、V_C、V_D 每变化一个周期，即莫尔条纹每变化一个周期，表明两光栅尺相对移动了一个栅距的距离；若两光栅尺之间的相对移动不到一个栅距，因 V_A、V_B、V_C、V_D 是余弦函数，故根据 V_A、V_B、V_C、V_D 之值也可以计算出其相对移动的距离。

（2）位移方向的检测。在图 4-4（a）中，若标尺光栅固定不动，指示光栅沿正方向移动，这时，莫尔条纹相应地沿向下的方向移动，透过观察窗口 A 和 B，光敏元件检测到的光强度变化过程 L_A 和 L_B 及输出的相应的电压信号 V_A 和 V_B 如图 4-5（a）所示，在这种情况下，V_A 滞后 V_B 的相位为 π/2；反之，若标尺光栅固定不动，指示光栅沿负方向移动，这时，莫尔条纹则相应地沿向上的方向移动，透过观察窗口 A 和 B，光敏元件检测到的光强度变化过程 L_A 和 L_B 及输出的相应的电压信号 V_A 和 V_B 如图 4-5（b）所示，在这种情况下，V_A 超前 V_B 的相位为 π/2。因此，根据 V_A 和 V_B 两信号相互间的超前和滞后关系，便可确定出两光栅尺之间的相对移动方向。

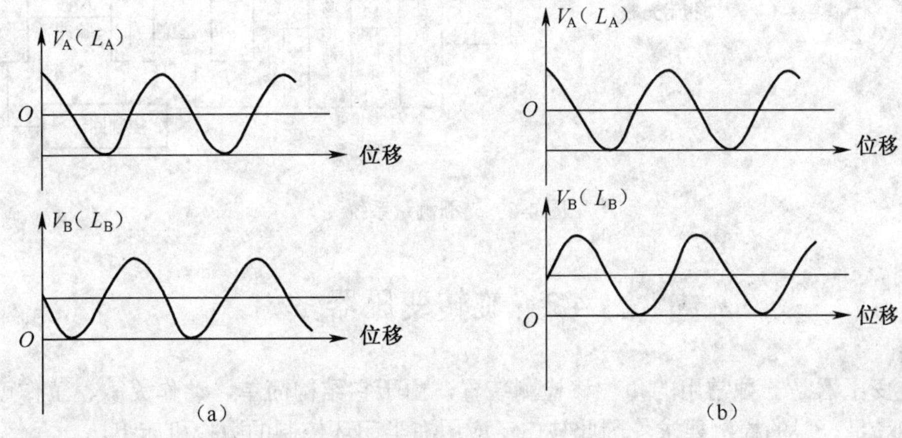

图 4-5　光栅的位移检测原理图

（3）速度检测。两光栅尺的相对移动速度决定着莫尔条纹的移动速度，即决定着透过观察窗口的光强变化的频率，因此，通过检测 V_A、V_B、V_C、V_D 的变化频率就可以推断出两光栅尺的相对移动速度。

4.1.3　光栅位移的数字转换系统

由以上分析可知，当两光栅尺有相对位移时，光栅读数头中的光敏元件根据透过莫尔条纹的光强度变化，将两光栅尺的相对位移即工作台的机械位移转换成了 4 路两两相差 π/2 的电压信号 V_A、V_B、V_C、V_D，这 4 路电压信号的变化频率代表了两光栅尺相对移动的速度；它们每变化一个周期，表示两光栅尺相对移动了一个栅距；4 路信号的超前滞后关系反映了两光栅尺的相对移动方向。但在实际应用中，常常需要将两光栅尺的相对位移表达成易于辨识和应用的数字脉冲量，因此，光栅读数头输出的 4 路电压信号还必须经过进一步的信息处理转换成所需的数字脉冲形式。

如图 4-6 所示，光源通过标尺光栅和指示光栅再由物镜聚焦射到光电元件上，光电元件把两块光栅相对移动时产生的莫尔条纹明暗的变化转变为电压变化。当标尺光栅沿与其线纹垂直方向相对指示光栅移动时，若指示光栅的线纹与透明间隔完全重合，光电元件接收到的光通量最小。若指示光栅的线纹与标尺光栅的经纹完全重合，光电元件接收到的光通量最大。因此，标尺光栅移动过程中，莫尔条纹由亮带到暗带，再由暗带到亮带，相互交替出现，透过的光强度分布近似于余弦曲线，光电元件接收到的光通量也忽大忽小，产生了近似正弦曲线的电压信号。这样的信号，只能用于计数，而不能辨别方向。实际应用中，既要求有较高的检测精度，又能辨别方向。为了达到这种要求，通常使用分频电路实现。

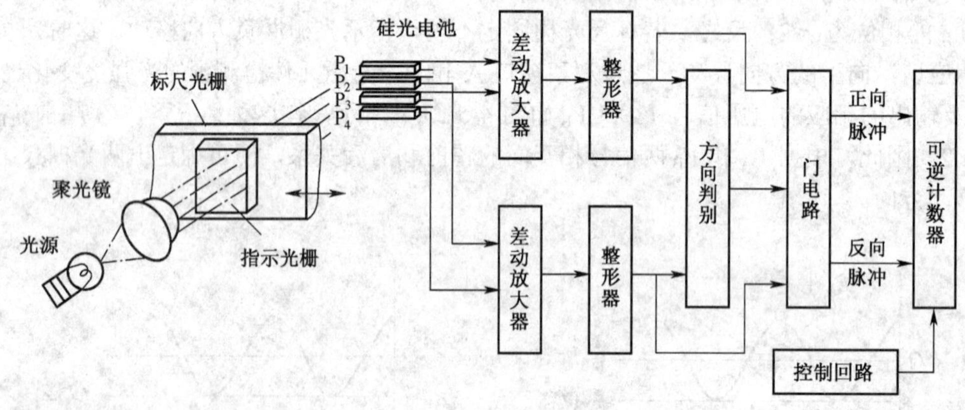

图 4-6　光栅测量系统

4.2　旋转变压器

旋转变压器是一种常用的角位移检测装置，由于它结构简单、动作灵敏、工作可靠，且其精度能满足一般的检测要求，因此被广泛应用在半闭环控制的数控机床上。

4.2.1　旋转变压器的结构

旋转变压器的结构和两相绕线式异步电机的结构相似，可分为定子和转子两大部分。定子和转子的铁芯由铁镍软磁合金或硅钢薄板冲成的槽状芯片叠成。它们的绕组分别嵌入各自的槽状铁芯内。定子绕组通过固定在壳体上的接线柱直接引出。转子绕组有两种不同的引出方式。根据转子绕组两种不同的引出方式，旋转变压器分为有刷式和无刷式两种结构形式。

图 4-7 所示是有刷式旋转变压器。它的转子绕组通过滑环和电刷直接引出，其特点是结构简单、体积小，但因电刷与滑环是机械滑动接触的，所以旋转变压器的可靠性差，寿命也较短。

图 4-8 所示是无刷式旋转变压器。它分为两大部分，即旋转变压器本体和附加变压器。附加变压器的原、副边铁芯及其线圈均成环形，分别固定于转子轴和壳体上，径向留有一定的间隙。旋转变压器本体的转子绕组与附加变压器原边线圈连在一起，在附加变压器原边线圈中的电信号，即转子绕组中的电信号，通过电磁耦合，经附加变压器副边线圈间接地送出去。这种结构避免了电刷与滑环之间的不良接触造成的影响，提高了旋转变压器的可靠性及使用寿命，但其体积、质量、成本均有所增加。

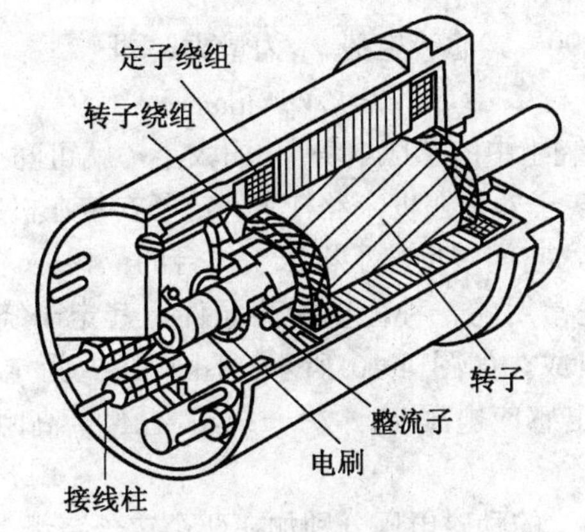

图 4-7　有刷式旋转变压器

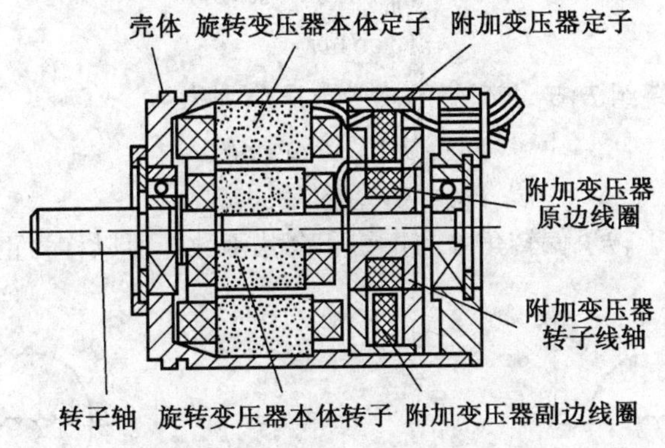

图 4-8　无刷式旋转变压器

旋转变压器分为单极型和多极型。单级型旋转变压器的定子和转子上各有一对磁极。多极型则有多对磁极，主要用于高精度的检测系统。旋转变压器工作时，通过将其转子轴与电机轴或丝杠连接在一起，实现电机轴或丝杠转角的测量。

4.2.2　旋转变压器的工作原理

旋转变压器根据互感原理工作，由于旋转变压器在结构上保证了其定子和转子（旋转一周）之间气隙内磁通分布符合正/余弦规律，因此，当励磁电压加到定子绕组时，通过电磁耦合，转子绕组便产生感应电压。图 4-9 所示为单极旋转变压器的电气工作原理图。设加在定子绕组 S_1S_2 的励磁电压为：

$$V_S = V_m \sin \omega t \tag{4-3}$$

根据电磁学原理，转子绕组 B_1B_2 中的感应电势为

$$V_B = KV_s \sin\theta = KV_m \sin \omega t \sin\theta \tag{4-4}$$

式中，K 为旋转变压器的变压比，$K=N1/N2$（$N1$ 为原边绕组匝数；$N2$ 为副边绕组匝数）；V_m 为励磁电压幅值；θ 为转子偏转角。

由式（4-4）可知，转子绕组输出的感应电势 V_B 为以角速度 ω 随时间 t 变化的交变电压信号，随着转子的角位置呈正弦规律变化。当转子和定子的磁轴垂直时 $\theta=0°$，不产生感应电势，

V_B=0；当两磁轴垂直时，θ=90°，感应电势 V_B 为最大，即

$$V_B=K\,V_m\sin\omega t$$

因此，只要测量出转子绕组中的感应电势 V_B 的大小，就可间接地得到转子相对于定子的位置，即 θ 角的大小。如果转子安装在机床丝杠上，定子安装在机床底座上，则 θ 角代表的是丝杠（被测轴）转过的角度，它间接反映了机床工作台的位移。

正弦余弦旋转变压器是常用的一种位置检测元件，其定子绕组和转子绕组均由两个匝数相等且互相垂直的绕组组成，如图 4-10 所示。图中 S_1S_2 为定子主绕组，K_1K_2 为定子辅助绕组。转子绕组 B_1B_2 输出感应电压 V_B，另一绕组 A_1A_2 接高阻抗，用来补偿转子对定子的电枢反应。

如果用两个相位差为 90° 的励磁电压分别加在两个定子绕组上，励磁电压的公式为

$$V_S=V_m\sin\omega t \tag{4-5}$$

$$V_K=V_m\sin(\omega t+\pi/2)=V_m\cos\omega t \tag{4-6}$$

则 V_S 和 V_K 在转子绕组 B_1B_2 上产生的感应电压分别为

$$V_{BS}=KV_m\sin\omega t\sin\theta$$

$$V_{BK}=KV_m\cos\omega t\cos\theta$$

由于感应电压是关于转子偏转角 θ 的正弦和余弦函数，所以称为正弦余弦旋转变压器。

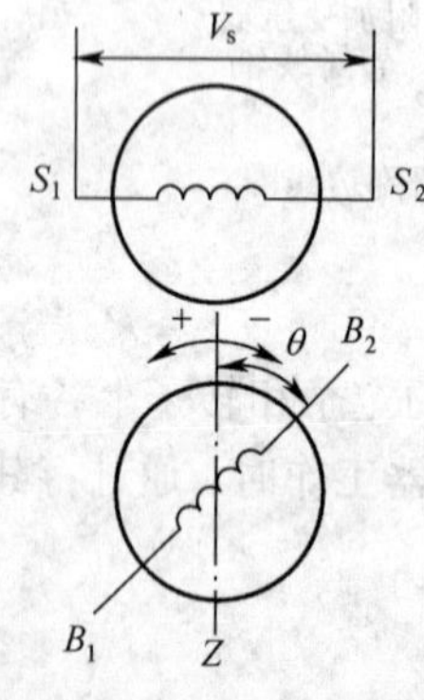

图 4-9　单极旋转变压器

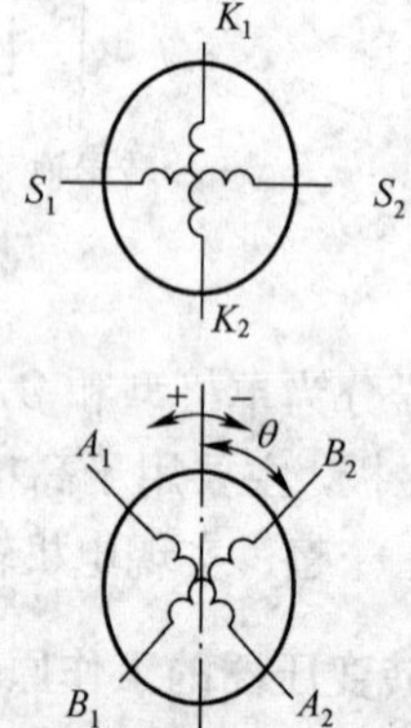

图 4-10　正弦余弦旋转变压器工作原理

4.2.3　旋转变压器工作方式

当定子绕组通入不同的励磁电压时，有两种不同的工作方式：鉴相式和鉴幅式。

1. 鉴相式工作方式

给定子的两个绕组 S_1S_2、K_1K_2 分别通入同幅、同频率但相位差为 90° 的励磁电压，当转子顺时针旋转时，根据线性叠加原理，转子绕组 B_1B_2 的感应电势 V_B 的值为感应电压 V_{BS} 和 V_{BK} 之和，即

$$\begin{aligned}V_B&=V_{BS}+V_{BK}\\&=KV_m\sin\omega t\sin\theta+KV_m\cos\omega t\cos\theta\\&=KV_m\cos(\omega t-\theta)\end{aligned} \tag{4-7}$$

当转子逆时针旋转时，则

$$V_B = KV_m\cos(\omega t+\theta)$$

由此可见，转子输出电压的相位角与转子的偏转角之间有着严格的对应关系，只要检测出转子输出电压的相位角，就可以知道转子的偏转角 θ。在实际应用中，常把定子余弦绕组 K_1K_2 励磁电压的相位作为基准相位，与转子绕组 B_1B_2 输出电压的相位进行比较，用以确定转子偏转角 θ 的大小，可以得知被测轴的角位移。

2. 鉴幅式工作方式

给定子的两个绕组 S_1S_2、K_1K_2 分别通以频率、相位都相同，但幅值不同的交流励磁电压，则有

$$V_S = V_m \sin\alpha \sin\omega t \tag{4-8}$$

$$V_K = V_m \cos\alpha \sin\omega t \tag{4-9}$$

式中 $V_m \sin\alpha$ 和 $V_m \cos\alpha$ 分别为交流励磁电压 V_S 和 V_K 的幅值，α 为旋转变压器电气角。

转子顺时针旋转时，绕组 B_1B_2 感应电势 V_B 的值为 V_{BS} 和 V_{BK} 之和，即

$$\begin{aligned} V_B &= V_{BS} + V_{BK} \\ &= KV_S \sin\theta + KV_K \cos\theta \\ &= KV_m \sin\alpha \sin\omega t \sin\theta + KV_m \cos\alpha \sin\omega t \cos\theta \\ &= KV_m \cos(\alpha-\theta)\sin\omega t \end{aligned} \tag{4-10}$$

当转子逆时针旋转时，则

$$V_B = KV_m\cos(\alpha+\theta)\sin\omega t$$

由式（4-10）可知，转子感应电势 V_B 的幅值为 $KV_m\cos(\alpha-\theta)$交变电压信号，随转子的偏转角 θ 而变化，所以只要检测出转子输出电压的幅值即可知道转子的偏转角 θ。在实际应用中，可不断修改 α 角，使其跟综转子偏转角 θ 的变化而变化，从而得到被测轴的角位移。

4.2.4　旋转变压器的应用

测量旋转变压器的感应电压 V_B 的幅值或相位的变化，即可知转子偏转角 θ 的变化。如果将其安装在数控机床的丝杠上，当 θ 角从 0° 变化到 360° 时，表示丝杠旋转了一周，与丝杠相配合的螺母移动了一个导程，这样可间接地测量丝杠的直线位移（导程）的大小。由于普通旋转变压器属于增量式测量装置，无法测量工作台的整个行程，若要测量工作台的绝对位置，也就是机床丝杠转过的若干次小角度 θ_i 之和，即

$$\theta = \theta_1 + \theta_2 + \cdots + \theta_N = \sum_{i=1}^{N} \theta_i$$

需要加一台绝对位置计数器，累计工作台所走的导程数，折算成位移的总长度。另外还需要一只相敏检波器来辨别不同的转向。

4.3　感应同步器

感应同步器是一种电磁式高精度位置检测装置。按其结构特点一般分为直线式和旋转式两种。直线式感应同步器由定尺和滑尺组成，用于直线位移测量；旋转式感应同步器由转子和

定子组成，用于角位移测量。感应同步器具有检测精度比较高、抗干扰性强、寿命长、维护方便、成本低、工艺性好等优点。本节仅以直线式感应同步器为例，对其结构特点和工作原理进行叙述。

4.3.1 工作原理

感应同步器由定尺和滑尺两部分组成，如图 4-11 所示。定尺与滑尺平行安装，且保持一定的间隙。定尺上有单向均匀连续感应绕组，其节距用 2τ 表示，每个节距相当于绕组空间分布的一个 2π 周期。滑尺上有两组励磁绕组，一组为正弦励磁绕组 A，另一组为余弦励磁绕组 B，两绕组的节距与定尺绕组的节距相等，并相互错开 1/4 节距排列。当正弦励磁绕组 A 的线圈和定尺对准时，余弦励磁绕组的线圈与定尺相差 $\tau/2$ 的距离，即二者相差 $\pi/2$ 的电角度。

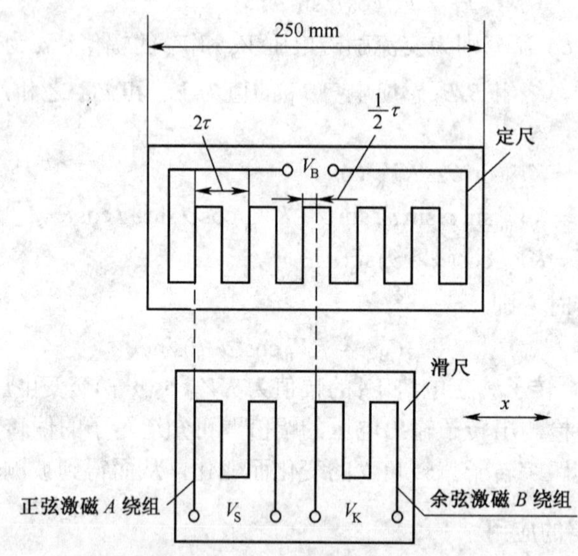

图 4-11 感应同步器的组成

当向滑尺的两个绕组中的任一绕组通以交变激磁电压时，则在滑尺绕组中产生励磁电流，绕组周围产生变化的磁场。由于电磁效应，定尺绕组上必然产生相应的感应电势，感应电势的大小取决于滑尺相对于定尺的位置。当滑尺与定尺产生相对位移时，由于电磁耦合的变化，使定尺上的感应电势随位移的变化而变化。图 4-12 所示给出了滑尺相对于定尺处于不同的位置时，定尺绕组中感应电势的变化情况。图中 A 点表示滑尺绕组与定尺绕组重合，这时定尺绕组中的感应电势最大；如果滑尺相对于定尺从 A 点逐渐向左（或右）平行移动，感应电势就随之逐渐减小，在两绕组刚好错开 1/4 节距的位置 B 点，感应电势减为 0；若再继续移动，移到 1/2 节距的 C 点，感应电势值与 A 点相同，但极性相反；到达 3/4 节距的 D 点时，感应电势再一次变为 0；其后，移动了一个节距到达 E 点，情况就又与 A 点相同了，相当于又回到了 A 点。这样，滑尺在移动一个节距的过程中，感应同步器定尺绕组中的感应电势近似于余弦函数变化了一个周期。同步感应器就是利用这个感应电势的变化来进行位置检测的。

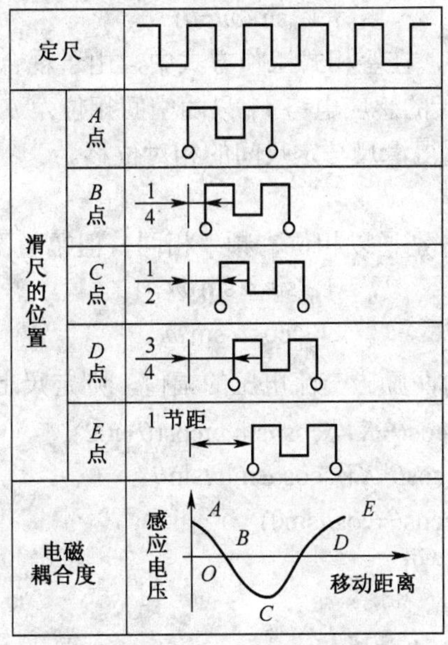

图 4-12 同步感应器工作原理

4.3.2 感应同步器的工作方式

根据施加的励磁交变电压信号的不同，感应同步器也分为鉴相式和鉴幅式两种工作方式。

1. 鉴相式工作方式

给滑尺绕组 A 和绕组 B 分别通以幅值、频率相同，而相位差为 90° 的交流励磁电压，即

$$V_S = V_m \sin \omega t \tag{4-11}$$

$$V_K = V_m \sin(\omega t + \pi/2) = V_m \cos\omega t$$

若起始时滑尺的正弦绕组与定尺绕组重合，当滑尺移动时，滑尺的正弦绕组与定尺绕组不重合，当滑尺移动 X 距离时，则在定尺上的感应电势为

$$V_{BS} = KV_S\cos\theta = KV_m \cos\theta\sin\omega t$$

式中，K 为电耦合系数；V_m 为励磁电压幅值；θ 为滑尺绕组相对于定尺的空间电气相位角，反映的是定尺和滑尺的相对移动的距离 X，可用下式表示：

$$\theta=(2\pi/2\tau)X=(\pi/\tau)X \tag{4-12}$$

滑尺的正弦绕组 A 与定尺的感应绕组重合时，滑尺余弦绕组 B 与定尺绕组相差 1/4 节距，它在定尺上的感应电势为

$$V_{BK} = KV_K\cos(\theta+\pi/2) = -KV_m\cos\omega t\sin\theta$$

应用叠加原理可知，定尺绕组中的感应电势为

$$V_B = V_{BS}+V_{BK} = KV_S\cos\theta+KV_K\cos(\theta+\pi/2) = KV_m\cos\theta\sin\omega t - KV_m\cos\omega t\sin\theta$$

$$=-KV_m\sin(\omega t-\theta) \tag{4-13}$$

从式（4-13）中可以看出，在鉴相式工作方式中，由于耦合系数 K、励磁电压幅值 V_m 以及频率 ωt 均是常数，所以定尺的感应电势 V_B 只随空间相位角 θ 的变化而变化，因此，通过鉴别定尺感应电势的相位即可测得滑尺与定尺间的相对位移。

2. 鉴幅式工作方式

给滑尺绕组 A 和绕组 B 分别通以相位、频率相同，但幅值不同的励磁交流电压

$$\begin{aligned} V_S &= V_m\sin\alpha\sin\omega t \\ V_K &= V_m\cos\alpha\sin\omega t \end{aligned} \tag{4-14}$$

式中，$V_m\sin\alpha$、$V_m\cos\alpha$ 为两励磁交流电压的幅值，则定尺上的叠加感应电势为

$$\begin{aligned} V_B &= KV_m\sin\alpha\sin\omega t\cos\theta+KV_m\cos\alpha\sin\omega t\cos(\theta+\pi/2) \\ &= KV_m\sin\alpha\sin\omega t\cos\theta-KV_m\cos\alpha\sin\omega t\sin\theta \\ &=KV_m\sin\omega t(\sin\alpha\cos\theta-\cos\alpha\sin\theta) \\ &=KV_m\sin\omega t\sin(\alpha-\theta) \end{aligned} \tag{4-15}$$

3. 感应同步器的应用

由式（4-15）可知：若 $\alpha=\theta$，则 $V_B=0$

在滑尺移动中，在一个节距内的任一 $V_B=0$、$\alpha=\theta$ 的点称为节距零点。若改变滑尺位置，$\alpha\neq\theta$，则在定尺上出现的感应电势为

$$\begin{aligned} V_B &= KV_m\sin\omega t\sin(\alpha-\theta) \\ &= KV_m\sin\omega t\sin\Delta\theta \end{aligned}$$

令 $\alpha=\theta+\Delta\theta$，则当 $\Delta\theta$ 很小时，定尺上的感应电势可近似表示为

$$V_B = KV_m\sin\omega t\Delta\theta$$

又因 $\Delta\theta=(\pi/\tau)\Delta X$

所以 $$V_B = KV_m\sin\omega t(\pi/\tau)\Delta X \tag{4-16}$$

从式（4-16）可以看出，定尺感应电势 V_B 实际上是误差电势，当位移增量 ΔX 很小时，误差电势的幅值和 ΔX 成正比，因此可以通过测量 V_B 幅值来测定位移量 ΔX 的大小。

在鉴幅式工作方式中，每当改变一个 ΔX 的位移增量，就有误差电势 V_B，当 V_B 超过某一预先设定的门槛电平时，就产生脉冲信号，并用此修正励磁信号 V_S、V_K 使误差信号重新降低到门槛电平以下，这样就把位移量转化为数字量，实现了对位移的测量。

感应同步器的定尺和滑尺尺座分别安装在机床上两个相对移动的部件上（如床身和工作台），当工作台移动时，滑尺相对于定尺移动。滑尺和定尺要用防护罩罩住，以防止铁屑、油污和切割液等东西落到器件上，从而影响正常工作。由于感应同步器的检测精度比较高，故对安装有一定的要求，如在安装时要保证定尺安装面与机床导轨面的平行度要求，如这两个面不平行，将引起定、滑尺之间的间隙变化，从而影响检测灵敏度和检测精度。

在感应同步器的应用过程中，直线式感应同步器常常会遇到有关接长的问题。例如，当感应同步器用于检测机床工作台的位移时，一般地，由于行程较长，一块感应同步器常常难以满足检测长度的要求，需要将两块或多块感应同步器的定尺拼接起来，扩大测量范围，即感应同步器接长。全部定尺接好后，采用激光干涉仪或量块加千分表进行全长误差测量，对超差处进行重新调整，使得总长度上的累积误差不大于单块定尺的最大偏差。

4.4　磁栅

磁栅（磁尺）是一种利用电磁特性和录磁原理对位移进行检测的装置。它一般由磁性标尺、拾磁磁头以及检测电路 3 部分组成，其结构如图 4-13 所示。在磁性标尺上，有用录磁磁头录制的具有一定波长的方波或正弦波信号，作为检测基准。检测时，拾磁磁头读取磁性标尺上的方波或正弦波电磁信号，并将其转化为电信号，将此电信号再输送到检测电路中，把磁头相对于磁性标尺的位移量用数字显示出来，并传输给数控系统，实现对位移的检测。磁栅具有精度高、复制简单以及安装调整方便等优点，而且在油污、灰尘较多的工作环境使用时，仍具有较高的稳定性。

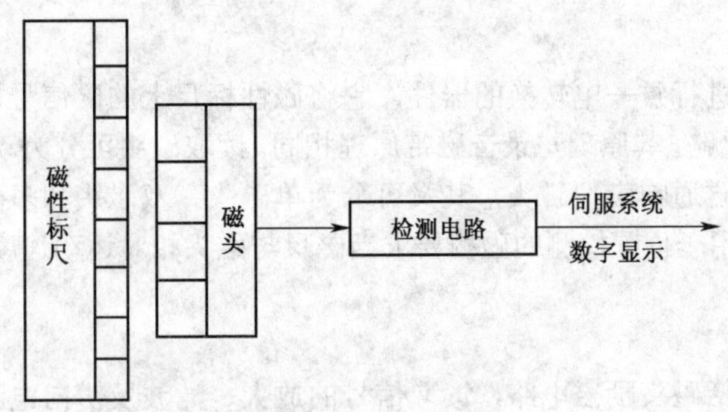

图 4-13　磁栅结构示意图

4.4.1　磁栅的组成部分

1．*磁性标尺*

磁性标尺（简称磁尺）可分为两部分，即磁性标尺基体和磁性膜。磁性标尺的基体由玻璃、铜、铝或其他合金材料制成。磁性膜是化学涂敷、化学沉积或电镀在磁性标尺基体上的一层厚 10～30μm 的磁性材料，通常所使用的磁性材料不易受到外界温度、电磁场的干扰。该磁性材料均匀分布在磁性标尺的基体上，且成膜状，故称磁性膜。磁性膜上有用录磁方法录制的波长为 λ 的磁波。对于长磁性标尺来说，其磁性膜上的磁波波长一般取 0.005、0.01、0.20、1mm 等几种；对于圆磁性标尺，为了等分圆周，录制的磁波波长不一定是整数值。

为防止磁头对磁性膜的磨损，一般在磁性膜上均匀地涂上一层厚 1～2μm 的耐磨塑料保护层，以提高磁性标尺的寿命。

按磁性标尺基体的形状的不同，磁栅可分为实体式磁栅、带状磁栅、线状磁栅和回转形磁栅。前 3 种磁栅用于直线位移测量，后一种用于角位移测量。各种磁尺结构形状如图 4-14 所示。

实体式栅尺主要用于精度要求较高的场合，由于其制造长度有限，因此目前应用较少。

带状磁尺可以做得较长，一般是 1m 以上，主要应用量程较大、安装面不易安排的场合。

线状磁栅有抗干扰能力强、输出信号大、精度高等特点，但不易做得很长，主要用于小型精密机床或结构紧凑的测量机中。

回转式磁栅是一种盘形或鼓形磁栅，磁头和带状磁尺的磁头相同，主要用于角位移的测量。

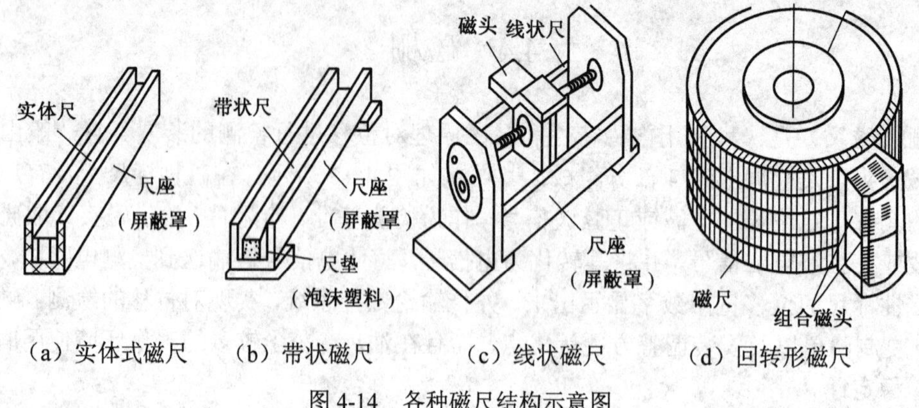

（a）实体式磁尺（b）带状磁尺（c）线状磁尺（d）回转形磁尺

图 4-14　各种磁尺结构示意图

2. 拾磁磁头

拾磁磁头是一种进行磁—电转换的器件，它将磁性标尺上的磁信号检测出来，并转换成电信号，输送给检测电路，其原理与录音磁带原理相同。读取磁头可分为动态磁头和静态磁头。

静态磁头又称为磁通响应型磁头，其又可分为单磁头、双磁头和多磁头。数控机床上只能采用静态磁头，因用于位置检测的磁栅要求当磁尺与磁头相对运动速度很低或处于静止时，亦能测量位移或位置。

3. 检测电路

磁栅检测电路包括磁头励磁电路，读取信号的放大、滤波及辨向电路，细分内插电路，显示及控制电路等。

4.4.2 磁栅的工作原理

如图 4-15 所示为单磁头结构，磁头有两组绕组：一组为拾磁绕组，一组为励磁绕组。在励磁绕组中加一高频交变励磁信号，则在铁芯上产生周期性正反向饱和磁化，使磁芯的可饱和部分在每周期内两次被电流产生的磁场饱和。当磁头靠近磁尺时，磁尺上的磁通在磁头气隙处进入铁芯，并流过拾磁绕组的磁芯而产生感应电压输出

$$V=K\phi_m \sin(2\pi X/\lambda)\sin\omega t \tag{4-17}$$

式中，K 为耦合系数；ϕ_m 为磁通量的峰值；λ 为磁性标尺上的磁化信号节距；X 为磁头相对磁性标尺的位移量。

从上式可以看出，输出电压随磁头相对于磁栅的位移 X 的变化而变化。一般选用磁尺的某一 N 级作为位移零点（如图 4-15 中的 a 点），测出 V 过零的（磁头过 b 点时，V=0,）的次数，则可根据磁性标尺的磁信号的节距计算出位移量 X 的大小。

双磁头是为了识别磁栅的移动方向而设置的，如图 4-16 所示，两磁头按（$m=\pm1/\lambda$）配置。

由于单磁头读取磁性标尺上的磁化信号输出电压很小，而且对磁尺上磁化信号的节距和波形要求高，因此，可将多个磁头以一定的方式串联起来形成多间隙磁头，如图 4-17 所示。在放置时，这种磁头的铁芯平面与磁栅长度方向垂直，每个磁头以相同间距 $\lambda/2$ 放置。若将相邻两个磁头的输出绕组反相串接，则能把各磁头输出电压叠加。

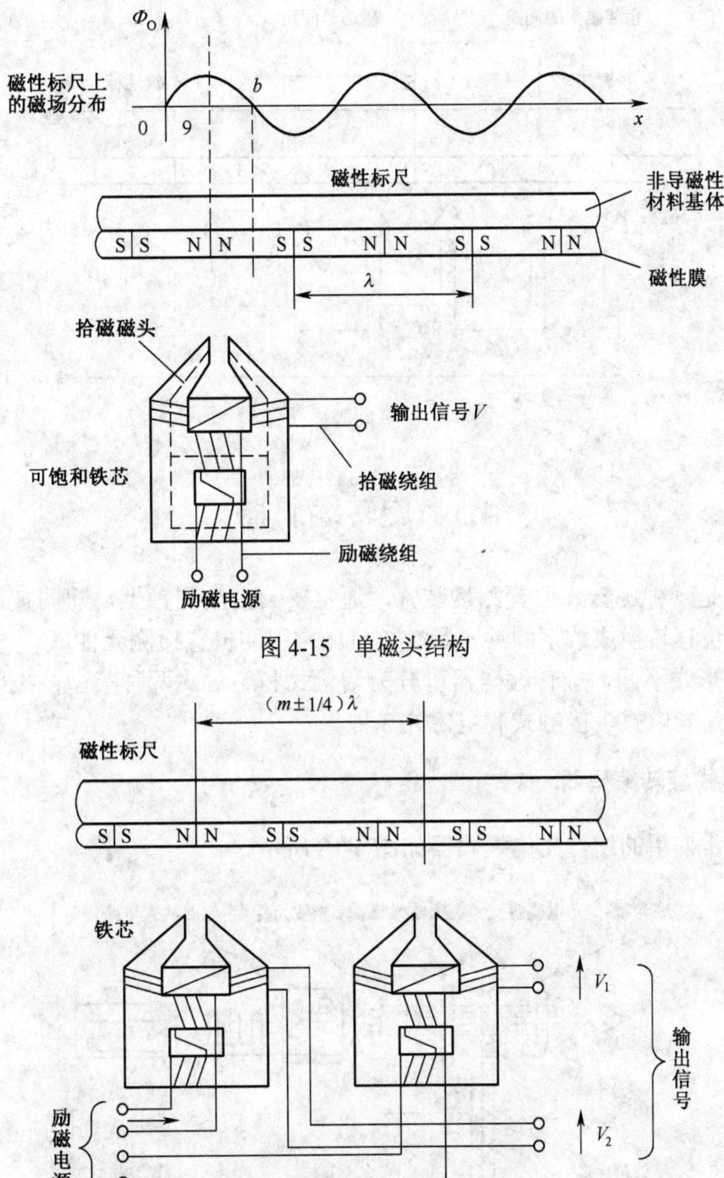

图 4-15　单磁头结构

图 4-16　双磁头结构

多磁头的特点是使输出电压幅值增大，同时使各铁芯间误差平均化，因此精度较单磁头高。

根据检测方法的不同，也可分为鉴相测量和鉴幅测量，其中，鉴相测量应用较为广泛。

相位检测以双磁头为例（参见图 4-16），给两磁头通以频率相同、相位相差 90° 的励磁电压，则在两个磁头的拾磁绕组中分别输出感应电压 V_1 和 V_2，将两输出信号求和后可得到

$$V = K\phi_{\mathrm{m}} \sin(\omega t + 2\pi X/\lambda) \tag{4-18}$$

由上式可知，磁栅相位检测系统的磁头输出信号与感应同步器在鉴相式工作方式下的输出信号是相似的。所以，它们的检测电路也基本相似。

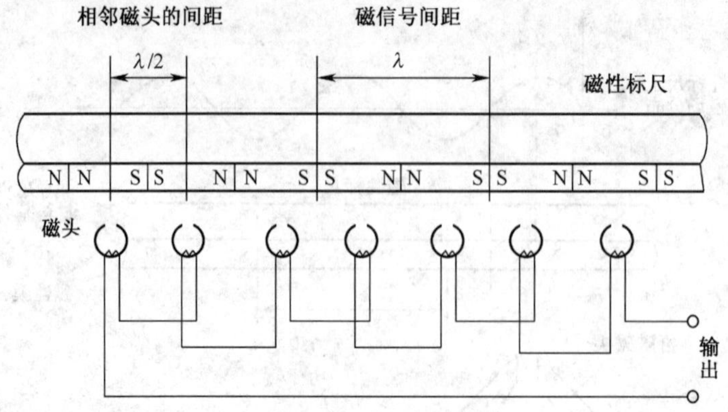

图 4-17　多间隙磁头结构

4.5　旋转编码器

旋转编码器是一种旋转式位置测量装置，通常安装在被测轴上，随同被测轴一起转动，可将被测轴的角位移转换成数字脉冲，是数控机床常用的位置检测元件。

按输出信号形式不同，旋转编码器可分为增量式和绝对式两种类型；按码盘的读取方法不同，其又可分为光电式、接触式和电磁式 3 种。

4.5.1　增量式旋转编码器

数控机床上常使用的增量光电编码器如图 4-18 所示。

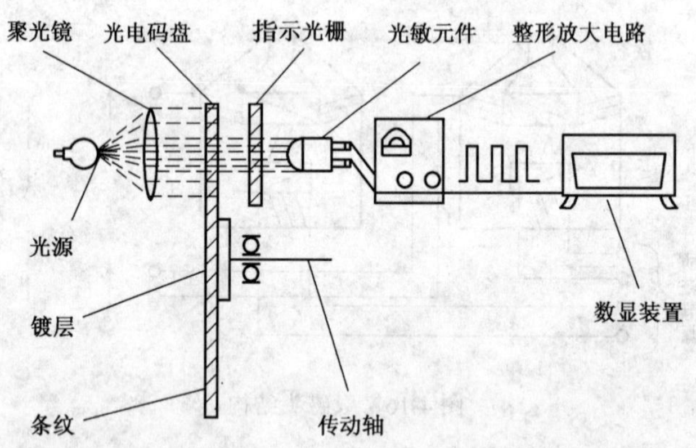

图 4-18　增量光电编码器工作原理示意图

光电编码器由光源、聚光镜、光电码盘、指示光栅、光敏元件及信号处理电路组成。其中，光电码盘是在一块具有一定直径的圆盘上用真空镀膜的方法镀上一层不透光的金属薄膜，再涂上一层均匀的感光材料。然后用照像腐蚀工艺制成沿圆周等距的透光和不透光相间的辐射状窄条纹，一个相邻的透光与不透光窄条纹构成一个节距 P。

当光电码盘随被测轴一起旋转时，每转过一个条纹就发生一次光线的明暗变化，使光敏元件的电阻值发生改变，这样就把光线的明暗变化转变成电信号的强弱变化，再经放大、整形等处理后得到脉冲（方波）信号输出，脉冲的个数就等于光电码盘转过的条纹数。若将脉冲信号送到计数器中计数，则计数器显示的计数值就反映了光电码盘所转过的角度。

因为用读数方法测得的角度值都是相对于上一次读数的增量值，所以是一种增量式角位移检测装置。

光电编码器的测量精度取决于它所能分辨的最小角度，而这与光电码盘圆周上的条纹数有关，即分辨角

$$\alpha=360^{\circ}/\text{条纹数} \tag{4-19}$$

由式（4-19）可知，若条纹数为 1024，则分辨角 $\alpha=360^{\circ}/1024=0.352^{\circ}$。

在实际应用中，为了判别码盘的旋转方向，可在光电码盘一侧再装上指示光栅，将其固定在底座上，与光电码盘的条纹平行放置，两者间保持很小的间距。指示光栅上有两组条纹 A 和 B，每组条纹间的节距 P 均与光电码盘相同，而 A 组与 B 组的条纹彼此错开 1/4 节距。当光电码盘旋转时，光线透过 A、B 两组条纹部分形成明暗相间的条纹，被相应的光敏元件接收，产生两组近似于正弦波的电流信号 A 与 B，两者的相位差为 90°，经放大和整形后变成方波，如图 4-19 所示。当光电码盘正转时，信号 A 超前于信号 B 90°，当光电码盘反转时，信号 B 超前于信号 A 90°，数控系统正是利用这一相位关系来判断旋转方向的。

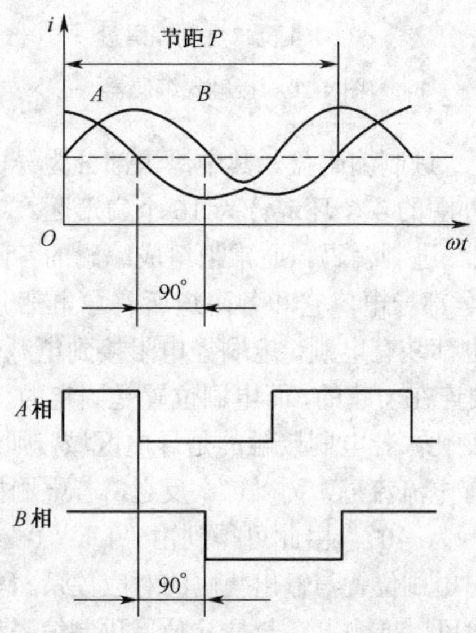

图 4-19　增量光电编码器的输出波形

在数控系统中，常对上述信号进行倍频处理，以进一步提高分辨率。例如，配置 2000 脉冲/r 光电编码器的伺服电动机直接驱动 8mm 螺距的滚珠丝杠，经数控系统 4 倍频处理后，相当于 8000 脉冲/r 的角度分辨率，对应工作台的直线分辨率由处理前的 0.004mm 提高到 0.001mm。

此外，在光电码盘的里圈还有一条透光条纹 C，每转只产生一个脉冲信号，称为一转信号或零位脉冲信号。它是用来产生机床的基准点的。通常，数控机床的机械原点与各轴的旋转编码器 C 相输出信号的位置是一致的。

4.5.2 绝对式旋转编码器

绝对式旋转编码器可直接将被测转角用数字代码表示出来，每一个角度位置均有对应的测量代码，没有累积误差，因此这种测量方式即使断电也能读出被测轴的角度位置，即具有断电记忆功能。

1. 接触式编码器

图 4-20（a）所示为接触式编码器示意图。

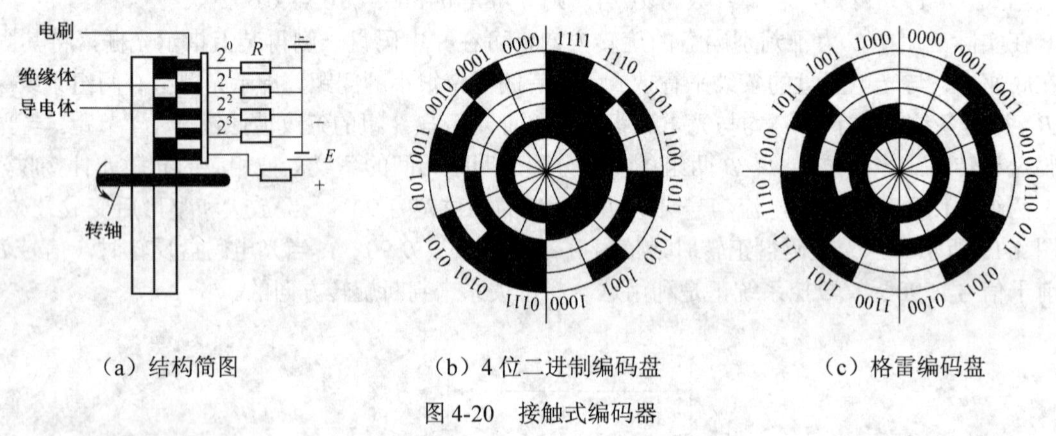

（a）结构简图　　（b）4 位二进制编码盘　　（c）格雷编码盘

图 4-20　接触式编码器

图 4-20（b）所示为 4 位二进制编码盘。其中涂黑部分为导电区，空白部分为绝缘区。编码盘上共有 5 个同心环道，外圈的 4 个环道分为 16 个扇形区。这样，在每一个径向上，由导电为“1”、绝缘为“0”组成二进制编码。通常把组成编码的各圈称为码道。

最里一圈是公用环道，全部导电，它和各码道所有导电部分连在一起，经电刷和电阻接电源正极，其余 4 个码道上也都装有电刷，电刷经电阻接到电源负极。电刷布置如图 4-20（a）所示。由于码盘是与被测转轴连在一起的，而电刷位置是固定的，当码盘随被测轴一起转动时，电刷和码盘的位置发生相对变化，若电刷接触的是导电区域，则经电刷、码盘、电阻和电源形成回路，该回路中的电阻上有电流流过，为“1”；反之，若电刷接触的是绝缘区域，则不能形成回路，电阻上无电流流过，为“0”。由此可得到由“1”、“0”组成的 4 位二进制编码。

通过图 4-20（b）可以看出电刷位置与输出代码的对应关系。码道的圈数就是二进制的位数，且高位在内，低位在外。由此可以推测出，若是 n 位二进制编码盘，就有 n 圈码道，且圆周均分为 2^n 等份，即共有 $2n$ 个数据来分别表示其不同位数，所能分辨的最小角度（分辨率）为：

$$\alpha=360^\circ/2^n \tag{4-20}$$

由式（4-20）可知，4 位二进制编码能分辨的最小角度（分辨率）为 22.5°。显然，码道 n 越大，所能分辨的角度越小，测量精度就越高。目前，编码盘的码道可做成 18 条，能分辨的最小角度 $\alpha\approx 0.0014^\circ$。

二进制编码盘具有直观、简单的优点，但对编码盘的制作和电刷的安装要求十分严格，否则就会出错。例如 0000 位置，若编码盘按逆时针方向转动，正常时输出应由码数 0000 转换到 1111；但如果最里侧码道上的电刷在安装时稍向逆时针方向偏移，则当编码盘随轴做逆时针方向旋转时，该码道上的电刷接触导电部分早了一些，因而先给出数码 1000，由图 4-20（b）

可知，由此而产生约 180° 的误差，这是绝对不允许的，应避免发生。为了消除这种错误，常采用格雷编码盘代替二进制编码盘，如图 4-20（c）所示。格雷编码盘的特点是相邻的两个数码间只有一位是变化的，它能有效地避免由于制作和安装误差而造成的错误。即使制作和安装不十分精确，产生的误差最多也只是最低位的一位数。

2. 光电式编码器

光电式编码器是目前使用最广泛的角位移检测装置，编码盘采用绝对值编码，如图 4-21 所示。

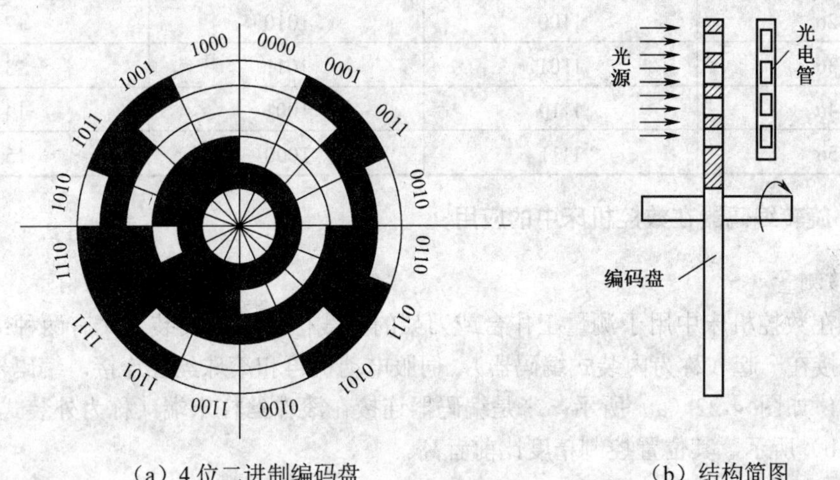

（a）4 位二进制编码盘　　（b）结构简图

图 4-21　光电式编码器

光电式编码盘与接触式码盘结构相似，只是其中的黑白区域不表示导电区和绝缘区，而是表示透光区或不透光区。黑色区域指不透光区，用“0”表示；白色区域指透光区，用“1”表示。在码盘的一侧安装电源，另一侧安装一排沿径向排列的光电元件，每一个光电元件对准一条码道。当光源照射编码盘时，如果是透明区则光线被光电元件接收，并转变成电信号，输出信号为“1”；如果是不透光区，光电元件接收不到光线，输出信号为“0”，由此组成 n 位二进制编码，图 4-21（a）所示为 4 位二进制编码盘，图 4-21（b）所示为二进制编码盘结构简图。当编码盘随被测轴旋转时，光电元件输出的信息就代表了被测轴的对应位置，即绝对位置。

光电式编码器现在多采用格雷编码盘，格雷编码盘数码如表 4-1 所示。

表 4-1　格雷编码盘数码

角度	二进制数码	格雷码	对应十进制数
0	0000	0000	0
α	0001	0001	1
2α	0010	0011	2
3α	0011	0010	3
4α	0100	0110	4
5α	0101	0111	5
6α	0110	0101	6

续表

角度	二进制数码	格雷码	对应十进制数
7α	0111	0100	7
8α	1000	1100	8
9α	1001	1101	9
10α	1010	1111	10
11α	1011	1110	11
12α	1100	1010	12
13α	1101	1011	13
14α	1110	1001	14
15α	1111	1000	15

4.5.3 旋转编码器在数控机床中的应用

1. 位移测量

编码器在数控机床中用于测量工作台或刀架的直线位移，其安装方式有两种：一是和伺服电动轴连接在一起（称为内装式编码器），伺服电动机再和滚珠丝杠连接，编码器在进给转动链的前端，如图 4-22（a）所示；二是编码器连接在滚珠丝杠末端（称为外装式编码器），如图 4-22（b）所示，其位置控制精度比前者高。

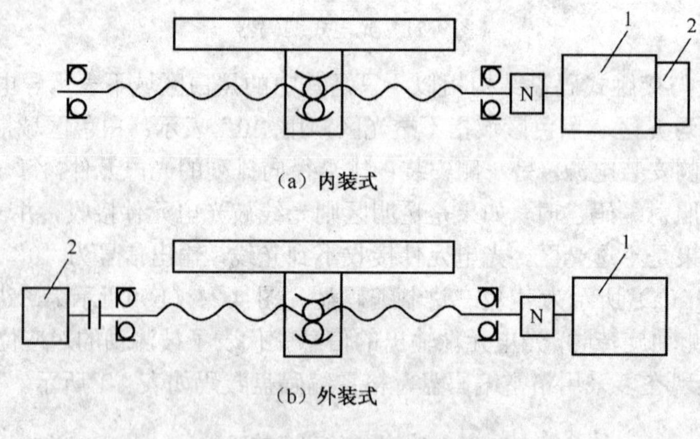

1—伺服电动机；2—旋转编码器

图 4-22 旋转编码器的安装方式

由于增量式光电编码器每转过一个分辨角就发出一个脉冲信号，因此根据脉冲的数量、传动比及滚珠丝杠螺距即可得出移动部件的直线位移量。若带光电编码器的伺服电动机与滚珠丝杠直连（传动比为 1:1），光电编码器为 1024 脉冲/r，丝杠螺距为 8mm，在数控系统伺服中断时间内计脉冲数为 1024，则在该时间段里，工作台移动的距离为

$$1/1024\ (\text{r/脉冲}) \times 8\ (\text{mm/r}) \times 1024\ \text{脉冲} = 8\text{mm}$$

在数控回转工作台中，通过在回转轴末端安装旋转编码器，可直接测量回转工作台的角位移。

2. 主轴控制

如图 4-23 所示，在车床主轴中采用旋转编码器，该轴则成为具有位置控制功能的主轴控制系统，简称“*C*”轴控制或“*C*”轴插补功能。

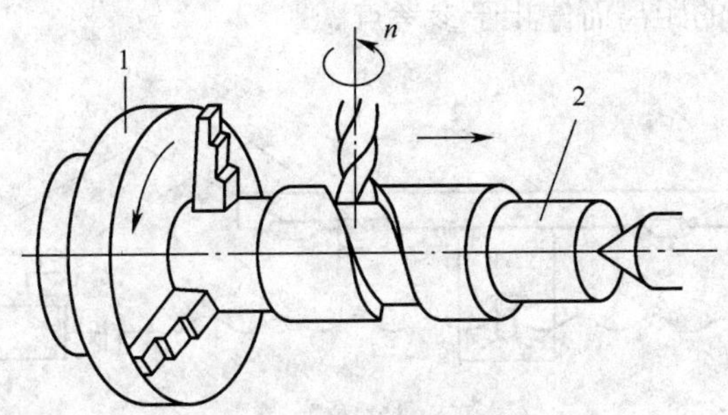

1—数控回转卡盘；2—工件

图 4-23　数控回转工作台（卡盘）

其主要作用有：主轴旋转与坐标轴进给的同步控制，安装在主轴上的旋转编码器在机床切削螺纹时，主要解决以下两个问题：

（1）通过对旋转编码器输出脉冲的计数，保证主轴每转一周，刀具准确地移动一个螺距（导程），以保证螺距精度。

（2）因一般螺纹加工需要经过几次切削才能完成，每次重复切削开始进刀的位置必须相同，因此，数控系统在接收到旋转编码器中的一转脉冲（零标志脉冲）后才开始进行螺纹切削的计算，用以实现上述螺纹加工的工艺要求，保证重复切削不乱扣。

3. 主轴定向准停

加工中心换刀时，为了使机械手对准刀柄，主轴必须停在固定的径向位置。在固定切削循环中，如精镗孔，要求刀具必须停在某一径向位置才能退出，以避免撞伤已加工孔。

4. 恒线速切削控制

车床和磨床进行端面或锥形面切削时，为了保证加工表面粗糙度 Ra 是一定值，要求刀具与工件接触点的线速度为恒值。随着刀具的径向进给及切削速度的逐渐减小或增大，应不断提高或降低主轴转速，保持 $v=2\pi D_n$ 为常值，其中 v 是切削线速度；D 为工件的切削直径，随刀具进给不断变化；n 为主轴转速。D 由坐标轴的位移检测装置（如旋转编码器）检测获得。上述数据经软件处理后即得主轴转速 n，转换成速度控制信号后至主轴驱动装置。

5. 测速

旋转编码器输出脉冲的频率与其转速成正比，因此，它可代替测速发电机的模拟测速而成为数字测速装置。当利用编码器的脉冲信号进行速度反馈时，若伺服驱动装置为模拟式的，则脉冲信号需要经过频率－电压转换器转换成正比于频率的电压信号；若伺服驱动装置为数字式的，可直接进行数字测速反馈。

6. 回参考点控制

当数控机床采用增量式的位置检测装置时，数控机床在接通电源后要做回参考点的操作。这是因为机床断电后，系统就失去了对各坐标轴位置的记忆，所以在接通电源后，必须让各坐标轴回到机床某一固定点上，这一固定点就是机床坐标系的原点或零点，也称机床参考点。使机床回到这一固定点的操作称为回参考点或回零操作。参考点的位置是否正确与检测装置中的零标志脉冲有相当大的关系。

如图 4-24 所示，在回参考点时，数控机床坐标轴先以较快的 v_1 向参考点方向运动，当碰到减速挡块后，坐标轴再以较慢的速度 v_2 趋近，当编码器产生零标志信号（一转脉冲信号）后，坐标轴再移动一设定的距离而停止于参考点。

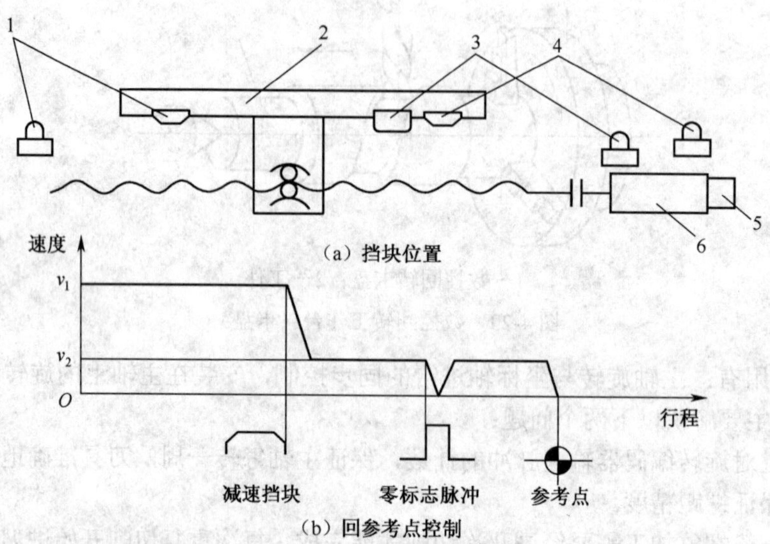

1—左限位挡块及行程开关；2—工作台；3—减速挡块及行程开关；
4—右限位挡块及行程开关；5—编码器；6—伺服电动机

图 4-24　回参考点方式

本章小结

本章主要介绍了检测装置的概念、检测装置的分类和基本要求，分析了常用检测元件的工作原理及其结构。对于位置精度要求较高的闭环伺服系统，常采用一个或多个位置检测装置测出运动部件的实际位置，并将实际位置输入计算机与预先设定的理想位置相比较，得到一个差值，根据差值，计算机向伺服系统发出相应的控制指令，伺服电动机带动运动部件向理想位置趋近，直到差值为零时，运动部件停止动作。因此，检测装置是闭环伺服系统的重要组成部分。数控机床常用的检测装置有光栅、旋转变压器、感应同步器、旋转编码器、磁栅等。

光栅是一种通过光电转换、高精度的直线位移检测装置。通过对莫尔条纹的测量得到移动部件的位移、方向等信息。

旋转变压器和感应同步器为电磁式测量装置，分别用于角位移和直线位移的测量。

旋转编码器是一种旋转式位置测量装置，通常安装在被测轴上，随同被除测轴一起转动，可将被测轴的角位移转换成数字脉冲，是数控机床常用的位置检测元件。

磁栅为磁电式测量装置，通过磁性标尺和拾磁磁头可以获得相位工作方式，用于直线位移或角位移的测量。

思考题与习题

1．在高精度的数控机床上，计量光栅可起什么作用？

2．位置检测装置在数控机床控制中起什么作用？

3．莫尔条纹的作用是什么？

4．编码器为什么要采用循环码？

5．在编码器测量中，如果实现辨向的电路中有一个光电元件损坏，将会出现什么现象？

6．光栅由哪些部件组成？

7．在光栅测量中，若指示光栅相对于标尺光栅逆时针偏转一个角度，当标尺光栅左右移动时，产生的莫尔条纹将如何移动？

8．旋转变压器可分别安装在数控机床的哪些部位？它们的工作方式有几种？

9．感应同步器判别相位工作方式和幅值工作方式的依据是什么？

10．在磁栅检测装置中，被测位移量与感应电压的关系是怎样的？方向判别是怎样实现的？

第 5 章　数控机床的伺服系统

本章学习目标

本章主要讲解数控机床进给伺服系统的基本概念、组成和分类以及开环控制、幅值、相位、脉冲比较和全数字伺服系统的控制方式。通过本章学习，读者应掌握以下内容：

- 了解位置控制系统的概况、基本要求、特点和系统组成
- 掌握开环、半闭环、全闭环系统各功能组件的作用
- 步进电动机环形分配器的基本原理及其硬、软件的实现方法
- 掌握交流伺服、步进电动机不同类型的驱动电路及其优缺点

5.1　伺服系统的基本概念

伺服系统亦称随动系统，是一种能够跟踪输入的指令信号进行动作，从而获得精确的位置、速度或力输出的自动控制系统。它是指以机械位置或角度作为控制对象的自动控制系统。数控机床的进给伺服系统是以机床移动部件的位置和速度为控制量，接收来自插补装置或插补软件生成的进给脉冲指令，经过一定的信号变换及电压、功率放大、检测反馈，再驱动各加工坐标轴按指令脉冲运动。这些轴有的带动工作台，有的带动刀架，通过各个坐标轴的综合联动，使刀具相对于工件产生各种复杂的机械运动，加工出所要求的复杂形状工件。

数控机床的进给伺服系统是数控装置和机床运动部件的联系环节，是数控机床的重要组成部分。它涵盖了机械、电子、电机（早期产品还包括液压）等各种部件，并涉及强电与弱电控制，是一个比较复杂的控制系统。要使它成为一个既能使各部件互相配合协调工作，又能满足相当高的技术性能指标的控制系统，的确是一个相当复杂的任务。其性能很大程度上决定了数控机床的性能，因此研究与开发性能优良的进给伺服系统是现代数控机床的关键技术之一。

5.1.1　伺服系统的组成

从自动控制理论的角度来分析，无论多么复杂的伺服系统，都是由一些功能组件组成的，如图 5-1 所示，各功能组件的作用如下：

（1）比较组件。是将输入的指令信号与系统的反馈信号进行比较，以获得控制系统动作的偏差信号的环节，通常可通过电子电路或计算机软件来实现。

（2）调节组件。又称控制器，是伺服系统的一个重要组成部分，其作用是对比较组件输出的偏差信号进行变换、放大，以控制执行组件按要求动作。调节组件的质量对伺服系统的性能有着重要的影响，其功能一般由软件算法加硬件电路实现，或单独由硬件电路实现。

（3）执行组件。其作用是在控制信号的作用下，将输入的各种形式的能量转换成机械能，

驱动被控对象工作，数控机床中伺服电动机是常用的执行组件。

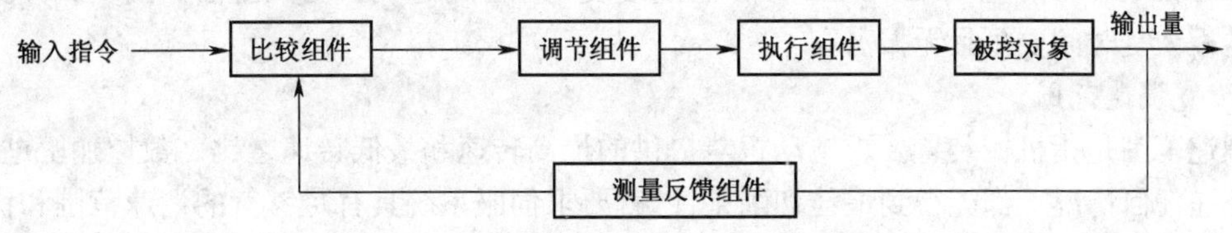

图 5-1　伺服系统的基本结构方框

（4）被控对象。被控对象是伺服系统中被控制的设备或装置，是直接实现目的功能的主体，其行为质量反映着整个伺服系统的性能，数控机床中被控对象主要是机械装置，包括传动机构和执行机构。

（5）测量反馈组件。测量反馈组件是指传感器及其信号检测装置，用于实时检测被控对象的输出量并将其反馈到比较组件。

5.1.2　对进给伺服系统的基本要求

进给伺服系统的高性能在很大程度上决定了数控机床的高效率、高精度。因此，数控机床对进给伺服系统的位置控制、速度控制、伺服电动机、机械传动等方面都有很高的要求。

1. 高精度

为了满足数控加工精度的要求，关键是保证数控机床的定位精度和位移精度。

（1）位移精度。进给伺服系统的位移精度是指指令脉冲要求机床进给的位移量和该指令脉冲经伺服系统转化为工作台实际位移量之间的符合程度。两者误差越小，伺服系统的位移精度越高。目前，数控机床伺服系统的位移精度可以达到在全程范围内±5μm，一般数控机床的脉冲当量为 0.01～0.005mm/脉冲，高精度的数控机床其脉冲当量可达 0.001mm/脉冲，甚至更高。

（2）定位精度。进给伺服系统的定位精度是指输出量能复现输入量的精确程度。进给伺服系统的定位精度一般要求能达到 1μm，甚至 0.1μm。

精度是对伺服系统的一项重要的性能要求，影响伺服系统精度的因素很多，如系统组成组件本身的误差、系统本身的结构形式以及输入指令信号的形式等，人们主观上总是希望伺服系统在任何情况下运行时，其输出量的误差都为零，但实际上是不可能的，只要保证系统的误差满足精度指标即可。

2. 稳定性

进给系统的稳定性是指当作用在系统上的扰动信号消失后，系统能够恢复到原来的稳定状态下运行，或者在输入的指令信号作用下，系统能够达到新的稳定状态的能力。稳定性是系统本身的一种特性，取决于系统的结构及组成组件的参数（如惯性、刚度、阻尼、增益等），与外界作用信号（包括指令信号和扰动信号）的性质或形式无关。对进给伺服系统要求有较强的抗干扰能力，保证进给速度均匀、平稳。稳定性直接影响数控加工的精度和表面粗糙度。

3. 快速响应无超调

快速响应性是衡量伺服系统动态性能的一项重要性能指标，它反映了系统的跟踪精度。为了保证轮廓切削精度和低的加工表面粗糙度，对进给伺服系统除要求有较高的定位精度外，还要求有良好的快速响应特性，即要求跟踪指令信号的响应要快。一方面，在伺服系统处于频繁起动、制动、加速、减速等动态过程中，要求加、减速度足够大，以缩短过渡过程时间，一般在 200ms 以内，甚至小于几十毫秒，且速度变化不应有超调；另一方面，当负载突变时，过渡过程恢复时间要短且无振荡。

4. 宽调速范围

调速范围是指机械装置要求电动机能提供的最高转速和最低转速之比。数控加工过程中，为保证在任何情况下都能得到最佳切削条件，就要求伺服系统具有足够宽的调速范围和优异的调速特性。经过机械传动后，电动机转速的变化范围即可转化为进给速度的变化范围。对一般数控机床而言，进给速度范围在 0～24m/min 时，即可满足加工要求。具体技术要求如下：

（1）在 1～24000mm/min 即 1:24000 调速范围内，要求均匀、稳定、无爬行，且速降小。

（2）在 1mm/min 以下时，具有一定的瞬时速度，但瞬时速度要低。

（3）在零速时，即工作台停止运动时，要求电动机有电磁转矩以维持定位精度，使定位误差不超过系统的允许范围，即电动机处于伺服锁定状态。

5. 低速大转矩

数控机床加工的特点是在低速时进行重切削。因此，要求进给伺服系统在低速时要有大的转矩输出，以满足切削加工的要求。

5.1.3 伺服系统的分类

1. 开环伺服系统

开环数控系统机床的伺服进给系统中没有位移检测反馈装置，其驱动元件主要是功率步进电机或液压脉冲马达。如图 5-2 所示，通常使用步进电机作为执行元件。数控装置发出的控制指令直接驱动装置控制步进电机的运转，然后通过机械传动系统转化成工作台的位移，这两种驱动元件的工作原理的实质是数字脉冲到角度位移的变换，它不用位置检测元件实现定位，而是靠驱动装置本身，转过的角度正比于指令脉冲的个数；运动速度由进给脉冲的频率决定。开环伺服系统的结构简单，易于控制，但精度差，低速不平稳，驱动力矩不大。开环控制系统由于没有位置检测、反馈及校正功能，位置控制精度一般不高。但其工作稳定、调试方便、价格便宜、使用维修方便，在我国广泛用于经济型数控机床或旧设备的数控改造中。

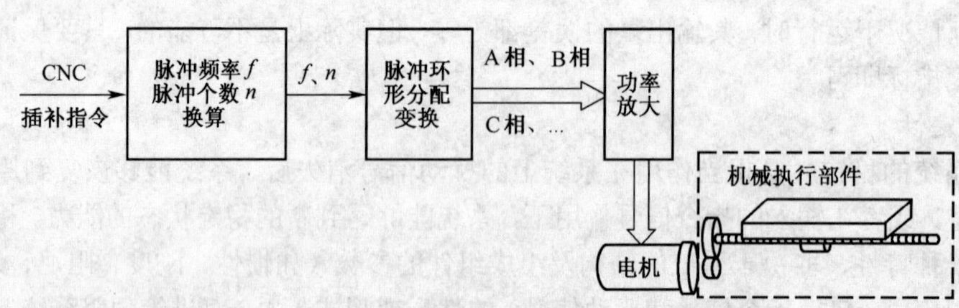

图 5-2 开环拉制系统的结构图

2. 半闭环数控系统

半闭环数控系统的位置采样点如图 5-3 所示，采用装在丝杠或伺服电机上的角位移测量元件间接地测量工作台的移动量，半闭环是将电机轴或丝杠的转动量与数控装置的命令相比较，而另一部分丝杠－螺母－工作台的移动量不受闭环控制，故称半闭环。

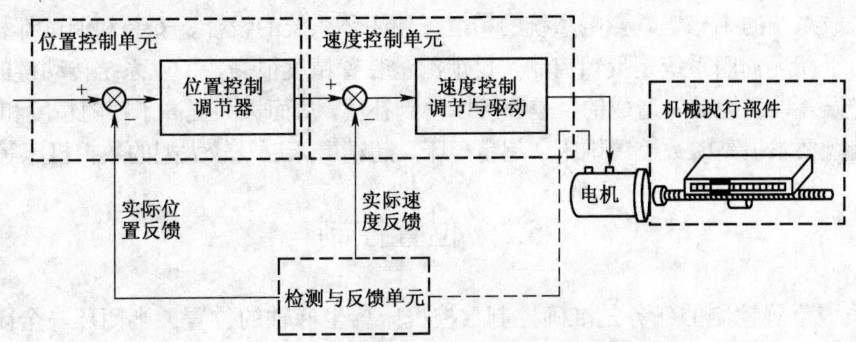

图 5-3　半闭环数控系统的结构图

位置检测元件不直接安装在进给坐标的最终运动部件上，而是中间经过机械传动部件的位置转换，称为间接测量。亦即坐标运动的传动链有一部分在位置闭环以外，在环外的传动误差没有得到系统的补偿，因而这种伺服系统的精度低于闭环系统。半闭环数控系统不包括或只包括少量机械传动环节，因此有稳定的控制性能。其稳定性虽不如开环系统，但比闭环要好，由于通过采样旋转角度而不是采样运动部件的实际位置进行测量，因此，丝杠的螺距误差和齿轮间隙引起的误差难以消除，为了获得满意的精度，可采用误差补偿的方法。半闭环系统精度低于闭环，但它结构简单、调试方便、稳定性好、角位移测量元件价廉，所以配备传动精度较高的齿轮、丝杠的半闭环系统在现代 CNC 机床中得到了广泛应用。

3. 全闭环数控系统

全闭环数控系统直接对运动部件的实际位置进行检测，采用的是直线位移测量元件。闭环数控系统的结构图如图 5-4 所示。

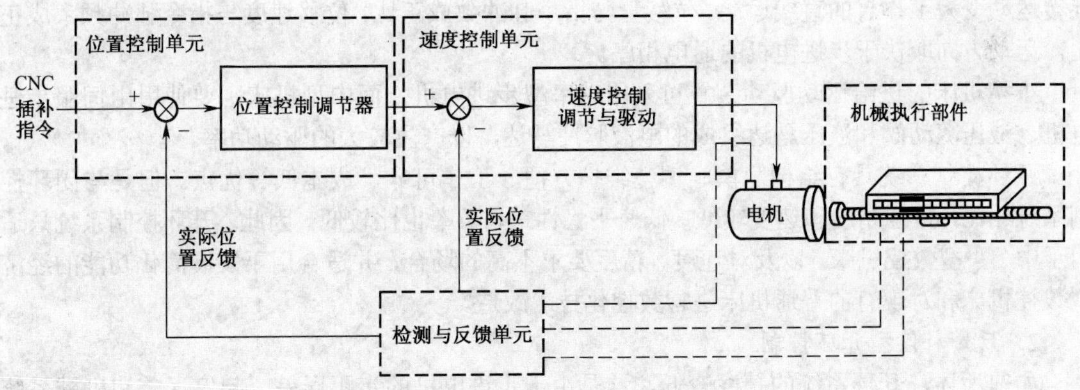

图 5-4　闭环数控系统的结构图

从理论上讲，全闭环系统可以消除整个驱动和传动环节的误差、间隙和失动量。闭环伺服系统是误差控制随动系统。数控机床进给系统的误差是 CNC 输出的位置指令和机床工作台（或刀架）实际位置的差值。闭环系统运动执行元件不能反映运动的位置，因此需要有位置检测装置。该装置测出实际位移量或实际所处的位置，并将测量值反馈给 CNC 装置，与指令进行比较，求得误差，依次构成闭环位置控制。闭环伺服系统的精度取决于测量元件的精度，具有很高的位置控制精度。但实际上位置环内的许多机械传动环节的摩擦特性、刚性和间隙都是非线性的，故很容易造成系统的不稳定，影响系统的精度，使闭环系统的设计、安装和调试都相当困难。这类系统由于闭环伺服系统是反馈控制，反馈测量装置精度很高，所以系统传动链的误差、环内各元件的误差以及运动中造成的误差都可以得到补偿，从而大大提高了跟随精度和定位精度，主要用于精度要求很高的数控镗铣床、超精车床、超精磨床以及较大型的数控机床等。

5.2 位置控制

数控系统位置控制的任务是准确控制数控机床各坐标轴的位置。半闭环与全闭环位置控制的基本原理是一样的，其控制是由数控系统中的位置环和速度环来完成的。

安装在工作台上的位置传感器（在半闭环系统中为安装在电动机轴上的角传感器）将机械位移转换为数字脉冲，该脉冲送至数控装置的位置测量接口，由计数器进行计数。计算机以固定的时间周期对该反馈值进行采样，该采样值与插补程序所输出的结果进行比较，得到位置误差。该误差经软件增益放大，输出给数模转换器（D/A），从而为伺服装置提供控制电压，驱动工作台向减小误差的方向移动。如果插补程序不断地有进给量产生，工作台就不断地跟随该进给量运动，只有在位置为零时，工作台才停止在要求的位置上。

下面分别对各种位置控制方法及系统进行较详细的说明。

1. 开环控制

开环位置控制系统可由步进电机或电液脉冲马达直接驱动滚珠丝杠螺母副所构成。它不要求位置检测与反馈控制，是一种最直接、最简单的位置控制。

步进电机是将电脉冲信号转换成角位移的变换驱动部件。例如，一个脉冲使电机转 1.5°，连续地按一定方式供给脉冲电流，它就可以一步一步地连续转动。由它传动滚珠丝杠，即可把旋转运动变为工作台的直线运动。位移量与指令脉冲数成正比，位移速度与指令脉冲频率成正比，运动方向取决于步进电机的通电相序。

小型机床的进给运动驱动装置可采用功率型步进电机，而中型机床则要使用由伺服步进电机、液压随动阀和液压马达组成的电液脉冲马达，以产生较大的驱动功率。

开环控制系统具有结构简单、调整维护方便、工作可靠、成本低等优点。但是与闭环控制系统相比，定位精度和速度较低、低速平稳性差，效率也比较低。因此，开环控制系统只适用于中、小型数控机床，以及对速度、精度要求不高的场合，并适合用于发展简化功能的经济型数控机床和对现有的普通机床进行数控化技术改造。

2. 反馈补偿型开环控制

如前所述，开环系统的精度较低，这是由于步进电机的步距误差、起停误差和机械系统的误差（反向间隙、丝杠螺距误差等）都直接反映到定位精度中，若不加以补偿，这个误差累积起来是很大的，会直接影响到使用。这里主要从反馈控制原理上介绍构成开环补偿型位置控制的系统结构和基本原理如图 5-5 所示。该系统由开环控制和感应同步器直接位置测量两个部分组成。这里的位置检测不用作位置的全反馈，而是作为位置误差的补偿反馈。它的基本工作原理是：由 CNC 发出的指令脉冲，一方面供给开环系统，控制步进电机按指令运转，并直接驱动机床工作台移动，构成开环控制；另一方面该指令脉冲又供给感应同步器的测量系统（即数字式正、余弦发生器，DSCG），作为位置给定（即 $\alpha_{电}$），工作在鉴幅方式的感应同步器，此时既是位置检测器，又是比较器，它把由 DSCG 给定的滑尺激磁信号（$\alpha_{电}$）与由步进电机驱动的定尺移动位置（$\alpha_{机}$）及时进行比较，由于两者的指令是同一个，假定开环控制部分没有误差，则$\alpha_{机}=\alpha_{电}$，定尺输出的误差信号 e=0，即不需要补偿，系统的工作状况与通常的开环系统没有什么区别。但是，实际上开环控制部分不是没有误差的，所有上述的种种因素造成的位置误差都直接反映到指令位置与实际移动位置之间的差别上，也精确地反映到感应同步器的激磁位置（$\alpha_{电}$）与实际位置（$\alpha_{机}$）之间的差别上，因此定尺误差信号 e≠0。该误差信号经过一定的处理线路后，再由电压/频率变换器产生变频脉冲，把它与指令脉冲相加减，从而对开环控制达到位置误差补偿的目的。可见，这种系统具有开环与闭环两者的主要优点，即具有开环的稳定性和闭环的精确性，不会因为机床的谐振频率、爬行、死区、失动等因素而引起系统振荡。此外还由于机械系统的误差量反馈比全位置量反馈要小得多，因而该系统的放大倍数比闭环系统要小，这也有利于稳定，但定位精度却被提高到尺子的精度水平。反馈补偿型开环控制不需要间隙补偿和螺距补偿。缺点是费用增加了。它比较适合于中型高精度数控机床应用。

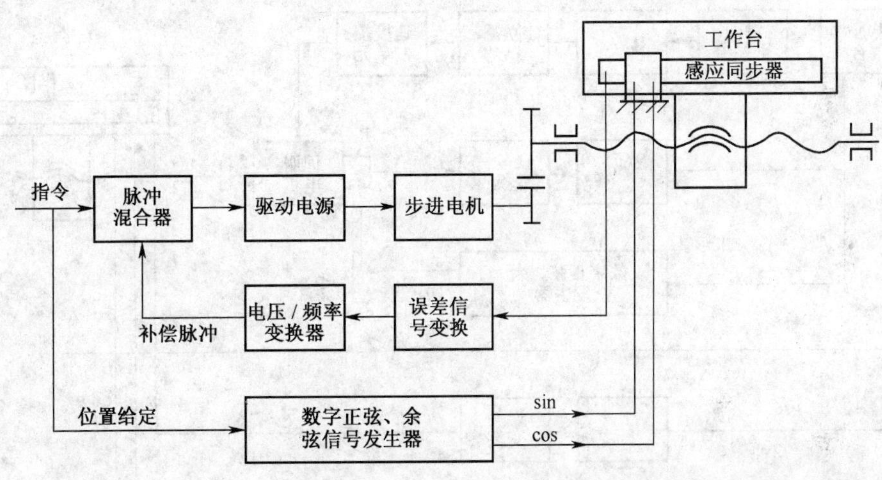

图 5-5　反馈补偿型开环控制的原理结构图

3. 半闭环控制

采用旋转型角度测量元件（脉冲码盘编码器、旋转变压器等）和伺服电机按照反馈控制原理构成的位置伺服系统，称为半闭环位置伺服系统，这种控制方式称为半闭环控制，如图 5-6 所示。半闭环控制只通过电机轴端（位置检测元件安装在电机轴端）反馈信号，机床的传动丝杠和工作台等不包括在环内，所以机械误差没有因反馈而获得改善，其位置控制精度与开环控制相当。

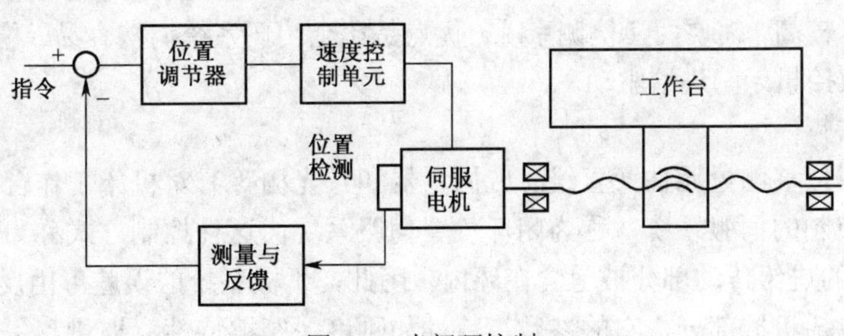

图 5-6　半闭环控制

半闭环系统也有将位置检测元件安装到丝杠端的，这样做，虽然对精度有所改善，但增加了机床厂的设计、安装和调试工作量，不如和电机做成一体的应用广泛。后者可以保证安装精度，驱动部件在出厂之前与速度控制单元及CNC的位置控制部分联调，一切正常后提供给主机厂再与机床联调，此时伺服部分的调整量不大，用户使用方便。

半闭环控制的精度虽然与开环相当，但驱动功率大，快速响应好，因此适合各种数控机床应用。对半闭环控制系统的机械误差，可以在CNC中通过间隙补偿和螺距误差补偿使其大大减小，也可采用反馈补偿的方法解决。

4. 反馈补偿型的半闭环控制

图5-7所示是反馈补偿型半闭环控制的一种原理结构图。构成半闭环控制的检测元件是旋转变压器R，而直接位置检测的感应同步器I不构成位置全反馈，只作误差补偿量反馈。其补偿原理与开环补偿系统相同。由R和I组成的两套独立的测量系统均以鉴幅方式工作。

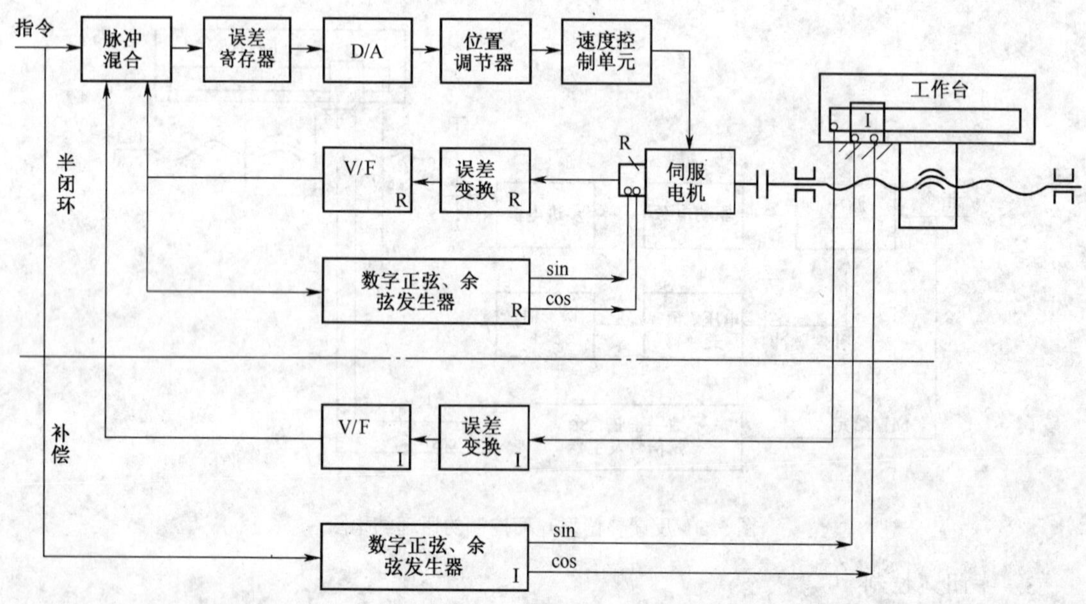

图5-7 反馈补偿型的半闭环控制原理

两者的区别在于，R测量系统的激磁信号sin、cos的$\alpha_{电}$是由它的反馈脉冲自动修改，故可以保证$\alpha_{电}$始终跟踪$\alpha_{机}$的变化，而I测量系统的激磁信号sin、cos的电角$\alpha_{电}$是由CNC给定的。感应同步器在不断地比较$\alpha_{机}$和$\alpha_{电}$，当发现$\alpha_{机}\neq\alpha_{电}$时，产生误差信号，经变换后产生补偿脉冲加到脉冲混合电路，对指令脉冲进行随机补偿，以提高整个系统的定位精度。该系统的缺点是成本较高、需要两套检测系统，优点是比全闭环系统调整容易、稳定性好，适合用作高精度大型数控机床的进给驱动。

5. 闭环控制

采用直线型位移测量元件（直线感应同步器和长光栅等）对机床工作台位移进行直接测量并进行反馈控制的伺服系统，称为闭环位置伺服系统，这种控制方式称为闭环控制。如图5-8所示，机床的进给传动部分被包含在环内。因此，机械系统的误差可由反馈得以消除。

由于环内包括机械部分，它的参数、特性如刚度、摩擦特性、惯量和失动等非线性特性对伺服系统的动态和静态特性会产生影响，对系统的稳定性会产生影响，给系统设计和调整带来一定的难度。设计时，必须对机电参数综合考虑，以求获得良好的系统特性。

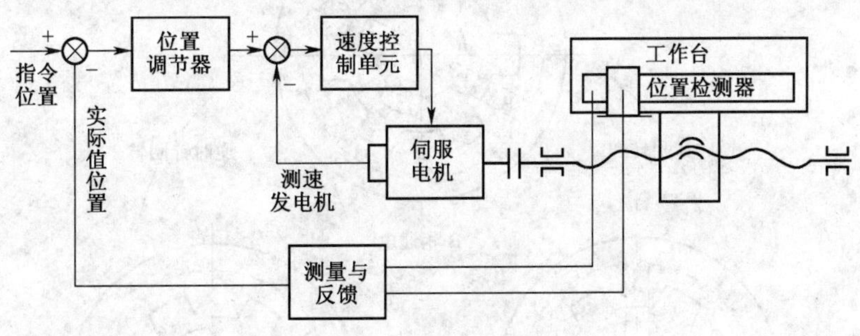

图 5-8　闭环控制

闭环控制可以获得较高的精度和速度，但费用高，适合于大、中型和精密数控机床应用。

5.2.1　开环位置控制系统

1．步进电机的工作原理

步进电机的工作原理和同步电机是相同的，现以常用的反应式步进电机为例加以说明。图 5-9 所示是反应式三相步进电机工作原理示意图。定子上有 6 个磁极，分成 A、B、C 三相，每个磁极上绕有激磁绕组，按串联（或并联）方式连接，使电流产生的磁场方向一致。转子无绕组，它是由带齿的铁芯做成的。当定子绕组按顺序轮流通电时，A、B 和 C 三对磁极就依次产生磁场，并每次对转子的某一对齿产生电磁转矩，使它一步步转动。每当转子某一对齿的中心线与定子磁极中心对齐时，磁阻最小，转矩为零，每次就在此时按一定方式切换定子绕组各相电流，使转子按一定方向一步步转动。步进电机每步转过的角度称为步距角。对三相步进电机，其控制方式可以是三相三拍或三相六拍。在图 5-9 中，设 A 相通电，则转子 1、3 两齿被磁极 A 产生的电磁转矩吸引过去，当 1、3 齿与 A 对齐时，转动停止；此时，B 相通电，A 相断电，磁极 B 又把距它最近的一对齿 2、4 吸引过去，使转子又按逆时针方向转过 30°；接着 C 相通电，B 相断电，转子又逆时针旋转 30°；依此类推，定子按 A→B→C→A……顺序通电，转子就一步步地按逆时针方向转动，每步转 30°。若改变通电顺序，按 A→C→B→A……使定子绕组通电，步进电机就按顺时针方向转动，同样每步转 30°。这种控制方式叫单三拍方式。由于每次只有一相绕组通电，在切换瞬间电机失去自锁转矩，容易失步。此外，只有一相绕组通电吸引转子，易在平衡位置附近产生振荡，故实际不采用单三拍控制方式，而是采用双三拍控制方式，即通电顺序按 AB→BC→CA→AB→……（逆时针方向）或按 AC→CB→BA→AC→……（顺时针方向）进行。由于双三拍控制每次有两相绕组通电，而且切换时总保持一相绕组通电，所以工作较稳定。如果通电顺序按 A→AB→B→BC→C→CA→A→……进行，则是三相六拍控制方式，每切换一次，步进电机按逆时针方向转过 15°。同样，若按 A→AC→C→CB→B→BA→A→……顺序通电，则步进电机每步按顺时针方向转过 15°。三相六拍控制方式比三相三拍控制方式步距角小一半，同样在切换时保持一相绕组通电，工作稳定，与双三拍相比增大了稳定区，因此是三相步进电机经常采用的控制方式。

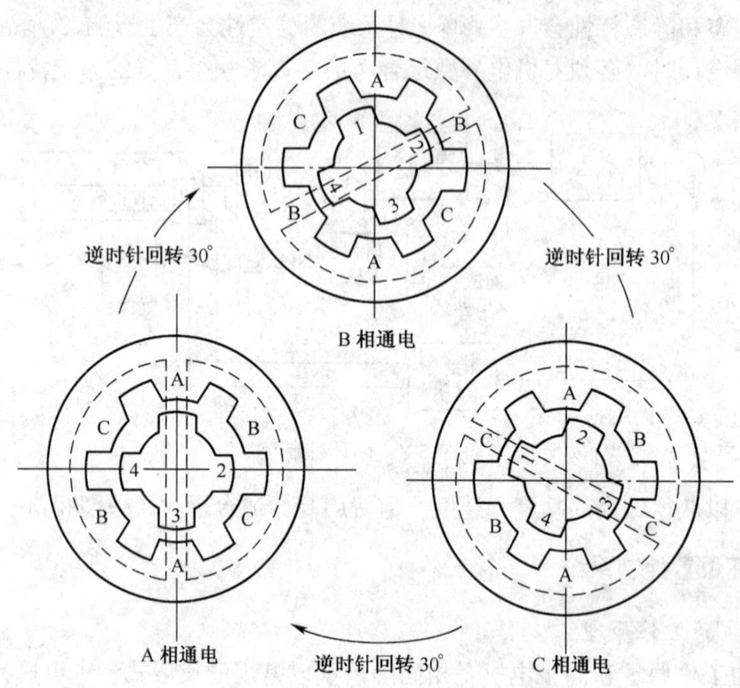

图 5-9　反应式三相步进电机工作原理示意图

控制步进电机一步步转动，控制它的旋转方向和快慢，都是由绕组的脉冲电流决定的，即由指令脉冲决定的。指令脉冲数决定它的转动步数，即角位移的大小；频率决定它的旋转速度，只要改变指令脉冲频率，就可以使步进电机的旋转速度在很宽范围内连续调节，改变绕组的通电顺序，可以改变它的旋转方向。可见，对步进电机的控制十分方便。步进电机的缺点是效率低、带惯量负载能力差，尤其是在高速时容易失步。

2．步进电机的结构

步进电机的类型很多，这里不一一介绍，只就其中的一种反应式步进电机的结构进行简要说明。图 5-10 所示是一种典型的单定子径向分相的三相反应式步进电机的结构原理图。定子上有 6 个均布的磁极，在直径相对的两个极上的线圈串联，构成一相控制绕组。极与极之间的夹角为 60°，每个定子磁极上均布 5 个齿，齿槽距相等，齿间夹角为 9°。转子上无绕组，只有均布的 40 个齿，齿槽等宽，齿间夹角也是 9°。三相（A、B、C）定子磁极和转子上相应的齿依次错开 1/3 齿距。这样，若按三相六拍方式给定子绕组通电，即可控制步进电机以 1.5° 的步距角作正向或反向旋转。

反应式步进电机的另一种结构是多定子轴向分相式。图 5-11 所示是五相步进电机的结构原理图。

与径向分相式不同，它的各相磁极是沿轴向排列的，定子转子铁芯都分成 5 段，每段一相，依次排列为 A、B、C、D、E，每相是独立的。定子铁芯由硅钢片叠成，转子由整块硅钢制成。定、转子各相有相同的齿槽形，按圆周均布，定、转子上的齿的相对位置各相依次错开 1/5 齿距，其控制方式与上一种相同。与径向分褶式相比，轴向分相式结构的制造工艺比较复杂，目前大多数采用径向分相式结构。但是，当相数较多时，也有采用径向、轴向分相相结合的混合式结构。

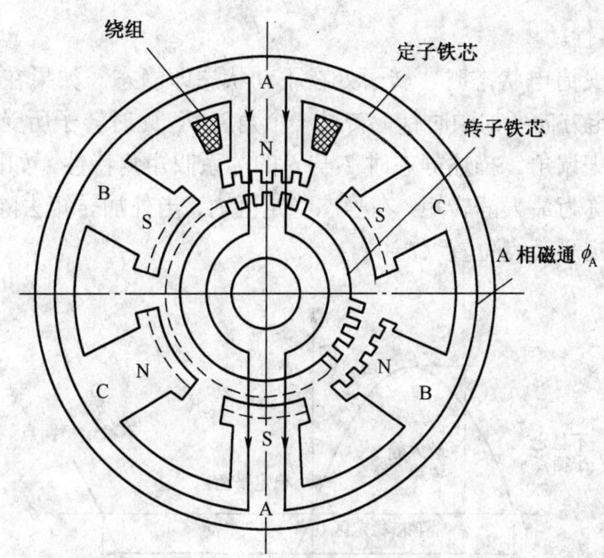

图 5-10　单定子径向分相的三相反应式步进电机的结构原理图

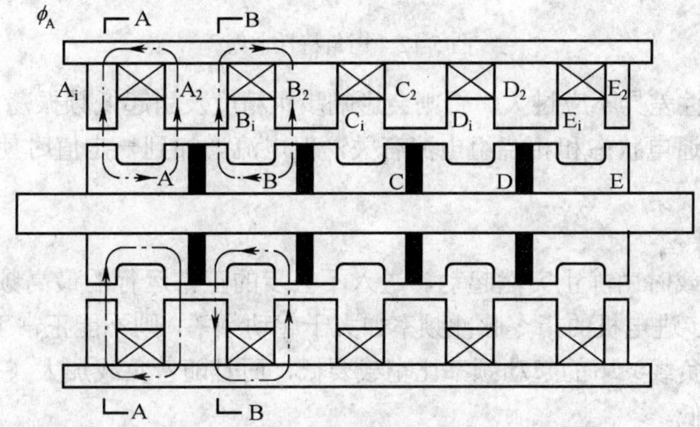

图 5-11　五相步进电机的结构原理图

3. 步进电机的主要特性

（1）步距角和静态步距误差。

步进电机每步的转角称为步距角，它取决于电机结构和控制方式。

步距角 α 可按下式计算：

$$\alpha = \frac{360^\circ}{mzK} \tag{5-1}$$

式中，m 为定子相数，z 为转子齿数，K 为由控制方式确定的拍数与相数的比例系数。例如三相六拍控制方式 K=2。

步进电机每走一步的步距角 α，按理论设计应是圆周 360° 的等分值。但是，实际的步距角与理论值有误差。在一转内各步误差的最大值被定为步距误差。它的大小是由制造精度、齿槽的分布不均匀和气隙不均匀等因素决定的。步进电机的静态步距误差通常在10′以内。

（2）静态矩角特性。

当步进电机不改变通电状态时，转子处在不动状态即静态。如果在电机轴上外加一个负载转矩，使转子按一定方向（如顺时针）转过一个角度 θ，此时转子所受的电磁转矩 T 称为静态转矩，角度 θ 称为失调角。描述静态时 T 与 θ 的关系叫矩角特性，如图 5-12 所示。该特性上的电磁转矩最大值称为最大静转矩。在静态稳定区内，当外加转矩去除时，转子在电磁转矩作用下，仍能回到稳定平衡点位置（θ=0）。

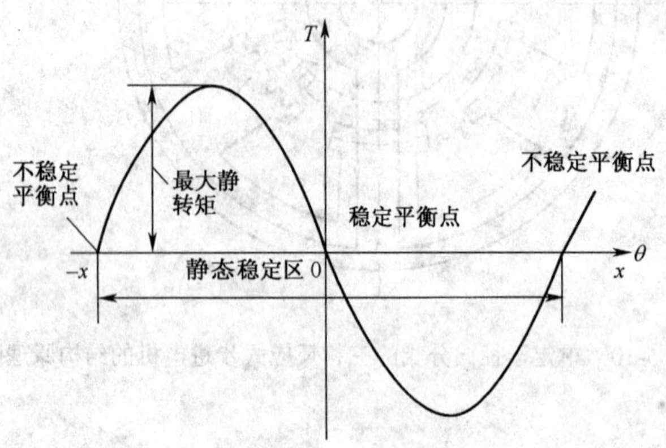

图 5-12　矩角特性曲线

各相的矩角特性差异不应过大，否则会影响步距精度及引起低频振荡。

最大静转矩与通电状态和相绕组电流有关，但电流增加到一定值时使磁路饱和，则对最大静转矩影响不大。

（3）起动频率。

步进电机在空载时由静止突然起动，进入不丢步的正常运行的最高频率，称为起动频率或突跳频率。加给步进电机的指令脉冲频率如大于起动频率，则不能正常工作。步进电机在带负载（尤其是惯性负载）下的起动频率比空载要低，而且随着负载加大（在允许范围内），起动频率会进一步降低。

（4）连续运行频率。

步进电机起动以后，其运行速度能跟踪指令脉冲频率连续上升而不丢步的最高工作频率，称为连续运行频率，其值远大于起动频率。它也随着电机所带负载的性质和大小而异，与驱动电源也有很大关系。

（5）连续运行矩频特性与动态转矩矩频特性。

$T=f(F)$是描述步进电机连续稳定运行时输出转矩与连续运行频率之间的关系，如图 5-13 所示。该特性上每一个频率所对应的转矩称为动态转矩。使用时，一定要考虑动态转矩随连续运行频率的上升而下降的特点。

上述步进电机的主要特性除第 1 项外，其余 4 项均与驱动电源有很大关系。如驱动电源性能好，步进电机的特性可得到明显改善。

4. 步进电机的驱动电源

为了发挥步进电机的性能，驱动电源必须满足以下要求：

（1）通电方式、电压、电流要适应步进电机的需要。控制绕组的电流波形要有足够的幅值和较陡的前后沿。

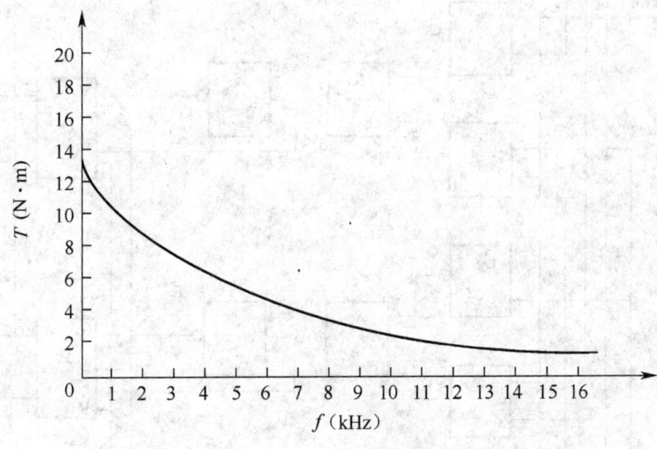

图 5-13 运行距频特性

（2）工作可靠，抗干扰能力强。

（3）适应步进电机的起动频率和连续运行频率的要求。

（4）效率高，安装、调试和维修方便。

（5）价格低。

驱动电源通常由环形分配器和功率放大器组成。在有些 CNC 系统中，环形分配器功能由软件产生，在这种情况下，它就不包括在驱动电源柜内。加到环形分配器输入端的指令脉冲是 CNC 插补器输出的分配脉冲，通常还要经过加减速控制，使脉冲频率平滑上升与下降，以适应步进电机的驱动特性。

环形分配器是根据步进电机的相数和控制方式设计的。图 5-14 所示是一个三相六拍环形分配器的原理线路图。图中 A 为与非门，Q 为双稳态触发器。指令脉冲加到脉冲输入端，旋转方向由正反向控制端的状态决定，当正向控制端处在“1”状态，反向控制端处在“0”状态时，电机作顺时针方向旋转，通电顺序为 C→CA→A→AB→B→BC→C→……；反之，当控制端改变状态时，电机作逆时针方向旋转，通电顺序为 C→CB→B→BA→A→AC→C→……。

由于来自环形分配器的脉冲电流只有几毫安，而步进电动机的定子绕组需要几安培至十几安培，功率放大器的功能是将来自环形分配器的脉冲电流放大到足以驱动步进电机旋转。功率放大器的作用是将环形分配器输出的通电状态经过几级功率放大，控制步进电机各相绕组电流按一定顺序切换。根据其功率的不同，绕组电流从几安培至十几安培不等，每相绕组分别有一组功率放大器控制。

功率放大器电路形式很多，这里介绍几种常用的放大电路。

（1）高低压供电定时切换功率放大电路。高低压供电定时切换线路的工作原理如图 5-15 所示。该线路包括功率放大级（由功率管 T_g、T_d 组成）、前置放大级和单稳延时线路。二极管 D_d 是用作高低压隔离的。

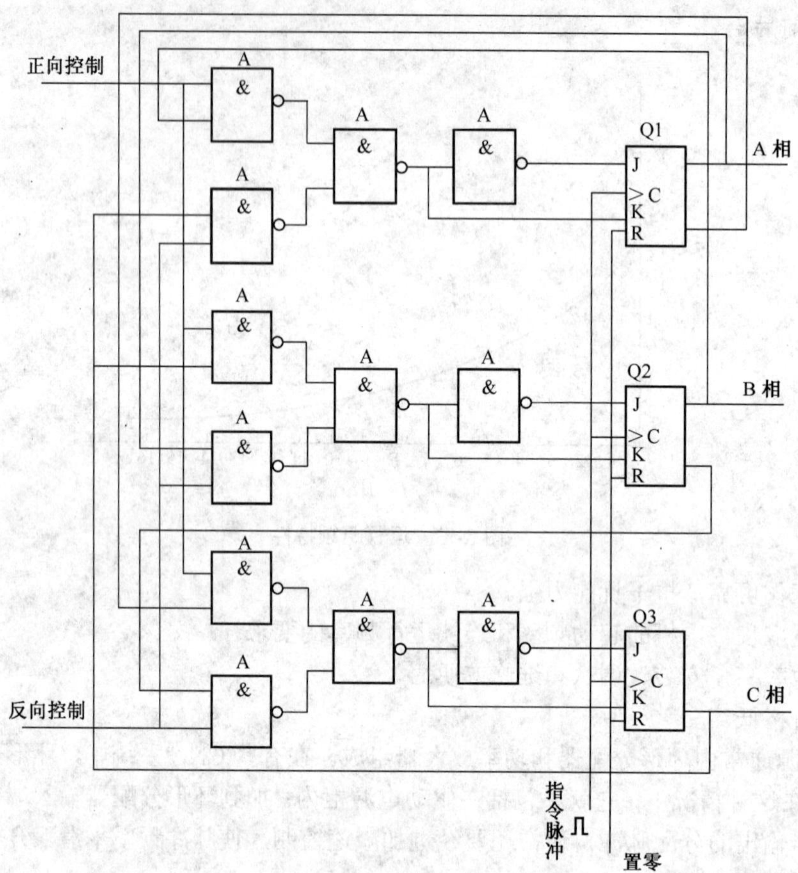

图 5-14　三相六拍环形分配器的原理图

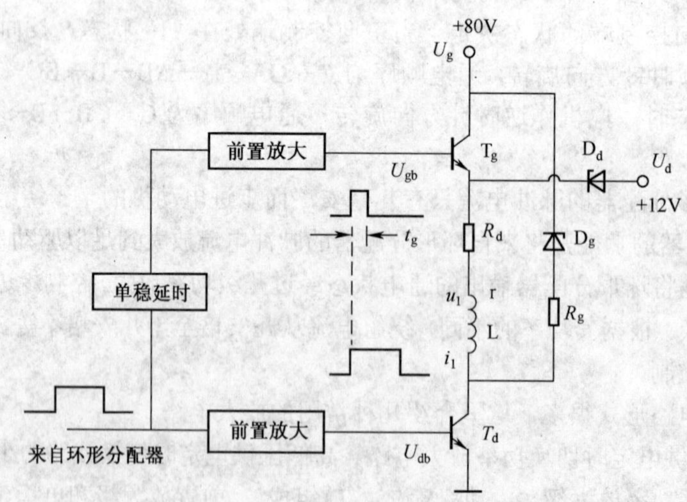

图 5-15　高低压供电定时切换线路的工作原理图

D_g和 R_g是高压放电回路。高压导通时间由单稳定时线路整定，通常为 100～600μs，对功率步进电机可达几千微秒。当环形分配器输出高电平时，两只功率放大管 T_g、T_d 同时导通，电机绕组以+80V 电压供电，绕组电流按 $L/(R+r)$的时间常数向电流稳定值 $U_g/(R_d+r)$上升，当达到单稳延时时间时，T_g 管截止，改由+12V 供电，维持绕组额定电流。若高低压之比为 U_g/U_d，则电流上升率也提高 U_g/U_d 倍，上升时间明显减小。当低压断开时，电感 L 中的储能通过 D_gR 及 $\mu_g\mu_d$ 构成的放电回路放电，放电电流的稳态值为$(U_g-U_d)/(R_g+R_d+r)$，因此也加快了放电过程。这种供电线路由于加快了绕组电流的上升和下降过程，故有利于提高步进电机的起动频率和最高连续工作频率。由于额定电流是由低压维持的，因此只需较小的限流电阻，功耗较小。

（2）斩波恒流功率放大电路。斩波恒流功率放大电路又称为定电流驱动电路或波顶补偿控制驱动电路。该电路的控制原理是随时检测绕组的电流值，当绕组电流值降到下限设定值时，高压功率管导通，使绕组电流上升，上升到上限设定值时，便关断高压管。这样，在一个步进周期内，高压管多次通断，使绕组电流在上、下限之间波动，接近恒定值，提高了绕组的平均值，有效地抑制了电动机输出转矩的降低。斩波恒流功率放大电路如图 5-16 所示，高压功率管 V_g 通断同时受到步进脉冲信号和运算放大器 N 的控制。在步进脉冲信号 U_{cp} 到来时，一路经驱动低压管 V_d 导通，另一路通过 V_1 和反相器 D_1 驱动高压管 V_g 导通，此时绕组由高压电源 U_g 供电。随着绕组电流的增加，反馈电阻 R_f 上的电压 U_f 不断升高，当其超过 N 的同相输入电压 U_s 时，N 输出低电平，使晶体管 V_1 的基极通过二极管 VD_1 接低电平，V_1 截止，门 D_1 输出低电平，高压管 V_g 关断了高压，绕组继续由低压 U_d 供电。当绕组电流下降时，U_f 下降，当 $U_f<U_s$ 时运算放大器 N 又输出高电平使二极管 VD_1 截止，V_1 又导通，再次开通高压管 V_g 这个过程在步进脉冲有效期内不断重复，使电动机绕组中电流的波顶呈现一定范围内锯齿形变化。调节电位器 R_P，可改变运算放大器 N 的翻转电压，即改变绕组中电流的限定值。运算放大器的增益越大，绕组的电流波动越小，电动机运转越平稳，电噪声也越小。

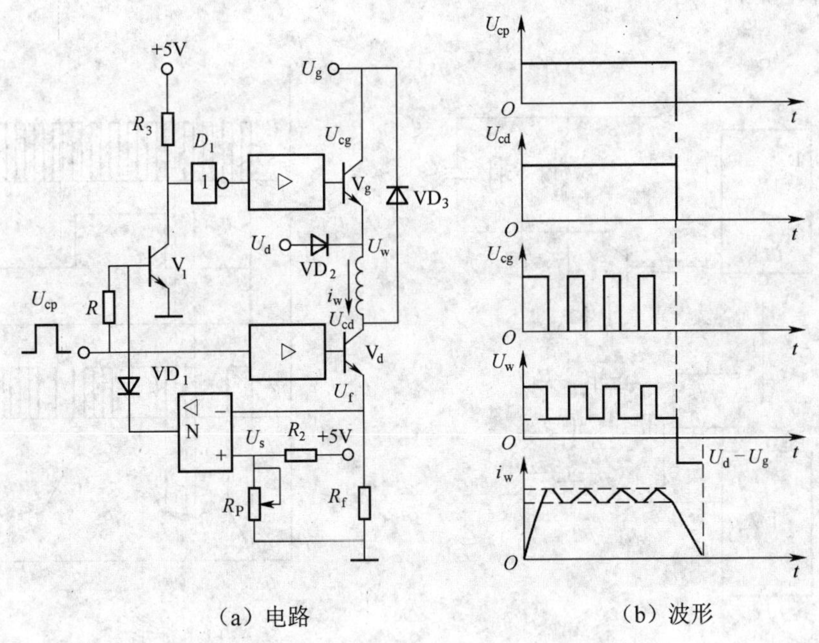

（a）电路　　　　（b）波形

图 5-16　斩波恒流功率放大电路图

斩波恒流功率放大电路在运行频率不太高时，补偿效果明显。但运行频率升高时，因电机绕组的通电周期缩短，高压管开通时绕组电流来不及升到额定值，所以波顶补偿作用就不明显了。通过提高高压电源的电压 U_g，可以使补偿频段提高。

（3）恒频脉宽细分驱动电路。步进电动机的运转方式是步进运动，即每给电机一相绕组或几相绕组一个脉冲电压，步进电机就旋转一步。前述各种功率放大电路均按电机工作方式轮流给绕组供电，每换一次相，电机就转动一步，即每拍电机转动一个步距角。如果在一拍中，通电相的电流不是一次达到最大值，而是分多次，每次使绕组电流增加一些，使转子转过一小步。同样，绕组电流的下降也是分多次完成的。这样，将一个步距角细分成若干小步的驱动方法被称为细分驱动，其特点是：在不改变步进电机结构参数的情况下，能使步距角减小，使步进电机的分辨率得以提高，运动更加平稳，并能减弱或消除振荡。

要实现细分，需要将绕组中的矩形电流波改成阶梯形电流波，即设法使绕组中的电流以若干个等宽度阶梯上升到额定值，并以同样的阶梯从额定值下降。阶梯波控制信号可由很多方法产生，如图 5-17 所示为恒频脉宽调制细分电路。D/A 转换器的数字信号和 D 触发器的触发脉冲信号 U_m 都可以由计算机提供。当 D/A 转换器接收到数字信号后转换成相应的模拟信号电压 U_s 加在运算放大器 N 的同相输入端，因这时绕组中电流还未跟上，故 $U_f<U_s$，运算放大器 N 输出高电平，D 触发器在高频触发脉冲 U_m 的控制下，Q 端输出高电平，使功率晶体管 V_1 和 V_2 导通，电机绕组中的电流迅速上升。当绕组电流上升到一定值时，$U_f>U_s$，运算放大器 N 输出低电平，D 触发器清零，V_1 和 V_2 截止。以后当 U_s 不变时由于运算放大器 N 和触发器 D 构成的斩波控制电路的作用，使绕组电流稳定在一定值上下波动，即绕组电流稳定在一个新台阶上。当稳定一段时间后，再给 D/A 输入一个增加的数字信号，并启动 D/A 转换器，使 U_s 上升一个台阶，与前述过程一样，绕组电流也跟着上一个阶梯。由此，既实现了细分，又能保证每一个阶梯电流的恒定。

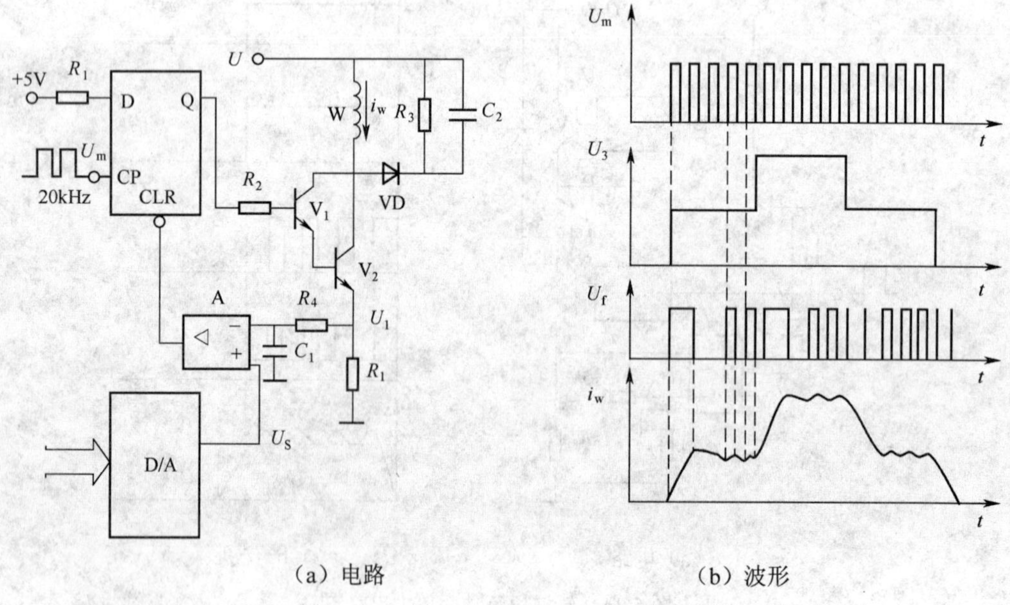

（a）电路　　（b）波形

图 5-17　恒频脉宽调制细分电路

5.2.2　幅值伺服系统

幅值伺服系统是以位置检测信号的幅值大小来反映机械位移的大小，并以此作为位置反馈信号与指令信号进行比较，从而得到位置偏差，经 D/A 转换后，作为速度控制电路的速度控制信号

1. 工作原理

幅值控制的伺服系统中，位置检测元件仍采用旋转变压器或感应同步器，工作在鉴幅方式下。系统的原理方框图如图 5-18 所示。其工作原理是：当 CNC 发出的指令脉冲在混合线路上与由感应同步器测量线路产生的实际值脉冲在数量上进行加减，由此产生系统的位置误差，被寄存在误差寄存器中，后经 D/A 变换器变成模拟电压，由位置调节器输出速度给定，加到速度控制单元输入端，后者控制伺服电机向消除位置误差的方向旋转。下面就系统的各主要组成部分分别加以说明。

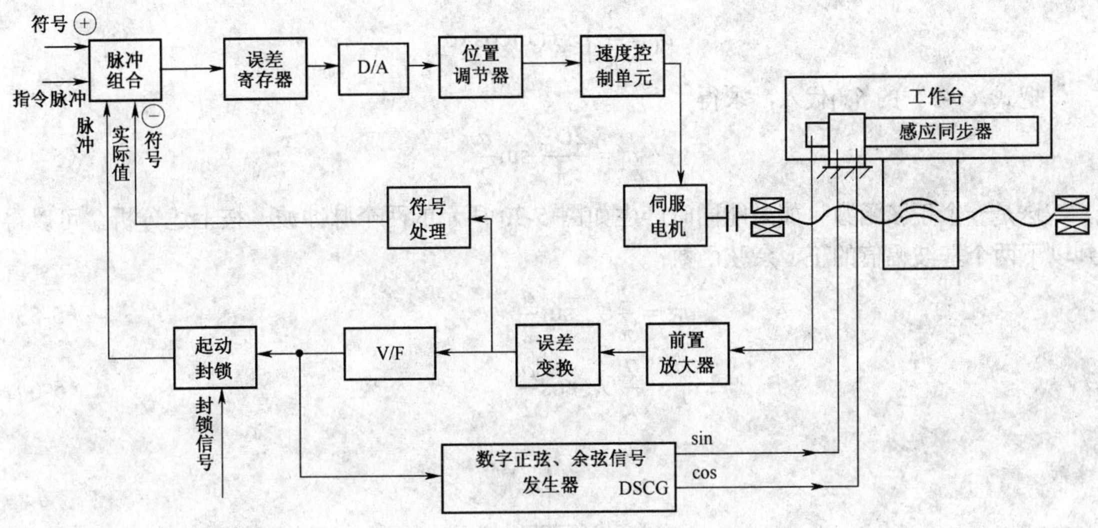

图 5-18　幅值伺服系统原理方框图

2. 感应同步器鉴幅测量系统

该测量系统也是一个闭环系统。当定尺与滑尺作相对移动时，两者绕组的相对位置同时也在不断改变，鉴幅测量系统产生的脉冲信号可以不断地自动修改滑尺绕组激磁信号，使其按正、余弦规律变化，从而使 $\alpha_{电}$始终跟踪 $\alpha_{机}$的变化。

（1）数字式正弦余弦信号发生器（DSCG）。

用方波表示的正、余弦信号给滑尺绕组激磁，容易实现数字化。现在来分析图 5-19 所示的周期性脉冲波。该脉冲可用下列函数表示：

$$F(x)=\begin{cases} U_{m} & \left(-\dfrac{a}{2}\leqslant x\leqslant\dfrac{a}{2}\right) \\ 0 & \left(\dfrac{a}{2}<x<\pi,\ -\pi<x<-\dfrac{a}{2}\right) \end{cases} \tag{5-2}$$

若用富里哀级数展开：

$$f(x)=\frac{a_0}{2}+\sum_{n=1}^{\infty}a_{\mathrm{n}}\cos nx \tag{5-3}$$

a_0 为直流分量，a_{n} 为 n 次谐波分量的幅值。

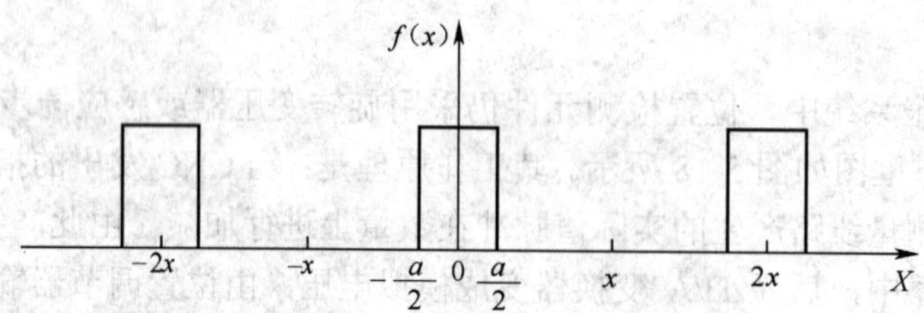

图 5-19　周期性的脉冲波

当 n=1 时，a_1 为基波分量幅值为

$$a_1=\frac{2}{\pi}\int_0^{\pi}f(x)\cos x\mathrm{d}x$$

把式（5-2）的 $f(x)$代入，求得

$$a_1=\frac{2U_{\mathrm{m}}}{\pi}\sin\frac{a}{2} \tag{5-4}$$

这是一个正弦函数。如果能同时产生如图 5-20 所示的两个脉冲波，按上述分析，可以得到以下两个基波幅值的正、余弦函数：

$$a_{1\mathrm{b}}=\frac{2}{\pi}U_{\mathrm{m}}\sin\frac{a}{2} \tag{5-5}$$

$$a_{1\mathrm{a}}=\frac{2}{\pi}U_{\mathrm{m}}\cos\frac{a}{2} \tag{5-6}$$

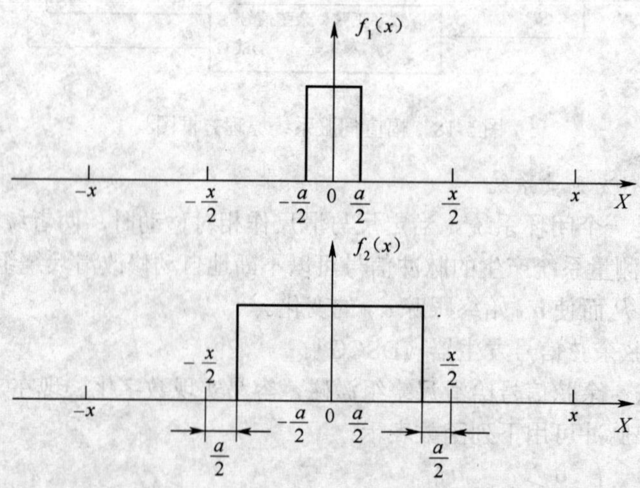

图 5-20　正余弦脉冲波

若能同时产生如图 5-19 所示的两个周期性脉宽调制波（它们的基波分量的幅值就是按正、余弦规律变化的），正好满足感应同步器在鉴幅方式下工作时对定尺绕组的激磁要求。数字式

正、余弦信号发生器正是产生这样脉宽调制波的。它的原理方框图如图 5-21 所示。分频器 1 和 2 对时钟脉冲 F_0 进行分频。分频系数 N 取决于测量系统的分辨率。例如，感应同步器的节距为 2mm，它的激磁频率为 10kHz，系统的脉冲当量为 0.00lmm/脉冲，则分频系数 N=2/0.001=2000。由于分频器 1 和 2 往相反方向移相，故它们的容量可分别取 N=1000，时钟频率 F_0 不小于 1000×10kHz=10MHz。

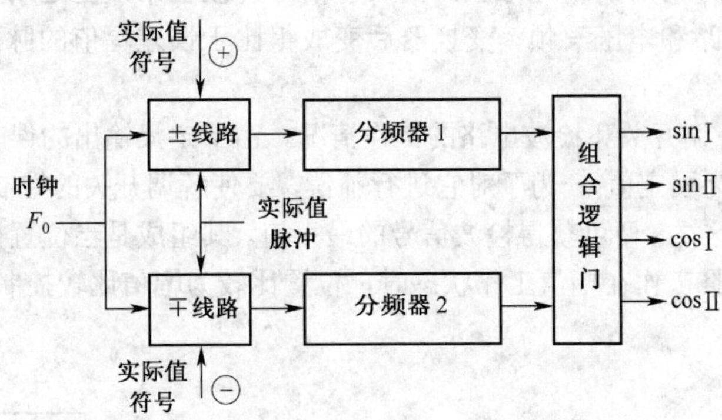

图 5-21　DSCG 方框图

DSCG 是由脉冲－相位变换器和组合门电路构成的。由定尺绕组输出的误差信号经变换产生的实际值脉冲，先变换成移相信号，再由组合门电路产生脉宽调制波 sin、cos 信号。分频器 1 和 2 在实际值脉冲和符号位的控制下，总是作相反的移相，即一个左移相，另一个右移相，反之亦然，每 2000 个脉冲移相 360°，经组合门电路产生的 sin I、sin Ⅱ、cosI、cos Ⅱ 分别加到滑尺两相绕组的 I 端和 Ⅱ 端，如图 5-22 所示。实际的滑尺绕组激磁波形放大了一倍。这样，既可消除直流分量 α_0。又可使基波幅值 α_1 增大一倍。

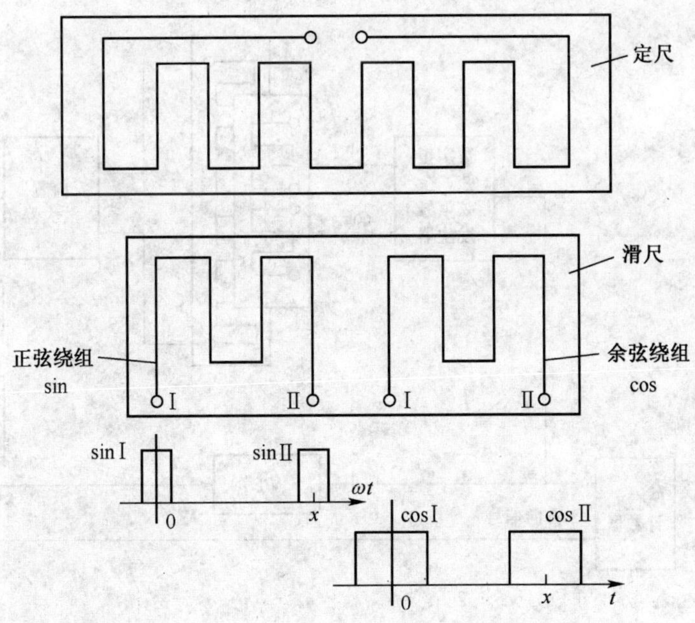

图 5-22　给定尺绕组的激磁方式

（2）定尺误差信号的变换。

感应同步器定尺绕组输出的误差信号（当 $\alpha_{机} \neq \alpha_{机}$时）很微弱，必须由高放大倍数的前置放大器放大。该放大器通常单独装在防电磁干扰的金属屏蔽盒里，安装在定尺附近的机床上。

由前置放大器放大到一定幅值的信号，经带通滤波器取出基波分量（如 10kHz），再加以放大，由解调电路检波变成正半波或负半波的脉冲信号，经低通滤波器变成直流信号。后又分成两路，一路至方向辨别和符号位，由误差信号的极性来决定运动方向的正向或负向；另一路经取绝对值电路和电压－频率变换器后变成正比于误差幅值的脉冲频率，由它产生实际值脉冲。

图 5-23 所示为解调开关和检波电路的工作情况。由于定尺输出的误差信号经放大、滤波后必然要产生相移（为固定值），为了对它进行补偿，要使解调开关的控制信号 DESW 的相位也产生同样的相移。这样，便可获得检波信号的最大值。其组成是当位置检测装置采用旋转变压器或感应同步器，且工作在幅值工作状态时，位置比较为幅值比较控制。图 5-24 所示为幅值比较原理框图。

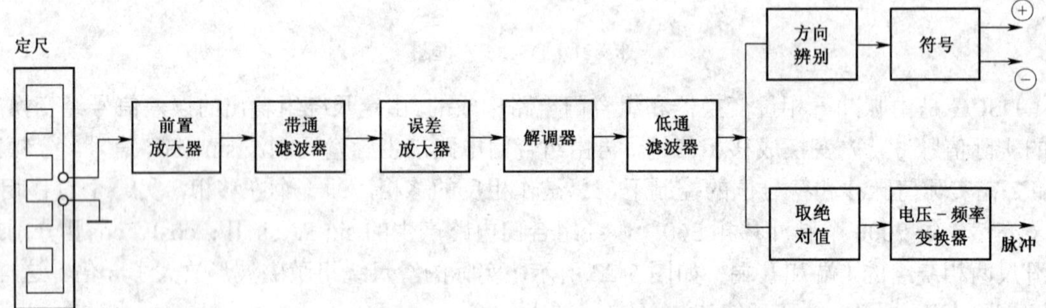

图 5-23　定尺误差信号的变换

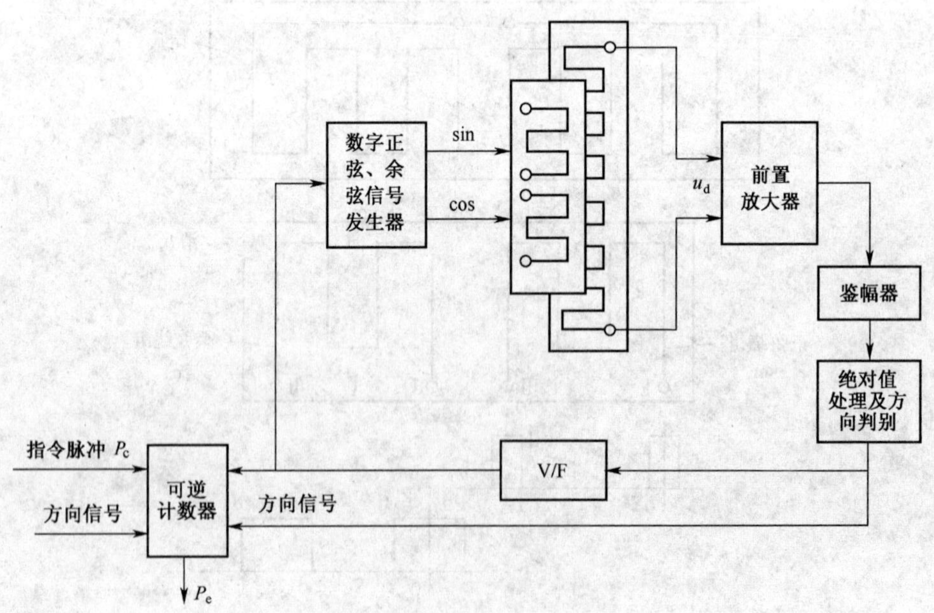

图 5-24　幅值比较控制原理框图

感应同步器工作在幅值工作方式时，给滑尺的正弦绕组和余弦绕组分别通以频率相同、相位相同，但幅值不同的励磁电压，即：

$$u_s = u_{sm}\sin\omega t$$
$$u_c = u_{cm}\sin\omega t$$

其中 u_{sm}、u_{cm} 幅值分别为：

$$u_{sm} = U_m\sin\theta_1$$
$$u_{cm} = U_m\cos\theta_1$$

上式中，θ_1 为电气给定角。

当滑尺移动时，定尺上的感应电压为：

$$u_d = KU_m\sin(\theta_1-\theta)\sin\omega t = KU_m\sin\Delta\theta\sin\omega t$$

当 $\Delta\theta$ 很小时，定尺上的感应电压可近似表示为：

$$u_d = KU_m\Delta\theta\sin\omega t$$
$$\Delta\theta = \frac{2\pi\Delta X}{\tau}$$
$$u_d = KU_m\frac{2\pi\Delta X}{\tau}\sin\omega t \tag{5-7}$$

而式中的 ΔX 为滑尺位移增量。

感应电压 u_d 在幅值工作方式中，每当改变一个 x 的位移增量，就有感应电压 u_d 产生，当 u_d 超过某一预先整定的门槛电平时，就产生脉冲信号，该脉冲作为反馈检测脉冲 P_f 与指令脉冲 P_c 比较得到偏差脉冲 P_e，经转换变为速度控制信号。同时为了使电气设定角 θ_1 跟随位移角 θ 变化，脉冲信号 P_f 用来修正励磁信号 u_{1s}、u_{1c}，感应电压重新降低到门槛电平以下，这样，通过不断地修正、比较，实现对位置的控制。由此，幅值比较的实质仍是脉冲比较，只不过反馈脉冲是通过门槛电平获得的。

在图 5-24 中，感应同步器定尺绕组输出的感应电压 u_d 经前置放大器整形放大后，送鉴幅器，产生正比于 u_d 幅值的门槛电平信号。门槛电平的整定是根据脉冲当量确定的，例如，当脉冲当量为 0.01mm 时，门槛值整定在 0.01mm 的数值上，即每产生 0.01mm 的位移量，经放大刚好达到门槛电平。一旦定尺上输出的感应电压超过门槛值，便会产生门槛电平。该电平信号同时又反映了工作台的移动方向，正向移动时为正，反向移动时为负。鉴幅器输出的电平信号经绝对值及方向判别电路处理后，将正、反方向移动的电平信号统一为正信号，正、反移动方向用高、低电平来表示。门槛电平经电压－频率变换器 V/F 产生正比于门槛电平的脉冲，该脉冲即为反馈脉冲 P_f。经可逆计数器与指令脉冲 P_c 比较，得到偏差脉冲 P_e，经变换形成速度控制信号。至于 P_c 和 P_f 什么时候为加，什么时候为减，则根据指令脉冲的方向信号和反馈脉冲的方向信号决定。

幅值比较控制的信号变换如图 5-25（a）所示。

为了使跟随 θ 的变化，可通过数字正、余弦信号发生器产生正、余弦励磁电压。所谓数字正、余弦信号发生器是指供给滑尺的正、余弦的励磁信号不是正弦电压，而是脉宽可调的方波脉冲，如图 5-25（b）所示，它将电气设定角 θ_1 与励磁脉冲的宽度联系起来。对于这样一组方波信号，根据傅里叶级数可以由一组波形组成，其中基波信号 $u_s = 4U/\pi\sin\theta_1\sin\omega t$，

$u_c = 4U/\pi\cos\theta_1\sin\omega t$，如果设定 $U_m=4U/\pi$，则 u_s、u_c 等同于幅值工作方式时的励磁电压。

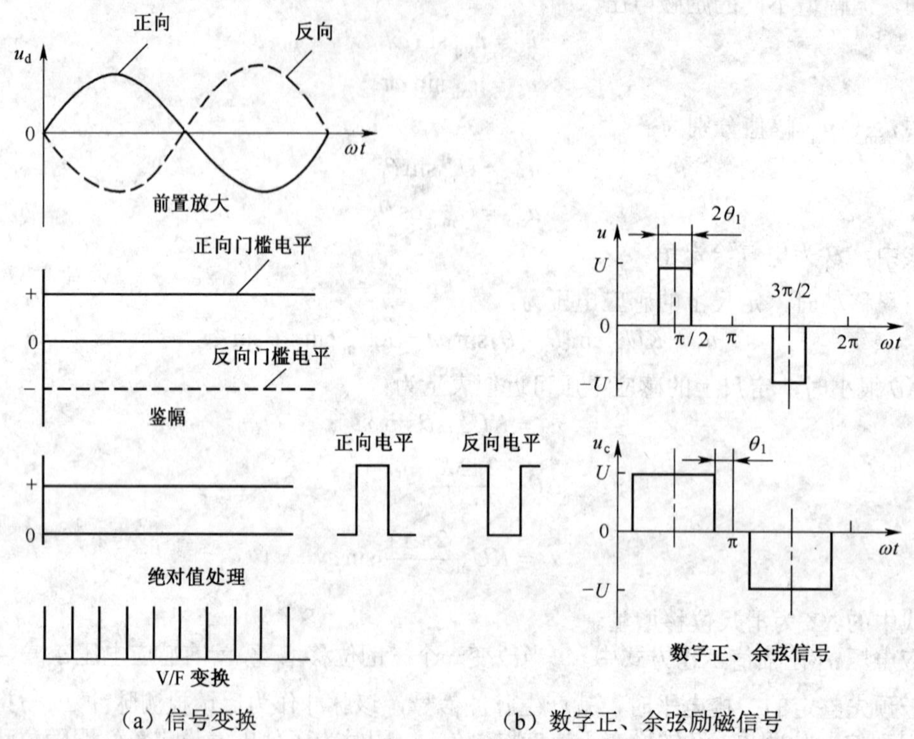

（a）信号变换　　（b）数字正、余弦励磁信号

图 5-25　幅值比较控制波形

总之，对感应同步器而言，在幅值比较时，每移动一个位移量△X，通过变换即产生一定的反馈脉冲 P_f，工作台不断移动，P_f 不断产生，经脉冲比较得到偏差脉冲，直至指令脉冲 P_c 等于反馈脉冲 P_f，P_e 为零，工作台停止在指令要求的位置上。

对旋转变压器而言，在幅值比较时，每转过一个角位移增量 $\Delta\theta$，即产生一定的反馈脉冲 P_f，其他同感应同步器。

5.2.3　相位伺服系统

当位置检测装置采用旋转变压器、感应同步器或磁栅时，如这些装置工作在相位工作状态，则位置控制为相位比较法。图 5-26 所示为感应同步器相位比较控制原理框图。

给滑尺的正弦绕组和余弦绕组分别通以频率相同、幅值相同，但相位差 $\pi/2$ 的励磁电压，即：

$$u_s = U_m \sin\omega t$$
$$u_c = U_m \sin(\omega t + \pi/2) = U_m \cos\omega t$$

当滑尺移动 X 距离时，定尺绕组中的感应电压为：

$$u_d = KU_m \sin(\omega t - \theta) = KU_m \sin(\omega t - 2\pi X/\tau) \tag{5-8}$$

式中，K 为电磁耦合系数，U_m 为励磁电压幅值，τ 为节距，X 为滑尺移动距离，θ 为电气相位角，$\theta = \dfrac{2\pi X}{\tau}$。

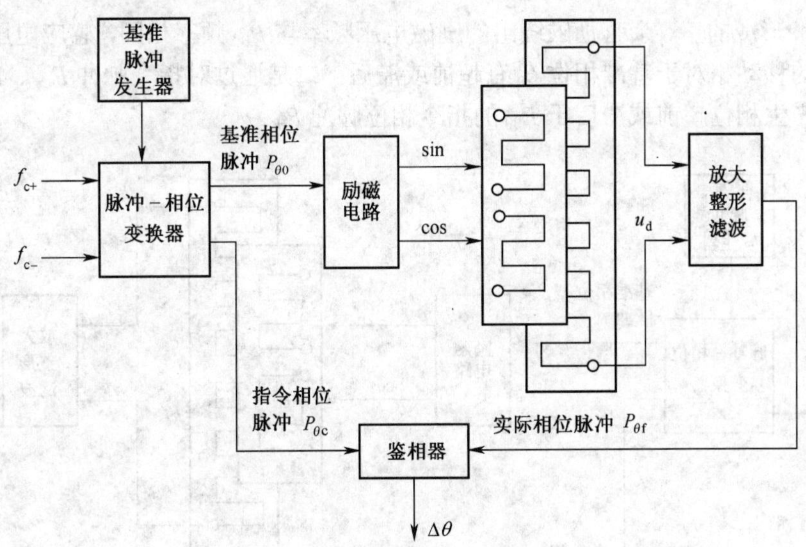

图 5-26　相位比较控制原理框图

根据上式可以看出，定尺的感应电压与滑尺的位移量有严格的对应关系，通过测量定尺感应电压的相位，即可测得滑尺的位移量。而感应同步器在相位工作方式时，相位比较的实质不是脉冲数量上的比较，而是脉冲相位之间的比较，如超前或滞后多少。实现相位比较的比较器为鉴相器。

由于旋转变压器、感应同步器和磁栅等检测信号为电压模拟信号，同时这些装置还有励磁信号，故相位比较首先要解决信号处理的问题，即怎样形成指令相位脉冲 $P_{c\theta}$ 和实际相位脉冲 $P_{f\theta}$。

工作原理

相位伺服系统是闭环（及半闭环）伺服系统的一种，是数控机床常用的一种位置控制系统。它的结构形式与所使用的位置检测元件有关，而使用旋转变压器或感应同步器的相位伺服系统是最常见的一种形式。图 5-27 所示是该系统的原理方框图。旋转变压器工作在移相器状态，它把机械位移变换成电信号的相位移。

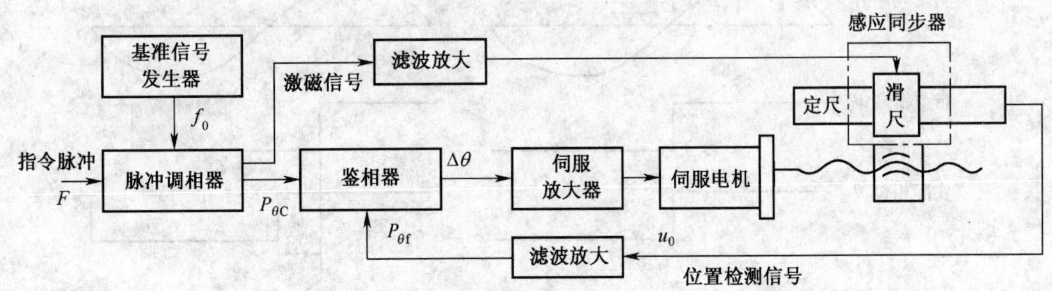

图 5-27　相位比较伺服系统原理方框图

当位置检测装置采用旋转变压器、感应同步器或磁栅时，如这些装置工作在相位工作状态，则位置控制为相位比较法。图 5-28 所示为感应同步器相位比较控制原理方框图。脉冲一相位变换器又称脉冲调相器，作用有两个：一是通过对基准脉冲进行分频，产生基准相位脉冲

$P_{\theta0}$，由该脉冲形成的正、余弦励磁绕组的励磁电压频率与 $P_{\theta0}$ 频率相同，感应电压 u_d 的相位 θ 随着工作台的移动相对于基准相位 θ_0 有超前或滞后；二是通过对指令脉冲 P_{c+}、P_{c-}的加、减，再通过分频产生相位超前或滞后于 $P_{\theta0}$ 的指令相位脉冲 $P_{\theta c}$。

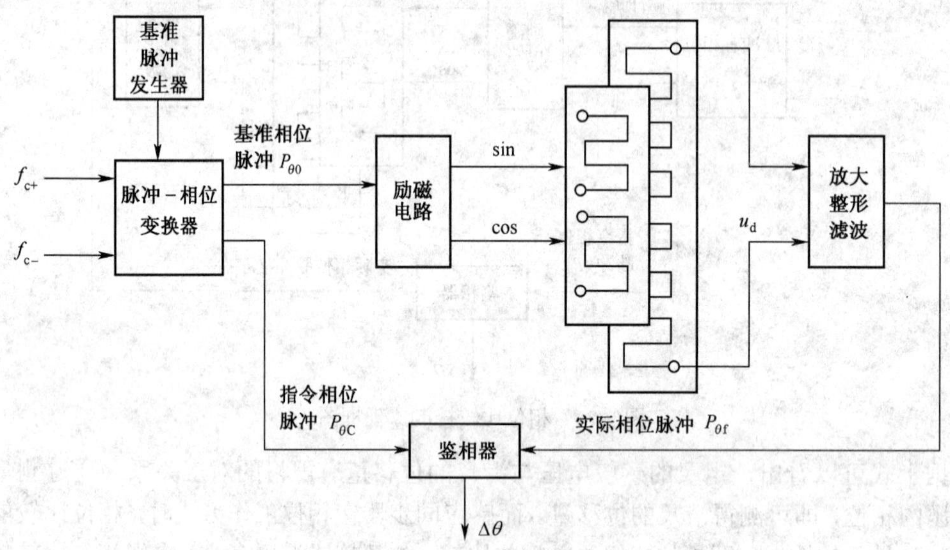

图 5-28 相位比较控制原理方框图

由于指令相位脉冲 $P_{\theta c}$ 的相位以实际相位脉冲 $P_{\theta f}$ 的相位 θ_f 均以基准相位 $P_{\theta0}$ 脉冲的相位 θ_0 为基准，因此 θ_c 和 θ_f 通过鉴相器获得的是 θ_c 超前 θ_f，还是 θ_f 超前 θ_c，或者两者相等。图 5-29 所示为 P_{c+}=2 时的相位比较波形变化图。

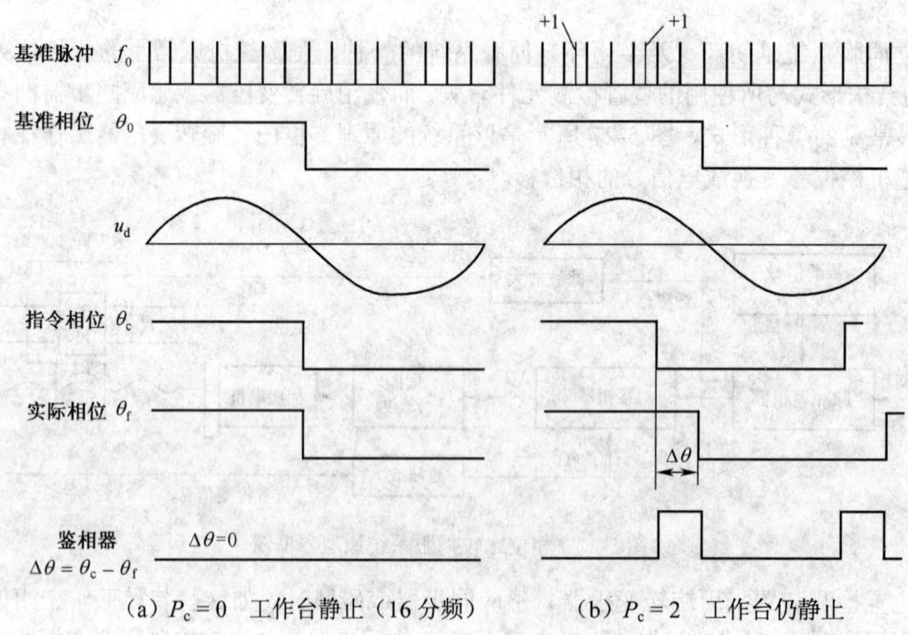

（a）$P_c = 0$ 工作台静止（16 分频） （b）$P_c = 2$ 工作台仍静止

图 5-29 相位比较波形

（1）当无进给指令时，即 $P_{c+}=0$，工作台静止，指令脉冲的相位 θ_c 与基准脉冲相位 θ_0 同相位，同时，因工作台静止无反馈，故实际相位 θ_f 以与基准脉冲相位 θ_0 同相位经鉴相器输出 $\Delta\theta=0$，则速度控制信号为零，伺服电机不转，工作台仍静止，如图 5-29（a）所示。

（2）有正向进给指令，$P_{c+}=2$，在指令获得瞬间，工作台仍静止，此时，指令脉冲的相位 θ_c 超前基准相位 θ_0，但实际位置相位保持不变，经鉴相器输出 $\Delta\theta>0$，速度控制信号大于零，伺服电机正转，工作台正向移动，如图 5-29（b）所示。

（3）随着工作台的正向移动，有反馈信号产生，由此产生的实际相位 θ_f 超前基准相位 θ_0，但 θ_c 仍超前 θ_f，经鉴相器输出 $\Delta\theta>0$，速度控制信号仍大于零，伺服电机正转，工作台仍正向移动，如图 5-30（a）所示。

（4）随着工作台的继续正向移动，实际相位 θ_f 超前基准相位 θ_0 的数值增加，当 $\theta_c=\theta_f$ 时，经鉴相器 $\Delta\theta=0$，速度控制信号为零，伺服电机停转，工作台停止在指令所要求的位置上，如图 5-30（b）所示。

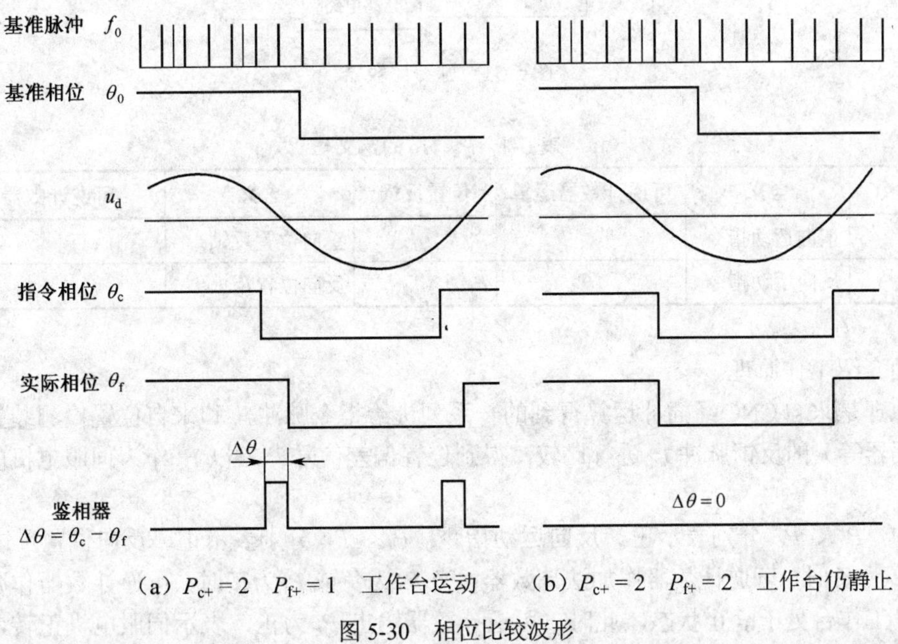

（a）$P_{c+}=2$　$P_{f+}=1$　工作台运动　　（b）$P_{c+}=2$　$P_{f+}=2$　工作台仍静止

图 5-30　相位比较波形

当进给为反向指令时，相位比较同正向进给类似。所不同的是，指令脉冲相对于基准脉冲为减脉冲，故指令相位以相对基准相位 θ_0 为滞后，同时，实际相位 θ_f 以相对基准相位 θ_0 也为滞后，经鉴相器比较后所得的速度指令信号为负，伺服电机反转，工作台反向移动至指令位置。

鉴相器的输出信号通常为脉宽调制波，需要经低通滤波器滤去高次谐波，变换为平滑的电压信号作为速度控制信号，同时，鉴相器还必须对超前和滞后作出判别，使得速度控制信号 U_n^* 在正向指令时为正，在反向指令时为负。

至于一个脉冲相当于多少相位增量，取决于脉冲－相位变换器中的分频系数 N 和脉冲当量。如感应同步器一个节距为 2mm（相当 360° 电角度），脉冲当量为 0.001mm/脉冲，则相位增量为 0.001/2×360°=0.18°/脉冲，即一个脉冲相当于 0.18° 的相位移，因此需要将一个节距分为 2000 等份，即分频系数 N=2000。

在感应同步器中，相位角 θ 与直线位移 X 成正比，当采用旋转变压器时，相位角 θ 即为角位移本身。

5.2.4 脉冲比较伺服系统

脉冲比较法是将 P_c 的脉冲信号与 P_f 的脉冲信号相比较，得到脉冲偏差信号 P_e。能产生脉冲信号的位置检测装置有光栅、光电编码器等，比较器为由加减可逆计数器组成的数字脉冲比较器，其组成如图 5-31 所示。P_{c+}、P_{c-} 和 P_{f+}、P_{f-} 的加、减定义如表 5-1 所示。

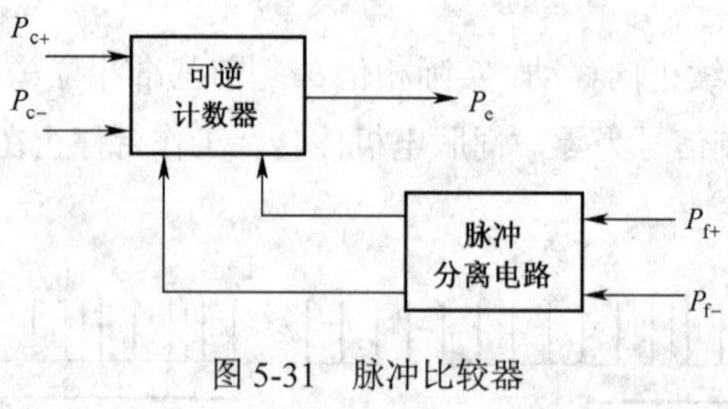

图 5-31　脉冲比较器

表 5-1　P_c、P_f 的定义

位置指令	含义	可逆计数器运算	位置反馈	含义	可逆计数器运算
P_{c+}	正向运动指令	+	P_{f+}	正向位置反馈	
P_{c-}	反向运动指令		P_{f-}	反向位置反馈	+

下面介绍工作原理。

其原理是来自 CNC 经插补运算得到的一系列进给指令脉冲 P_c 和来自位置检测装置（光栅、光电编码器等）的反馈脉冲 P_f 进行比较，得到位置偏差信号 P_e，以 P_e 作为伺服电机的速度调节指令。

图中，P_{c+}、P_{c-} 分别表示正、反向运动指令；P_{f+}、P_{f-} 分别表示正、反向位置反馈。当 P_c 为正或 P_f 为负时，可逆计数器作加法计数器；当 P_c 为负或 P_f 为正时，可逆计数器作减法计数器。现设工作台处于静止状态，此时，可逆计数器输出 P_e 为正，表示伺服电机正转，工作台正向进给；P_e 为负，表示伺服电机反转，工作台反向进给；P_e 为零，工作台静止不动。

脉冲分离电路的作用是：在加、减脉冲先后分别到来时，各自按预定的要求经加法计数端或减法计数端进入可逆计数器；若加、减脉冲同时到来时，则由该电路保证先作加法计数，然后再作减法计数。这样可保证两路计数脉冲均不会丢失。

当数控系统要求工作台向一个方向进给时，经插补运算得到一系列进给脉冲作为指令脉冲，其数量代表了工作台的指令进给量，频率代表了工作台的进给速度，方向代表了工作台的进给方向。以增量式光电编码器为例，当光电编码器与伺服电机及滚珠丝杠直联时，随着伺服电机的转动，产生序列脉冲输出，脉冲的频率将随着转速的快慢而升降。现设工作台处于静止状态。

（1）指令脉冲 P_c=0，这时反馈脉冲，P_f=0，P_e=0，则伺服电机的速度给定为零，工作台继续保持静止不动。

（2）现有正向指令 $P_{c+}=2$，可逆计数器加 2，在工作台尚未移动之前，反馈脉冲 $P_{f+}=0$，可逆计数器输出 $P_e=P_{c+}-P_{f+}=2-0=2$，经转换，速度指令为正，伺服电机正转，工作台正向进给。

（3）工作台正向运动，即有反馈脉冲 P_{f+}产生，当 $P_{f+}=1$ 时，可逆计数器减 1，此时 $P_e=P_{c+}-P_{f+}=2-1>0$，伺服电机仍正转，工作台继续正向进给。

（4）当 $P_{f+}=2$ 时，$P_e=P_{c+}-P_{f+}=2-2=0$，则速度指令为零，伺服电机停转，工作台停止在位置指令所要求的位置。

当指令脉冲为反向 P_{c-}时，控制过程与正向时相同，只是 $P_e<0$，工作台反向进给。

当采用绝对式编码器时，通常情况下，先将位置检测的代码反馈信号经数码－数字转换，变成数字脉冲信号，再进行脉冲比较。

5.2.5　全数字式伺服系统

1．数字伺服系统概述

（1）从硬件伺服向软件伺服的转化。

伺服控制技术的发展与微电子技术和计算机技术的发展密切相关，后者是促进伺服控制技术向高性能发展的技术基础。

1）高速度高性能的微处理器的广泛应用，使运算速度大大提高，为提高伺服系统的快速性和精度创造了条件。

2）微电子技术的发展为成熟的数字伺服回路的二次集成创造了条件。因此，出现了高性能无调整的数字控制专用电路，使硬件通用化，伺服控制装置的成本大幅度降低。

3）由于把软件技术引入伺服控制中，有可能采用现代控制理论，得到以往单纯用硬件控制不可能获得的最佳控制效果。

从伺服控制技术的发展来看，出现过 3 种基本方式：模拟方式、混合方式、数字方式。它们的结构图如图 5-32 所示。

（2）改善伺服控制系统性能的基本方法。

数控机床用的伺服控制系统和通常的闭环控制系统一样，是根据反馈控制原理工作的。对这类系统的一般要求为：

- 在保证闭环系统稳定的前提下，尽可能提高开环增益 K，以减小系统的静态误差。
- 组成系统的各个环节的相位滞后希望尽可能小，以利于闭环系统的稳定。
- 系统频带希望尽可能宽，以获得快速响应性，并使输出量不失真地跟踪输入量的变化。
- 对外界干扰、噪声具有很强的抑制能力。
- 环内的信号偏移和温度漂移应尽可能小，或具有自动补偿的功能。
- 对负载的任何变动具有很强的适应能力。

2．全数字式伺服系统的构成

数控机床进给伺服系统是位置随动系统，需要对位置和速度进行精确控制。通常需要处理位置环、速度环和电流环的控制信息，根据这些信息是用软件来处理还是用硬件处理，可以将伺服系统分为全数字式和混合式。

混合式伺服系统是位置环用软件控制，速度环和电流环用硬件控制。在混合式伺服系统中，位置环控制在数控系统中进行，由 CNC 插补得出位置指令值，并由位置采样输入实际值，用软件求出位置偏差，经软件位置调节后得到速度指令值，经 D/A 转换后作为速度控制单元（伺服驱动装置）的速度给定值，通常为模拟电压-10～+10V，在驱动装置中，经速度和电流调节后，再经功率驱动控制伺服电机转速及转向。

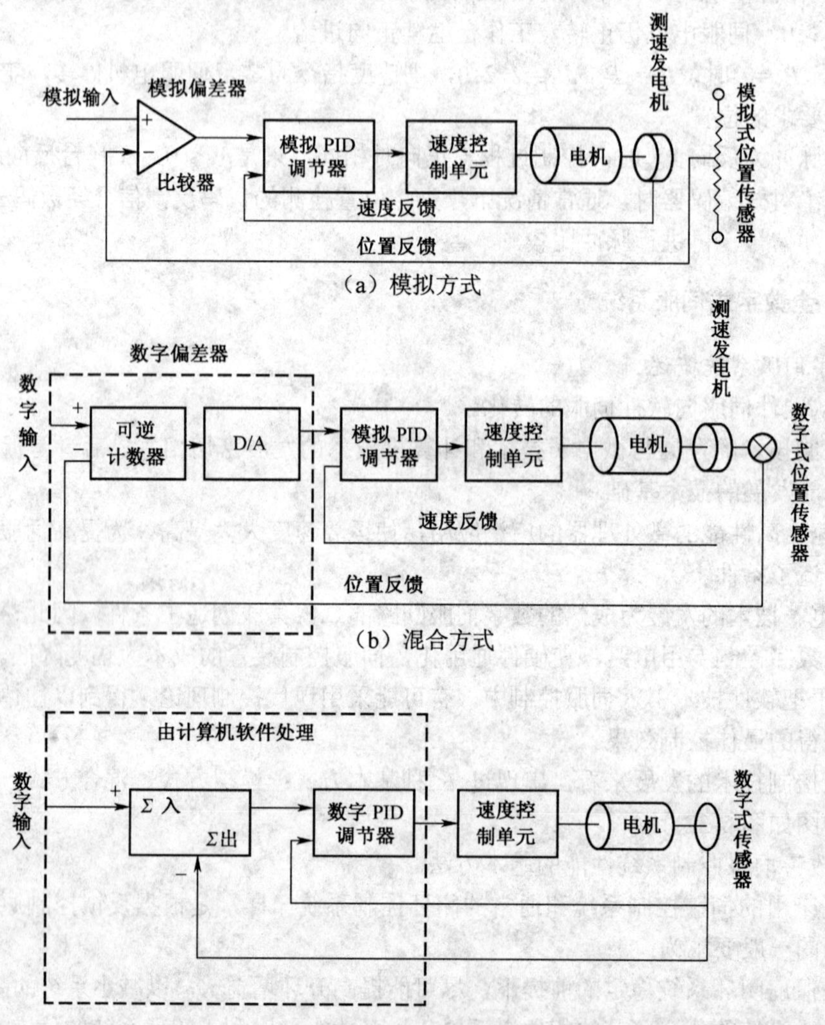

图 5-32　伺服控制的基本方式

在全数字式伺服系统中，CNC 系统直接将插补运算得到的位置指令以数字信号的形式传送给伺服驱动装置，伺服驱动装置本身具有位置反馈和位置控制功能，独立完成位置控制。全数字式伺服系统的组成如图 5-33 所示。CNC 与伺服驱动之间通过通信联系，传递如下信息：

- 位置指令和实际位置。
- 速度指令和实际速度。
- 扭矩指令和实际扭矩。
- 伺服系统及伺服电机参数。

- 伺服状态和报警。
- 控制方式命令。

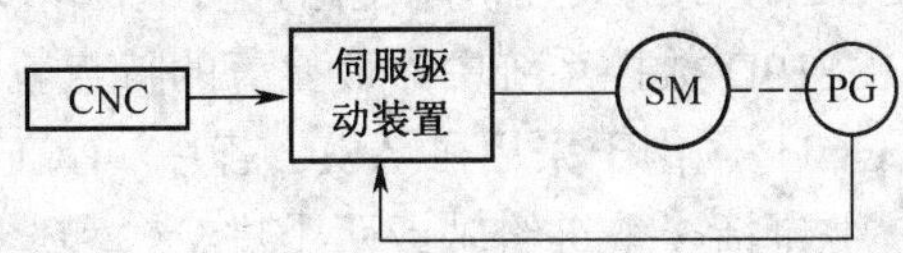

图 5-33　全数字式伺服系统

由于全数字式伺服系统读取位置指令周期必须与 CNC 插补周期严格保持同步，目前大部分全数字式伺服系统只能与同品牌 CNC 系统匹配，不具备互换性。为了建立起 CNC 系统与数字伺服系统之间的通信标准，制定了 SERCOS 协议（Serial Real Time Communication Specification，串行实时通信协议），并开发了相应的接口芯片 ASIC。SERCOS 的工作时序如图 5-34 所示。主站同步数据 MST 由 CNC 以固定周期发向所有伺服轴，表示一次数据通信周期的开始。伺服数据 AT_1、AT_2、…、AT_n 由各个伺服轴发往 CNC，包括伺服轴实际位置、伺服轴实际转速及伺服轴实际扭矩。指令数据 MDT 由 CNC 向各伺服轴发出控制指令，即伺服轴指令位置。图 5-35 所示为三菱 MELDAS 50 系统和 MR-SVJ 伺服驱动单元与伺服电机组成的全数字式伺服系统。

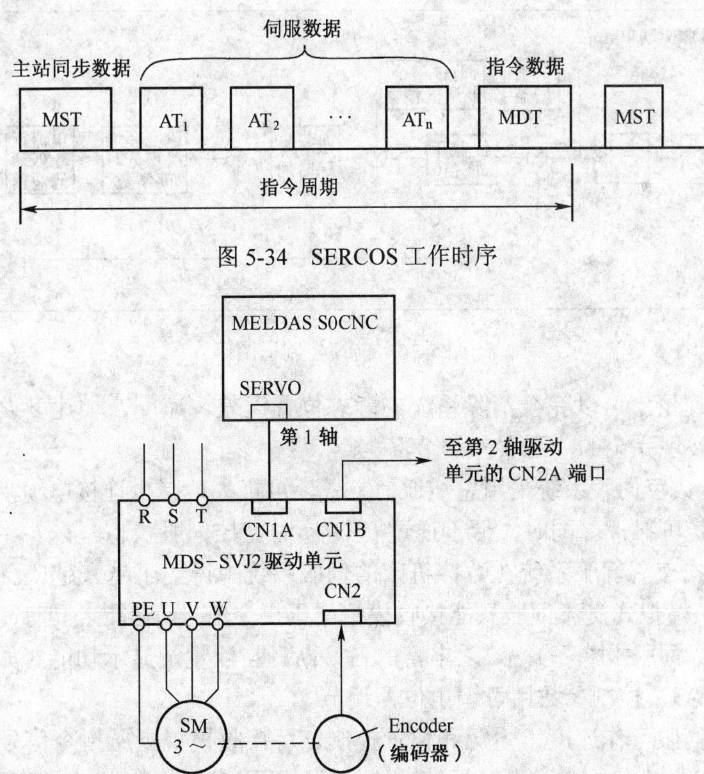

图 5-34　SERCOS 工作时序

图 5-35　MELDAS 50 CNC 全数字式伺服系统

CNC 与驱动单元通过总线进行通信。CNC 将处理结果通过 SEVRO 端口输出位置控制指令至第 1 轴驱动单元的 CNlA 端口，伺服电机上的脉冲编码器将位置检测信号反馈至驱动单元的 CN2 端口，在驱动单元中完成位置控制。由于总线通信，第 2 轴的位置控制信号由第 1 轴驱动单元上的 CNlB 端口输出至第 2 轴驱动单元上的 CN2A 口来完成。

关于三菱 MELDAS 50 CNC 控制的数控机床电路，可参阅相关说明书。

在全数字式 SINUMERIK 810D 数控系统中，最显著的特点就是将控制和驱动集成在一块电路板上（紧凑型控制单元 CCU），由于采用了 ASIC 芯片，CCU 负责处理 CNC、PLC 的通信及闭环控制任务。在 CCU 中包括 3 个进给轴或两个进给轴和一个主轴的功率模块，用在数控机床上，只需要附加一个电源模块即可构成具有全部功能的全数字式伺服系统。

3. 全数字式伺服系统的特点

传统的伺服系统是根据反馈控制原理来设计的，很难达到无跟随误差控制，亦难同时达到高速度和高精度的要求。全数字伺服系统利用计算机的硬件和软件技术，采用新的控制方法改善系统的性能，可同时满足高速度和高精度的要求。

（1）系统的位置、速度和电流的校正环节 PID 控制由软件实现。

（2）具有较高的动、静态特性。在检测灵敏度、时间温度漂移、噪声及外部干扰等方面都优于混合式伺服系统。

（3）引入前馈控制，实际上构成了具有反馈和前馈的复合控制的系统结构，图 5-36 所示为某全数字式伺服系统的前馈控制框图。

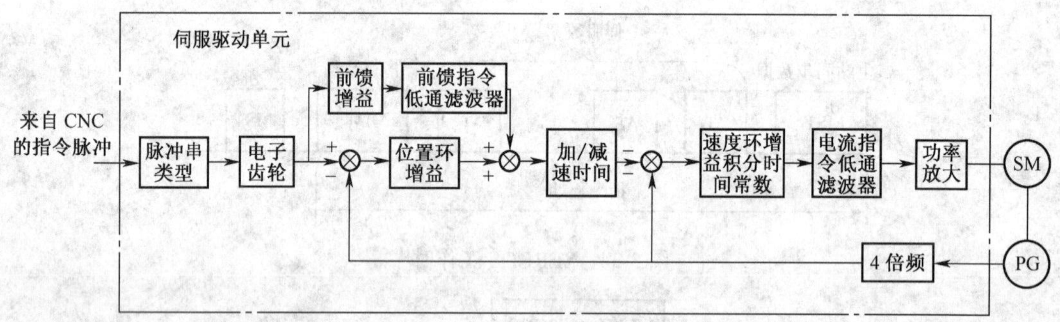

图 5-36　前馈控制框图

这种系统在理论上可以完全消除系统的静态位置误差、速度、加速度误差以及外界扰动引起的误差，即实现完全的“无误差调节”。

（4）由于全数字伺服系统采用总线通信方式，可极大地减少连接电缆，便于机床安装和维护，提高了系统可靠性。同时，便于通过 CRT 实时监控伺服状态。

当前，数字式交流伺服系统在数控机床的伺服系统中得到了越来越广泛的应用。和模拟式交流伺服相比，模拟式交流伺服只能接收模拟电压指令信号，功能上具有简单的指示灯光显示（如伺服正常、伺服报警等），缺乏丰富的自诊断、自测量及显示功能（如显示电流值、指令值及故障类别等），控制参数用可调电位器调节。

数字式交流伺服可作速度、力矩和位置控制，可接收模拟电压指令信号和脉冲指令，并自带位置环，具有较丰富的自诊断、报警功能。根据不同类型的数字式交流伺服系统，各种控制参数有以下方法以数字方式设定：

- 通过驱动装置上的显示器和设置按键进行设定。
- 通过驱动装置上的通信接口和上位机通信进行设定。

- 通过可分离式编程器和驱动装置上的接口进行设定。

由数字式交流伺服系统发展而来的软件交流伺服系统是将各种控制方式（加速度、力矩、位置等）和不同规格、不同功率伺服电机的数据分别赋予软件代码全部存入机内，使用时由用户设定软件代码，相关的一系列数据即自动进入工作，改变工作方式或更换电机规格只需重设代码。通过操作显示可方便地跟踪观察和调整伺服系统的各种状态（如指令电压值、电机电流值、负荷率、当前位置、进给速度和故障类别等）。无需外部信号，可自检、试运行，在数分钟甚至数秒钟内判断出整机的故障范围。

5.3　速度控制

5.3.1　进给运动的速度控制

进给运动的速度控制装置分为开环和闭环两大类。闭环型驱动按位置检测的方式可分为半闭环和全闭环两种。

开环控制采用步进电机作为驱动元件，由于它没有位置反馈回路和速度控制回路，简化了线路，因此设备投资少，调试维修都很方便，但进给速度和精度较低。开环控制被广泛应用于中、低档数控机床及一般的机床改造中。

闭环型采用直流或交流伺服电机驱动。

半闭环位置检测方式一般将位置检测元件安装在电机轴上（一般已由电机生产厂家装好），用以精确控制电机的角度，然后通过滚珠丝杠副等传动机构将角度转换成工作台的直线位移。如果滚珠丝杠副精度足够高、间隙小，精度一般是可以满足要求的。加之传动链上有规律的误差（如间隙及螺距误差等）可以由数控装置加以补偿，进一步提高了精度，因此在精度要求适中的中小型数控机床上，半闭环控制得到了广泛应用。

半闭环方式的优点是其闭环环路短（不包括传动机构），因而系统容易达到较高的位置增益，不会发生振荡现象。且其快速性好，动态精度高，传动机构的非线性因素对系统的影响小。但如果传动机构的误差过大或误差不稳定，则数控系统难以补偿。如由传动机构的扭曲变形所引起的弹性间隙，因其与负载力矩有关，故无法补偿。由制造与安装所引起的重复定位误差以及由于环境温度与丝杠温度变化所引起的丝杠螺距误差也是不能补偿的。因此要进一步提高精度，只有采用全闭环控制方式。

全闭环方式是直接从机床的移动部件上获取位置实际移动值，因此其检测精度不受机械传动精度的影响。但不能认为全闭环方式可以降低对传动机构的要求。因闭环环路包括了机械传动机构，其闭环动态特性不仅与传动部件的刚性、惯性有关，还取决于阻尼、油的粘度、滑动面摩擦因数等因素。而且这些因素对动态特性的影响在不同条件下还会发生变化，这给位置闭环控制的调整和稳定带来了许多困难。这些困难使调整闭环环路时不得不降低位置增益，从而对跟随误差和轮廓加工误差产生不利影响。所以采用全闭环方式时必须增大机床刚性，改善滑动面摩擦特性，减小传动间隙，这样才有可能提高位置增益。全闭环控制方式被大量应用在精度要求较高的大型数控机床上。

1. 直流伺服电机的速度控制

（1）直流伺服电机调速原理。

直流伺服电机的速度控制方式有两种：电枢电压控制和励磁磁场控制。电枢电压控制是在定子磁场不变的情况下，通过施加在电枢绕组两端的电压信号来控制电机的转速和输出转矩；励磁磁场控制是通过改变励磁电流的大小来改变定子磁场强度，以控制电机的转速和输出转矩。

直流伺服电机的电枢电压控制，由于磁场保持不变，其电枢电流可以达到额定值，相应的输出转矩也可以达到额定值，因而电枢电压控制又称为恒转矩调速。直流伺服电机的励磁磁场控制，由于电机在额定运行条件下磁场已接近饱和，只能通过减弱磁场的方法来改变电机的转速。又由于电枢电流不允许超过额定值，而随着磁场的减弱，电机转速增加，但输出转矩下降，输出功率不变，故励磁磁场控制又称为恒功率调速。

数控机床的进给伺服系统中通常采用永磁式直流伺服电机，采用具有恒转矩调速特点的电枢电压控制，这与伺服系统所要求的负载特性相吻合。

（2）直流伺服电机的控制与驱动。

数控机床的进给伺服系统多采用永磁式直流伺服电机作为执行元件，通过控制电枢电压来控制输出转速和转矩。下面介绍常用的晶闸管调速系统（SCR）和晶体管脉宽调制（PWM）调速系统。

1）晶闸管调速系统的基本原理。

如图 5-37 所示为晶闸管直流调速的原理框图。由晶闸管组成的主回路在交流电源电压不变的情况下，通过控制电阻可方便地改变直流输出电压的大小，该电压作为直流伺服电机的电枢电压 U_a，即可达到直流伺服电机调速的目的。

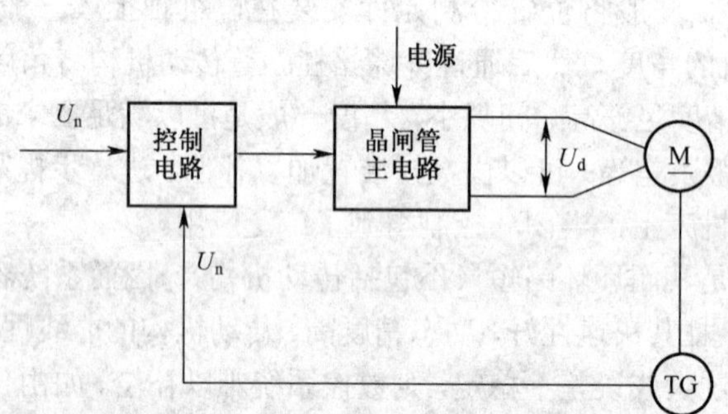

图 5-37　晶闸管直流调速的原理框图

整流回路中把晶闸管从承受正压起到导通之间的电角度称为控制角 α，晶闸管在一个周期内导通的电角度称为导通角 θ。

图 5-38 所示为晶闸管单相全桥整流电路，在 ωt_1 时刻，VT_1、VT_4 承受 μ_2 正压，同时 VT_1、VT_4 门极加触发脉冲，VT_1、VT_4 导通，此时控制角为 α，电源 U_2 加于负载上，形成电枢电压 U_d 及电枢电流 i_d。当 μ_2 过零变负时，由于电枢绕组上电感反动势的作用，通过 VT_1、VT_4 的维持电流继续流通，VT_1、VT_4 流通的导通角为 θ。直至下半周期同一控制角 α 所对应的时刻 ωt_2，触发 VT_1、VT_4 导通，VT_1、VT_4 因承受反压而关断，电枢电流 i_d 改由 VT_2、VT_3 供给，如图 5-38（b）所示。图 5-39 所示为在不同控制角 α 作用下的电枢电压、电流波形。控制角 α 在 0°～90° 内，随着 α 的增大，电枢电压 U_d 的平均值下降，电流 i_d 连续；当 α=90° 时，U_d 的平均值为零，电流 i_d 接近断续；当 α＞90° 时，U_d=0，电流 i_d 很小并断续。所以，该整流回路触发脉冲的移相范围为 0°～90°，每个晶闸管轮流导通 180°。

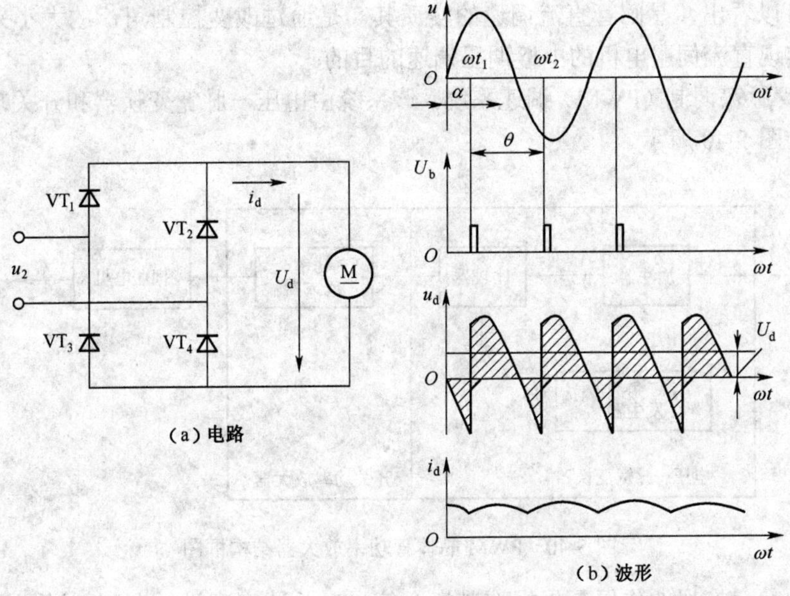

图 5-38　晶体管单相全桥整流电路及电压、电流波形

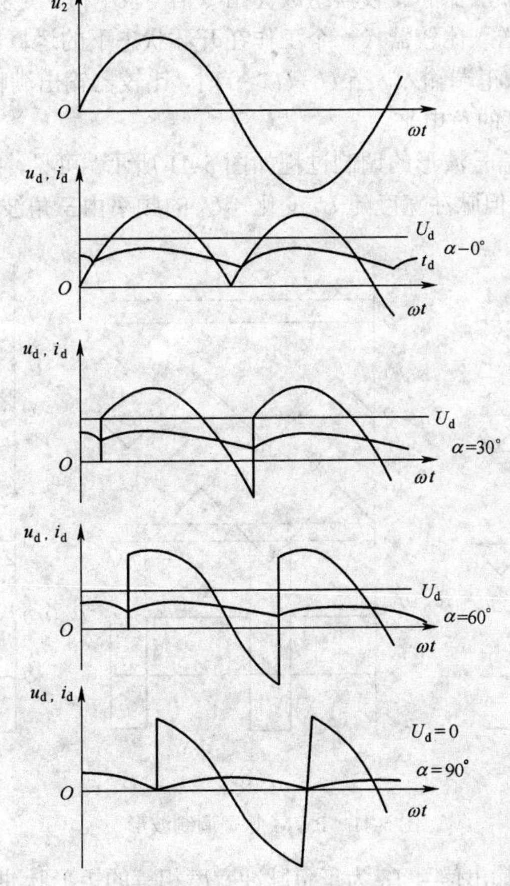

图 5-39　不同控制角 α 作用下的电枢电压、电流波形

由以上可以看出，晶闸管直流调速的实质其实是通过改变控制角 α 的大小来改变电枢电压值，从而实现直流伺服电机的电枢调压调速的目的。

2）晶体管脉宽调制（PWM）调速系统。该系统由电压一脉宽变换器和开关功率放大器两部分组成，如图 5-40 所示。

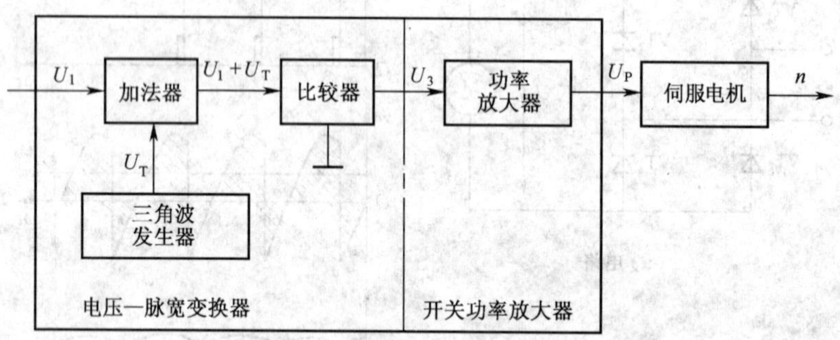

图 5-40　PWM 晶体管功率放大器结构框图

电压一脉宽变换器的作用是根据控制指令信号对脉冲宽度进行调制，以便用宽度随指令变化的脉冲信号去控制大功率晶体管的导通时间，实现对直流伺服电机电枢绕组两端电压的控制，它由三角波发生器、加法器和比较器组成。指令信号 U_1 和一定频率的三角波 U_T 经加法器产生信号 U_1+U_T，然后送入比较器（一个工作在开环状态下的运算器）。一般情况下，比较器负输入端接地，U_1+U_T 从正端输入。当 $U_1+U_T>0$ 时，比较器输出满幅度的正电平；当 $U_1+U_T<0$ 时，比较器输出满幅度的负电平。

电压一脉宽变换器对信号波形的调制过程如图 5-41 所示。可见，由于比较器的限幅特性，输出信号 U_S 的幅度不变，但脉冲宽度随 U_1 变化。U_S 的频率由三角波的频率决定。

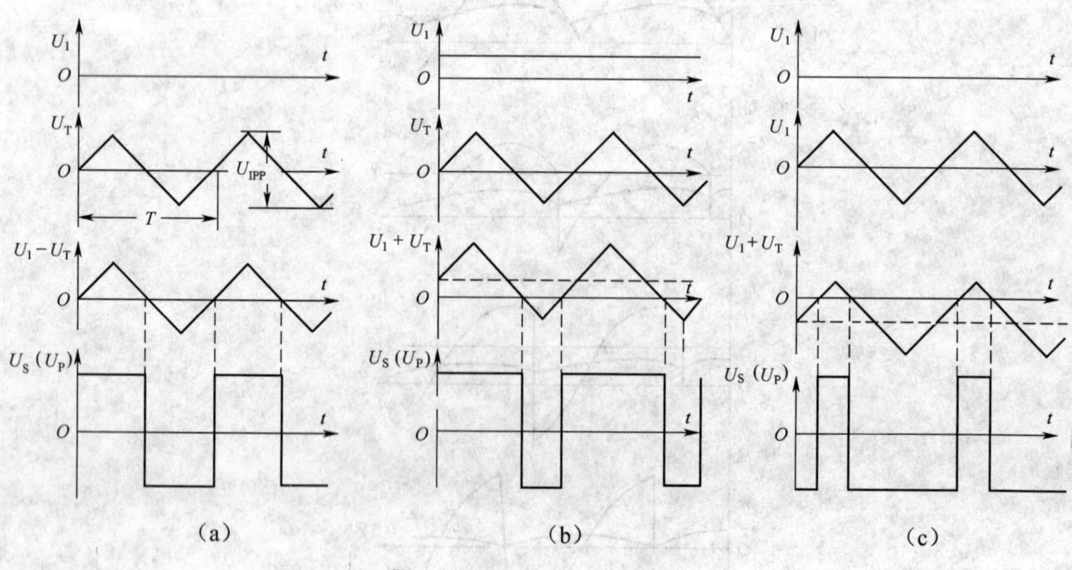

图 5-41　PWM 脉宽调制波形

当指令信号 $U_1=0$ 时，输出信号 U_S 为正负脉冲宽度相等的矩形脉冲；当指令信号 $U_1>0$ 时，

U_S的正脉冲宽度大于负脉冲宽度；当指令信号 U_1<0 时，U_S的正脉冲宽度小于负脉冲宽度。

当 $U_1 \geqslant U_{TPP}/2$（U_{TPP}是三角波的峰－峰值）时，U_S为一正直流信号；当 $U_1 \leqslant U_{TPP}/2$ 时，U_S为一负直流信号。

目前集成化的电压－脉宽变换器芯片有 LM3524 等。此外，80C552、8098 等单片机本身也具有 PWM 的输出功能，其输出脉冲宽度及频率可由编程确定，应用方便。

开关功率放大器的作用是对电压－脉宽变换器输出的信号 U_S进行放大，输出具有足够功率的信号 U_P，以驱动直流伺服电机。

开关功率放大器常采用大功率晶体管构成。根据各晶体管基极所加的控制电压波形，可分为单极性输出、双极性输出和有限单极性输出。图 5-42 所示是双极性输出的 H 型桥式 PWM 晶体管功率放大器的电路原理图。

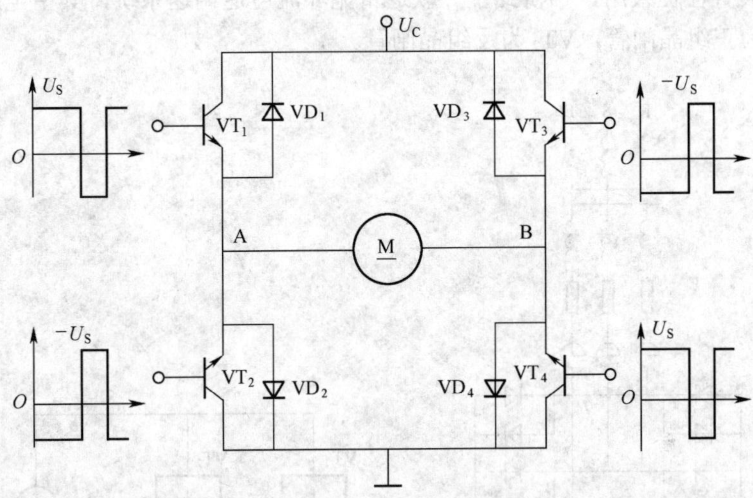

图 5-42 H 型桥式 PWM 晶体管功率放大器的电路原理

图中，大功率管 VT_1～VT_4 组成 H 型桥式结构的开关功放电路，续流二极管 VD_1～VD_4 构成在晶体管关断时直流伺服电机绕组中能量的释放回路。U_S来自电压－脉宽变换器的输出，$-U_S$可通过对 U_S反相获得。当 U_S>0 时，VT_1和 VT_4导通；U_S<0 时，VT_2和 VT_3导通。根据控制指令 U_1的不同情况，该功放电路及其所控制的直流伺服电机有以下 4 种工作状态：

- 当 U_1=0 时，U_S的正、负脉宽相等，直流分量为零，VT_1和 VT_4的导通时间与 VT_2和 VT_3的导通时间相等，流过电枢绕组中的电流平均值等于零，直流伺服电机不转。但在交流分量作用下，直流伺服电机在原位置处微振，这种微振有动力润滑作用，可消除直流伺服电机起动时的静摩擦，减小启动电压。
- 当 U_1>0 时，U_S的正脉宽大于负脉宽，直流分量大于零，VT_1和 VT_4的导通时间长于 VT_2和 VT_3的导通时间，流过电枢绕组中的电流平均大于零，直流伺服电机正转，且随着 U_1增加，转速增加。
- 当 U_1>0 时，直流伺服电机反转，反转转速随着 U_1的减小而增加。
- 当 $U_1 \geqslant U_{TPP}/2$ 或 $U_1 \leqslant U_{TPP}/2$ 时，U_S为正或负的直流信号，VT_1和 VT_4或 VT_2和 VT_3始终导通，直流伺服电机在最高转速下正转或反转。

5.3.2 主轴驱动的速度控制

主轴的速度调节是主轴驱动最重要的控制要求。主轴驱动分为直流主轴速度控制和交流主轴速度控制、主轴分段无级变速控制，其中主轴分段无级变速控制又分为有级变速、无级变速和分段无级变速 3 种形式，其中有级变速仅用于经济型数控机床，大多数数控机床均采用无级变速或分段无级变速。

1. 直流主轴速度控制

在数控机床的主轴驱动中，直流主轴电机通常采用晶闸管调速。

（1）主电路及其工作原理。

数控机床主轴要求正、反转，且切削功率尽可能大，并希望停止和改变转向迅速，故轴直流电机驱动装置往往采用三相桥式反并联逻辑无环流可逆调速系统，其主电路如图 5-43 所示，其中 VT_1 为正组晶闸管，VT_2 为反组晶闸管。

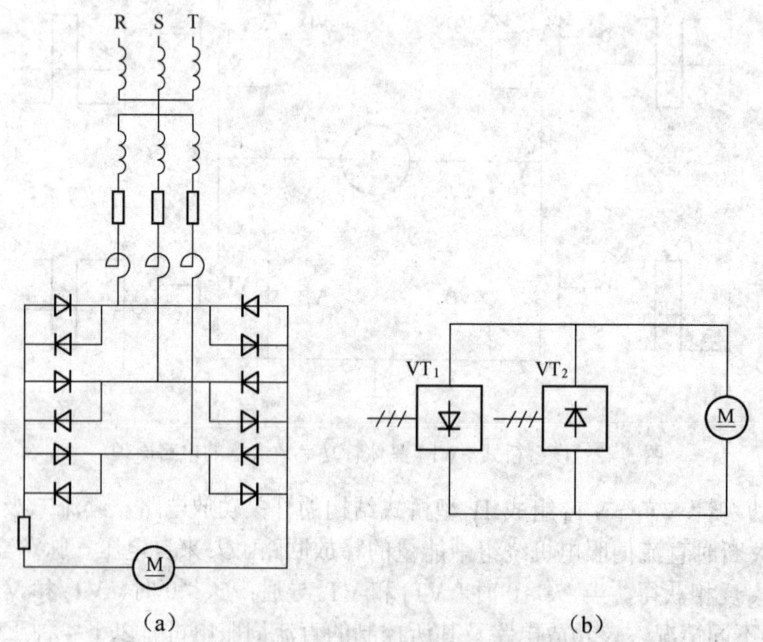

图 5-43 三相桥式反并联逻辑无环流可逆调速系统的主电路

反并联线路能实现电机正反向的电动和回馈发电制动，三相桥式反并联逻辑无环流可逆调速系统的四象限运行示意图如图 5-44 所示。

电机正向电动时，正组晶闸管工作在整流状态，提供正向直流电流；电机反向电动时，则由反组晶闸管工作在整流状态，提供反向直流电流，即可控制电机在第一、三象限的起动、升降速。

当电机需要从正向电动状态转到反向电动状态时，速度指令由正变负，正组晶闸管进入逆变状态，电机电枢回路中的电感储能维持电流方向不变，电机仍处于电动状态，但电枢电流逐渐减小。当电枢电流到零后，必须使正反组晶闸管都处于封锁状态，避免控制失误造成短路，此时电机在惯性作用下自由转动。经过安全延时后，反组晶闸管进入有源逆变状态，电机工作在回馈发电制动状态，将机械能送回电网，转速迅速下降，转速到零后，反组晶闸管进入整流状态，电机反向起动，完成了从正转到反转的转换过程，也就是完成了从第一象限到第三象限的工作转换。

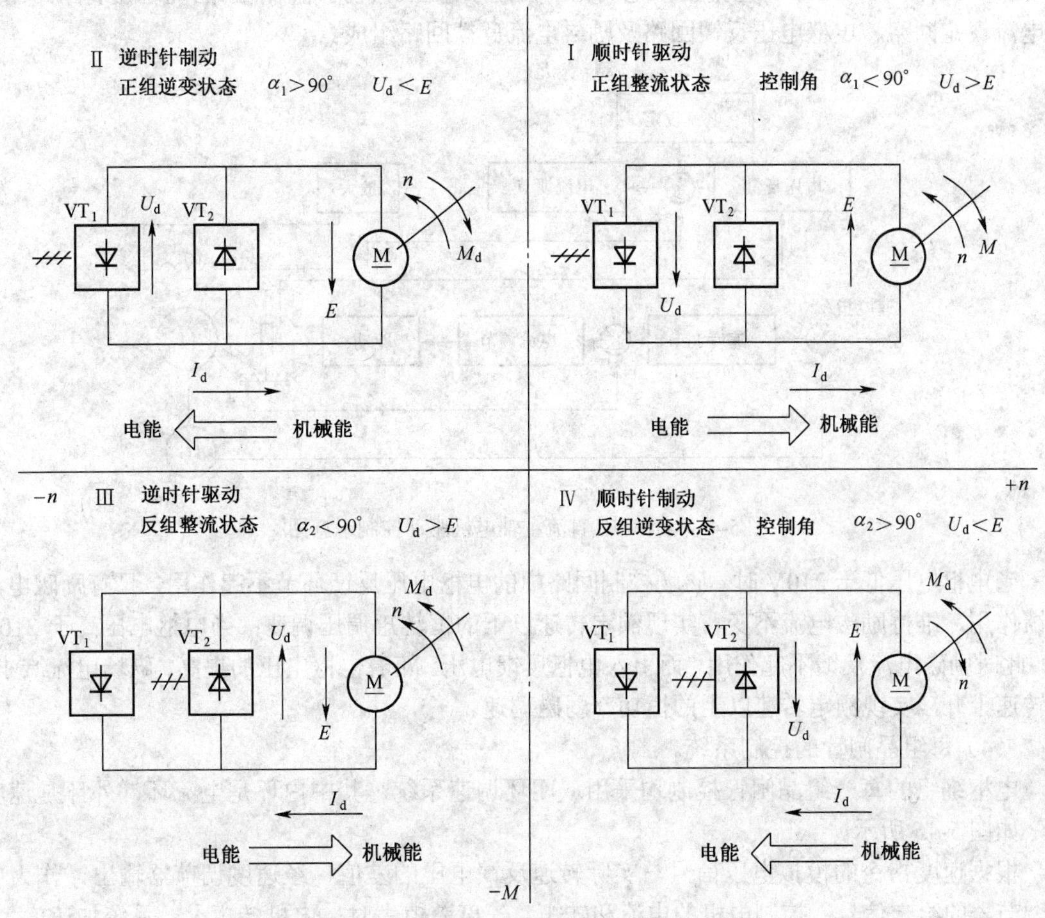

图 5-44　三相桥式反并联逻辑无环流可逆调速系统四象限运行示意图

电机从反转到正转的转换只不过是 VT_1 和 VT_2 的控制相反而已。

该电路的回馈发电制动也能实现电机的停车控制。

因此反并联线路除了能缩短制动和正反向转换的时间外，还能将主轴旋转的机械能转换成电能送回电网，提高了工作效率。

（2）主电路控制要求。

为了保证两组晶闸管不同时工作，避免造成短路，可采用逻辑无环流可逆控制系统。它是利用逻辑电路检测电枢电路的电流是否到达零值，并判断旋转方向，提供正组或反组的允许开通信号，使一组晶闸管在工作时，另一组晶闸管的触发脉冲被封锁，从而切断正、反两组晶闸管之间可能的电流通路。因此逻辑电路必须满足下述条件：①每个时刻只允许向一组晶闸管提供触发脉冲；②只有当工作的那一组晶闸管电流为零后，才能撤消其触发脉冲，以防止当晶闸管逆变时电流还不到零时就撤消触发脉冲，可能出现逆变颠覆现象，造成故障；③只有当工作的那一组晶闸管完全关断后，才能再向另一组晶闸管提供触发脉冲，以防止出现大的环流；④任何一组晶闸管导通时，要防止其输出电压与电机电动势方向一致，导致电流过大。

（3）励磁控制回路。

图 5-45 所示为 FANUC 直流主轴电机驱动控制示意图。直流电机的励磁绕组控制回路由励磁电流设定回路、电枢电压反馈回路及励磁电流反馈回路组成。

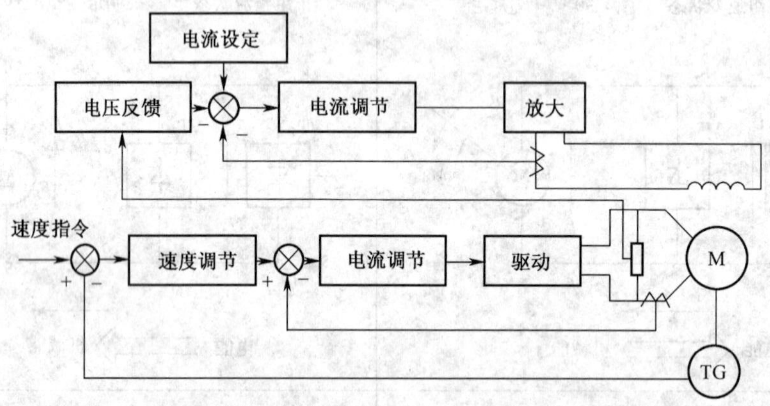

图 5-45　FANUC 直流主轴电机驱动控制示意图

当电枢电压低于 210V 时，磁场控制回路中的电枢电压反馈环节不起作用，只有励磁电流反馈作用，维持励磁电流不变，实现额定转速以下的恒转矩调压调速；当电枢电压高于 210V 后，此时励磁电流反馈不起作用，而引入电枢反馈电压。随着电枢电压的提高，磁场电流减小，使转速上升，实现额定转速以上的恒功率弱磁调速。

（4）每组晶闸管的控制系统。

电枢绕组的每一组晶闸管控制均采用双闭环调速系统，其中内环是电流环，外环是速度环，如图 5-45 所示。

根据速度指令的模拟电压信号与实际转速反馈电压的差值，经速度调节器输出，作为电流调节器的给定信号，控制电机的电流和转矩。速度差值大时，电机转矩大，系统加速度大，电机能较快达到转速给定值；当转速比较接近给定值时，电机转矩自动减小，又可以避免过大的超调，避免稳定时间过长。

电流环的作用是当系统受到外来干扰时，能迅速地做出抑制响应，保证系统具有最佳的加速和制动时间特性。另外，双闭环调速系统中速度调节器的输出限幅，也就限定了电流环中的电流。在电机启动或制动过程中，电机转矩和电枢电流急剧增加，达到限定值，使电机以最大转矩加速，转速直线上升。当电机的转速达到甚至超过了给定值时，速度反馈电压大于速度给定电压，速度调节器的输出低于限幅值时，电流调节器使电枢电流下降，转矩也随之下降，电机减速。当电机的转矩小于负载转矩时，电机又会加速，直到重新回到速度给定值，因此双闭环直流调速系统对主轴的快速启停、保持稳定运行等起到了相当重要的作用。另外直流主轴驱动装置一般还具有速度到达、零速检测等辅助信号输出，并具有速度反馈消失、速度偏差过大、过载及失磁等多项报警保护措施，以确保系统安全可靠工作。

2. 交流主轴速度控制

随着交流调速技术的发展，数控主轴驱动大多采用变频器控制交流主轴电机。变频器的控制方式从最初的电压矢量控制到磁通矢量控制，已发展为直接转矩控制；变流器件由逆变器到脉宽调制（PWM）技术，脉宽调制（PWM）技术又从正弦PWM发展到优化PWM技术和随机PWM技术，电流谐波畸变小，电压利用率、效率更高，转矩脉动及噪声强度大幅度削弱；功率器件由GTO、GTR、IGBT发展到智能模块IPM，开关速度快、驱动电流小、控制驱动简单、故障率降低，干扰也得到了有效控制，保护功能进一步完善。

（1）6SC650系列交流主轴驱动装置。

图5-46所示为西门子6SC650系列交流主轴驱动装置原理图。

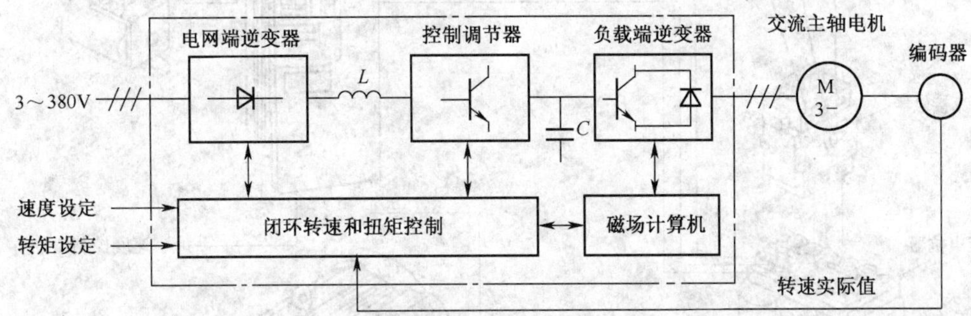

图5-46　西门子6SC650系列交流主轴驱动装置原理图

6SC650系列交流主轴驱动装置由晶体管脉宽调制变频器、IPH系列交流主轴电机、编码器组成，可实现主轴的自动变速、主轴定位控制和主轴C轴的进给。

其中，电网端逆变器采用三相全控桥式变流电路，既可工作在整流方式，向中间电路直接供电，也可工作于逆变方式，实现能量回馈。

控制调节器可将整流电压从535V提高到（575V+575V×2%），提供足够的恒定磁通控制变频电压源，并在变频器能量回馈工作方式时实现能量回馈的控制。

负载端逆变器是由带反并联续流二极管的6只功率晶体管组成。通过磁场计算机的控制，负载端逆变器输出三相正弦脉宽调制（SPWM）电压，使电机获得所需的转矩电流和励磁电流。输出的三相SPWM电压幅值控制范围为0～430V，频率控制范围为0～300Hz。在回馈制动时，电机能量通过变流器的6只续流二极管向电容器C充电，当电容器C上的电压超过600V时，控制调节器和电网端逆变器将电容器C上的电能回馈给电网。6只功率晶体管有6个互相独立的驱动级，通过对各功率晶体管U_{ce}和U_{be}的监控，可以防止电机超载，并对电机绕组匝间短路进行保护。

电机的实际转速是通过电机轴上的编码器测量的。闭环转速、扭矩控制以及磁场计算是由两片16位处理器（80186）组成的控制电路完成的。

（2）主轴通用变频器。

随着数字控制的SPWM变频调速系统的发展，采用通用变频器控制的数控机床主轴驱动装置越来越多。所谓“通用”，一是可以和通用的笼型异步电机配套应用；二是具有多种可供选择的功能，应用于不同性质的负载。

在图5-47中，为了减小输入电流的高次谐波，电源侧采用了交流电抗器，直流电抗器则是用于功率因数校正，有时为了减小电机的振动和噪声，在变频器和电机之间还可加入降噪电抗器。为防止变频器对周围控制设备的干扰，必要时可以在电源侧选用无线电干扰（REI）抑制电抗器。

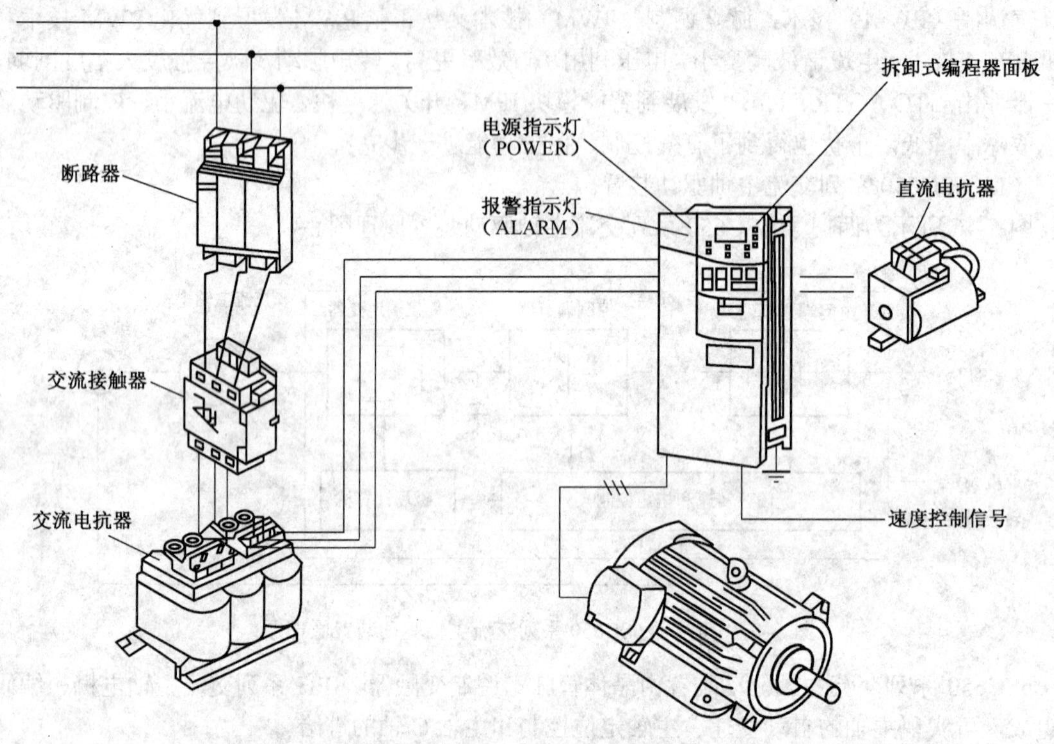

图 5-47　变频器系统连接图

三菱 FR-A500 系列变频器的系统组成及接口定义如图 5-48 所示。

该变频器的速度是通过 2、6 端 CNC 系统输入的模拟速度控制信号，以及 RH、RM 和 RL 端由拨码开关编码输入的开关量或 CNC 系统数字输入信号来设定的，可实现电机从最低速到最高速的三级变速控制。应用变频器应注意安全，并掌握参数设置。按如图 5-49 所示操作。

变频器的电源显示也称充电显示，它除了表明是否已经接上电源外，还显示了直流高压滤波电容器上的充、放电状况。因为在切断电源后，高压滤波电容器的放电速度较慢，由于电压较高，对人体有危险。每次关机后，必须等电源显示完全熄灭后，方可进行调试和维修。

3. 主轴分段无级变速及控制

（1）概述。

无级调速主轴机构虽然能大大简化主轴箱，但低速段输出转矩常常不能满足切削转矩要求。如单纯追求无级调速，势必要增大主轴电机功率，主轴电机与驱动装置的体积、重量及成本大大增加，也降低了运行效率。因此数控机床常采用 1～4 挡齿轮变速与电机无级调速相结合，即分段无级变速控制。

在数控系统参数区设置 M41～M44 四挡对应的最高主轴转速，数控系统即可使用 M41～M44 指令控制齿轮自动变挡。在控制过程中，数控系统会根据当前的 S 指令值自动判断应处的挡位，输出相应的 M41～M44 指令给可编程控制器（PLC），控制变换相应的齿轮位置；数控系统同时输出相应的模拟电压或数字信号设定对应的速度。其控制结构如图 5-50 所示。

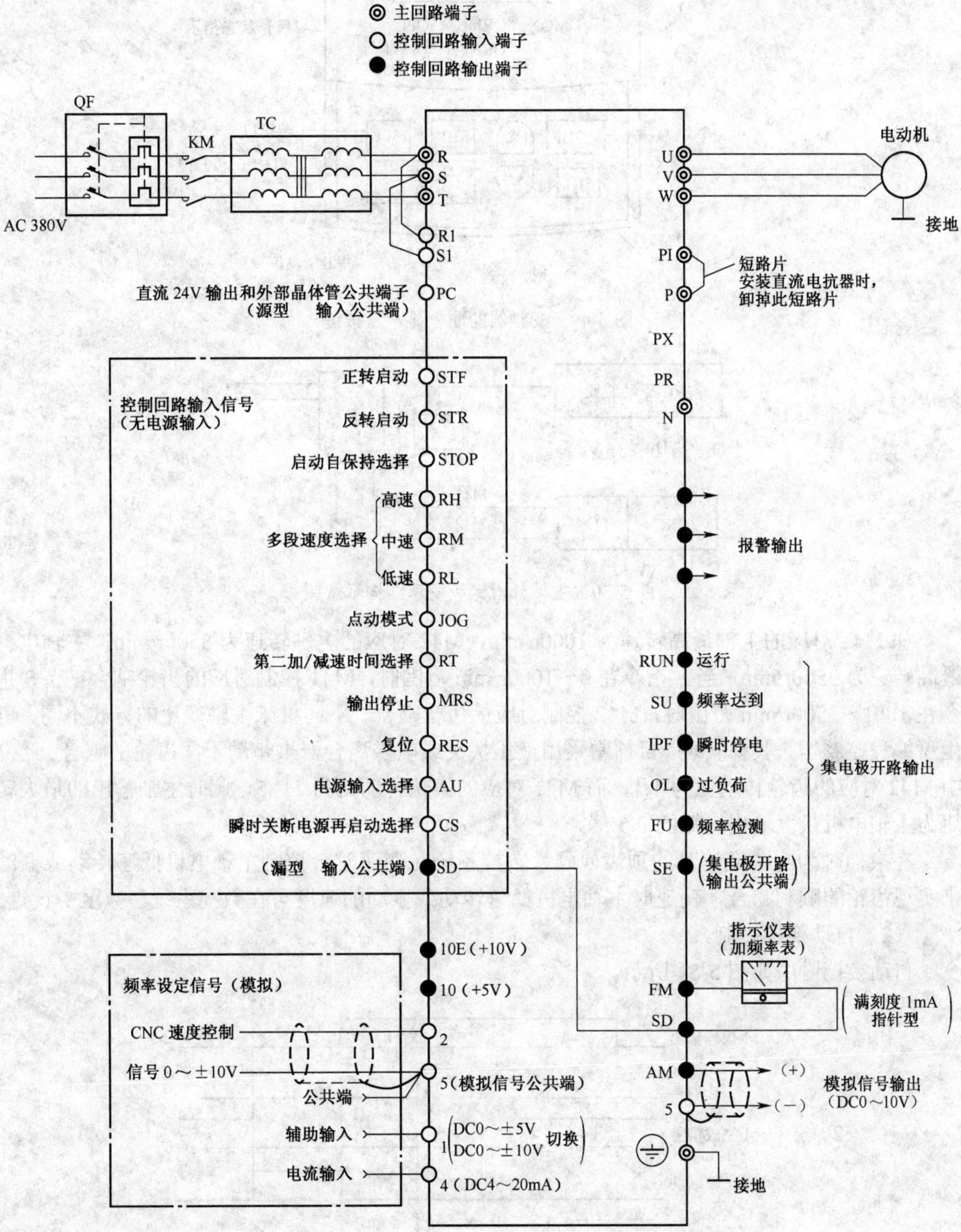

图 5-48　三菱 FR-A500 系列变频器的系统组成及接口定义

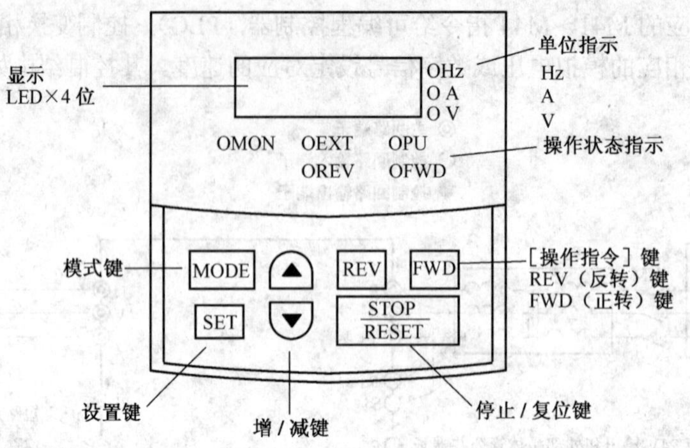

图 5-49　变频器的面板显示及按键

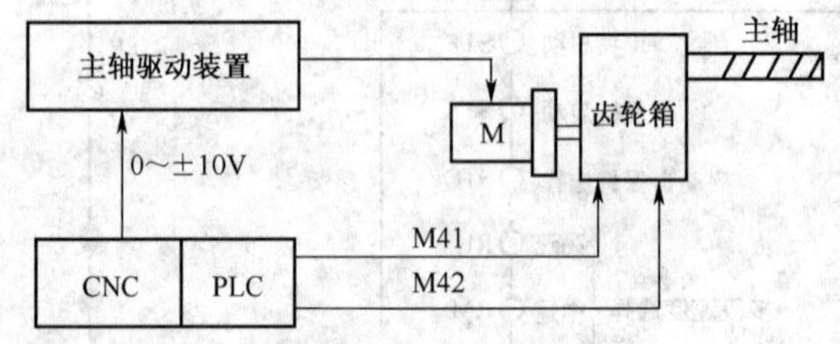

图 5-50　主轴分段无级变速结构示意图

如 M41 对应的主轴最高转速为 1000r/min，M42 对应的主轴转速为 3500r/min，主轴电机最高转速为 3500r/min，当 S 指令在 0～1000r/min 范围时，M41 控制对应的齿轮啮合；当 S 指令在 1001～3500r/min 范围时，M42 控制对应的齿轮啮合。不同机床主轴变速的方式不同，可由可编程控制器来具体实现。目前常采用液压拨叉或电磁离合器来带动不同齿轮的啮合。此例中 M42 对应的齿轮传动比为 1:1，而 M41 对应的齿轮传动比为 1:3.5，此时主轴输出的最大转矩为主轴电机最大输出转矩的 3.5 倍。

在换挡时为解决变速时的顶齿问题，数控系统在变速时会控制主轴电机低速转动或振动来实现齿轮的顺利啮合。变速时主轴电机低速转动或振动的速度可在数控系统参数区中设定。

（2）自动换挡控制。

自动换挡时序如图 5-51 所示。

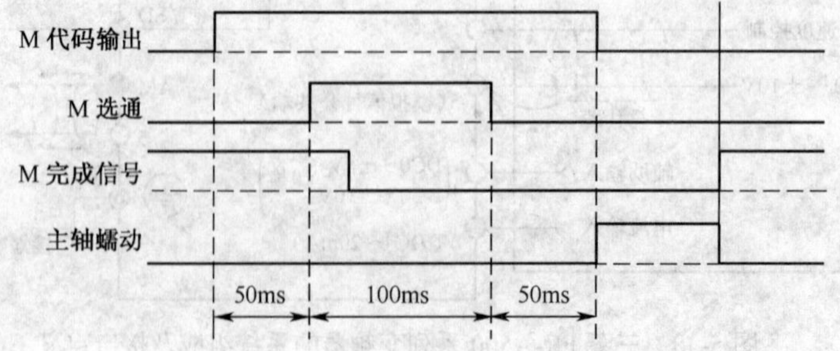

图 5-51　自动换挡变速控制时序图

1）当数控系统读到有挡的变化 S 指令时，则输出相应的 M 代码（M41、M42、M43、M44）。代码由 BCD 码输出还是由二进制输出，可由数控系统的参数确定。输出信号送至可编程控制器。

2）50ms 后，CNC 发出 M 选通信号 M strobe，指示可编程控制器可以读取并执行 M 代码，选通信号持续 100ms。之所以在 50ms 后读取，是为了让 M 代码稳定，保证读取的数据正确。

3）可编程控制器接收到 M strobe 信号后，立即使 M 完成信号为无效，告诉数控系统 M 代码正在执行。

4）可编程控制器开始对 M 代码进行译码，并执行相应的换挡控制逻辑。

5）M 代码输出 200ms 后，数控系统根据参数设置输出一定的主轴蠕动量，从而使主轴慢速转动或振动，以解决齿轮顶齿问题。

6）可编程控制器完成换挡后，置 M 信号有效，并告诉数控系统换挡工作已经完成。

7）数控系统根据参数设置每挡主轴最高转速，自动输出新的模拟电压，使主轴转速为给定的 S 值。

另外，有些主轴驱动如 YASKAWA Varispeed—626MT 具有电机线圈选择功能，因此不需要齿轮也可完成提升低速转矩的功能。从本质上说，提高低速转矩，也就是增大主轴恒功率区。主轴电机的恒功率区与恒转矩区的比是其性能的重要指标。YASKAWA 主轴电机内部有两组线圈，即低速线圈和高速线圈，通过对线圈的自动选择（使用接触器切换），可方便地使恒功率区与恒转矩区之比达到 1:12，低速转矩可提高两倍以上。

现代数控机床常采用主轴电机－变挡齿轮传递－主轴的结构，当然变挡齿轮箱比传统机床主轴箱要简单得多。液压拨叉和电磁离合器是两种常用的变挡方法。

1）液压拨叉。液压拨叉是一种用一只或几只液压缸带动齿轮移动的变速机构。最简单的二位液压缸实现双联齿轮变速。对于三联或三联以上的齿轮换挡则需要使用差动液压缸。图 5-52 所示为三位液压拨叉的原理图，三位液压拨叉由液压缸 1 与 5、活塞 2、拨叉 3 和套筒 4 组成，通过电磁阀改变不同的通油方式可获得 3 个位置。

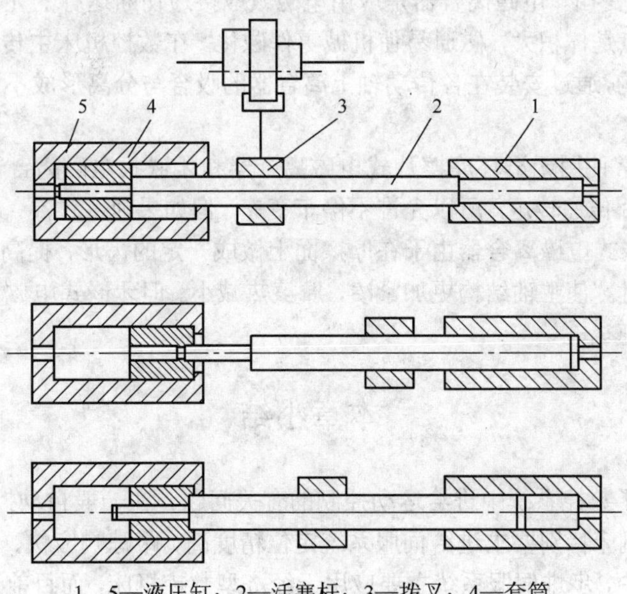

1、5—液压缸；2—活塞杆；3—拨叉；4—套筒

图 5-52　三位液压拨叉的原理图

- 当液压缸 1 通入液压油而液压缸 5 卸压时，活塞杆 2 便带动拨叉 3 向左移至极限位置。
- 当液压缸 5 通入液压油而液压缸 1 卸压时，活塞杆 2 和套筒 4 一起移至右极限位置。
- 当液压缸 1、5 同时通入液压油时，由于活塞杆 2 两端直径不同使其向左移动，而由于套筒 4 和活塞杆 2 截面直径不同，而使套筒 4 向右的推力大于活塞杆 2 向左的推力，因此套筒 4 压向液压缸的右端，而活塞杆 2 紧靠套筒 4 的右面，拨叉处于中间位置。

要注意的是，每个齿轮的到位需要有到位检测元件（如感应开关）检测，该信号有效说明变挡已经结束。对主轴驱动无级变速的场合，可采用数控系统控制主轴电机慢速转动或振动来解决液压拨叉可能产生的顶齿问题。对于纯有级变速的恒速交流电机驱动场合，通常在传动链上安置一个微电机。正常工作时，离合器脱开；齿轮换挡时，主轴 Ml 停止工作而离合器吸合，微电机 M2 工作，带动主轴慢速转动。同时，液压缸移动齿轮从而顺利啮合，如图 5-53 所示。

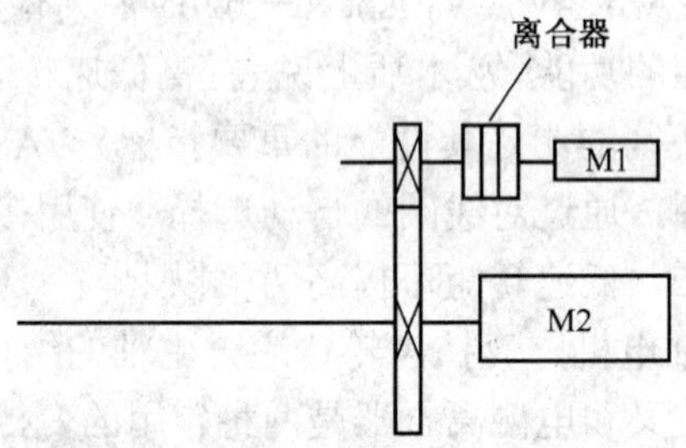

图 5-53　微电机工作齿轮变挡示意图

液压拨叉需要附加一套液压装置，将电信号转换为电磁阀动作，再将压力油分至相应的液压缸，因而增加了复杂性。

2）电磁离合器变挡。电磁离合器是应用电磁效应接通切断运行的元件。它便于实现自动化操作。但它的缺点是体积大，磁通易使机械零件磁化。在数控机床主传动中，使用电磁离合器能够简化变速机构，通过安装在各传动轴上离合器的吸合与分离形成不同的运动组合传动路线，实现主轴变速。

在数控机床中常使用无滑环摩擦片式电磁离合器和牙嵌式电磁离合器。由于摩擦片式电磁离合器采用摩擦片传递转矩，所以允许不停车变速。但如果速度过高，会由于滑差运动产生大量的摩擦热。牙嵌式电磁离合器由于在摩擦面上做成一定的齿形，提高了传递转矩，减小离合器的径向轴向尺寸，使主轴结构更加紧凑，摩擦热减小。但牙嵌式电磁离合器必须在低速时（每分钟数转）变速。

本章小结

本章主要介绍了数控系统中进给运动控制的有关问题。在一般自动控制系统要求快、稳、准的基础上，数控机床特别要求进给伺服系统定位精度高、跟踪响应快、伺服滞后小。在各种机床进给伺服系统中，步进伺服系统主要应用于经济型数控机床，而目前直流伺服系统应用得越来越少，全数字式交流伺服系统应用得越来越广泛。

在开环数控系统中，一般使用步进电机作为执行元件，并且现在大多选用永磁反应式（混合式）步进电机。在选用过程中，还要考虑到脉冲当量、步距角、电机转矩和运行频率等方面的相互影响。特别要注意，步进电机工作频率和输出转矩之间的关系，以及低频振荡和失步等现象，因为这些将会直接影响整个数控系统的稳定性和精度。

在开环数控系统中，要根据步进电机的起动特性曲线和运行特性曲线设计自动升降速过程，具体分定步法和定时法两种。开环数控系统中误差来源较多，包括机械和电气等方面，可以针对它们的特点对部分误差进行补偿。但总的来说，配置开环数控系统的机床精度和速度等指标不太高。

中、高档数控机床一般采用半闭环或全闭环数控系统，执行元件为直流或交流电机。由于可以利用反馈机制来动态补偿位置误差，所以系统精度较高。

在闭环或半闭环数控系统中，位置控制环的给定是插补器输出的脉冲信号或数据采样插补结果对应的模拟量。然后与反馈的工作台实际位置相比较，获得位置误差值，经比例放大和零漂处理后输出一个控制量给伺服系统（速度环）。最后通过电机和丝杠带动工作台朝着减少误差的方向运动。

闭环和半闭环控制是基于反馈控制原理工作的。在位置控制中，将指令位置与实际位置比较，形成位置偏差，经转换得到速度控制信号至驱动装置。位置比较方式有脉冲比较法、相位比较法和幅值比较法，通过位置控制芯片或位置控制模块及软件来实现。

在数控机床组成中，驱动装置（又称速度控制单元或伺服驱动单元）接收数控系统输出的速度控制信号，输出电能以驱动电机。数控机床的驱动主要有主轴驱动和进给驱动，主轴电机有直流主轴电机和三相交流异步电机；进给驱动电机有步进电机、直流伺服电机和三相永磁同步电机。步进驱动要解决环形分配及功率放大问题。环形分配可通过软件或专用集成电路来实现；功率放大有高低压切换、恒流斩波等驱动电源。

习题与思考题

1．数控机床驱动装置的作用是什么？

2．数控机床有哪些驱动装置？

3．简述数控机床对进给驱动和主轴驱动的要求。

4．步进驱动环形分配的目的是什么？有哪些实现形式？数控系统输出给步进驱动装置的信号是哪种形式？

5．高低电压切换、恒流斩波和细分驱动电源对提高步进电机的运行性能有什么作用？

6．直流或交流伺服驱动装置的速度控制指令来自何处？以什么形式表示？

7．试说明开环数控系统、全闭环数控系统和半闭环数控系统中信号连接各有什么特点？

8．试简述闭环数控系统中位置控制的基本原理。

9．闭环和半闭环伺服系统由哪些环节组成？

10．数控机床对进给伺服系统有哪些要求？

11．全数字式伺服系统在伺服控制方面有什么特点？

12．简述伺服驱动单元上的 R、S、T 和 U、V、W 接线端子的含义。

13．简述驱动单元的起动过程。

14．外接再生电阻的作用是什么？

15．数控系统输出至 NCl 端口的控制信号的形式是什么？有哪些类型？

16．伺服电机中编码器的输出信号至 CN2 端口，说明该信号在伺服控制中的作用。

17．参数设置是靠什么装置来实现的？

18．电子齿轮比起什么作用？

19．加减速时间的长短对驱动单元的运行有哪些影响？

第 6 章　数控机床的机械结构

本章学习目标

- 掌握数控机床机械结构的特点及要求
- 熟悉数控机床主传动系统的 4 种配置方式，掌握主轴滚动轴承配置形式、准停、刀具自动装卸及切屑清除装置、润滑与密封等
- 掌握数控机床中导轨的作用，特别是滚动导轨和静压导轨的特点与作用
- 熟悉数控机床进给传动系统、滚珠丝杠螺母副与齿轮传动副间隙的调整方法
- 掌握回转工作台与分度工作台的机构结构等相关知识与应用
- 了解刀库与自动换刀装置的相关知识与应用
- 掌握常用刀柄结构形式与应用

6.1　数控机床的结构特点及要求

为了满足与数控机床的高精度、高效率的加工相匹配，对数控机床本体的机械结构提出了高精度、高刚度、低惯性、低摩擦、高谐振频率、适当的阻尼比等要求。因此，数控机床与普通机床在机械传动和结构上有着显著的不同，其特点有：

（1）采用高性能的无级变速主轴及伺服传动系统，机械传动结构大为简化，传动链缩短。

（2）采用刚度和抗振性较好的机床新结构，如动静压轴承的主轴部件、钢板焊接结构的支承件等。

（3）采用多主轴、多刀架结构以及刀具与工件的自动夹紧装置、自动换刀装置和自动排屑、自动润滑冷却装置等。

（4）采用在效率、刚度、精度等各方面较优良的传动元件，如滚动丝杠螺母副、静压蜗杆副以及塑料滑动导轨、滚动导轨、静压导轨等。

（5）采取减小机床热变形的措施，如减少机床内部热源的发热量、改善散热和隔热条件、合理设计机床结构和部局，保证机床的精度稳定，获得可靠的加工质量。

对数控机床机构结构的基本要求如表 6-1 所示。

表 6-1　数控机床机械结构的基本要求

对结构的要求	目的	采取的措施
提高机床的静刚度	使数控机床产生的弹性变形控制在最小限度内，以保证实现所要求的加工精度和表面质量	提高主轴部件的刚度、支承部件的整体刚度、各部件之间的接触刚度以及刀具部件的刚度。如采用三支承主轴结构，合理配置滚动轴承，采用刚度高、抗振性好、承载能力大的静压或动压轴承，采用封闭截面的床身，并采取措施提高机床各部件接触刚度，如采用刮研的方法增加单位面积上的接触点数及在结合面间预加载荷，以增大接触面积等

续表

对结构的要求	目的	采取的措施
		提高刀架刚度，如合理设计转台大小和刀具数量、增大刀架底座尺寸等
提高机床的动刚度	充分发挥数控机床加工的高效性、稳定性，在保证静刚度的前提下，还必须提高动态刚度	提高系统的刚度，增加阻尼以调整构件的自振频率等。如采用钢板焊接结构既可提高静刚度、减小结构重量，又可增加构件本身阻尼；对铸件采用封砂结构也有利于振动衰减，提高抗振性
减少机床的热变形	机床热变形是影响加工精度的重要因素。数控机床的加工过程都是由计算机指令控制的，热变形对加工精度的影响更为严重	（1）减少发热：采用低摩擦因数的导轨和轴承，液压系统中采用变量泵 （2）控制温升：通过良好的散热、隔热和冷却措施来控制温升。如在机床发热部位强制冷却 （3）改善机床结构：设计合理的机床结构和布局，如设计热传导对称的结构，使温升一致，以减少热变形；采用热变形对称结构，以减小热变形对加工精度的影响等
减小运动件的摩擦和消除传动间隙	由于数控机床工作台（或滑板）的位移量是以脉冲当量为最小单位的，一般为 0.01～0.001mm，要求运动件能微量精确移动，以提高运动精度和定位精度，提高进给运动低速运动的平稳性	减小运动件重量，减小运动件的静、动摩擦力之差，减小或消除传动间隙，缩短传动链等。如采用滚动或静压导轨，减小摩擦副间的摩擦力，避免低速爬行。采用滑动－滚动混合导轨，一方面能减小摩擦阻力，还能改善系统的阻尼特性，提高执行部件的抗振性。采用塑料滑动导轨，既可减小摩擦阻力又可改善摩擦和阻尼特性，提高运动副的抗振性和平稳性。采用滚动丝杠代替滑动丝杠，可显著减小运动副的摩擦。另外，数控机床（尤其是开环系统的数控机床）的加工精度在很大程度上取决于进给传动链的精度，除提高齿轮和滚动丝杠的精度外，采用无间隙滚珠丝杠传动和无间隙齿轮传动可大大提高数控机床的传动精度
提高机床的寿命和精度保持性	数控机床必须有足够的使用寿命和精度保持性	提高数控机床零部件的耐磨性，尤其是导轨、进给丝杠、主轴部件等主要零件的耐磨性；在使用过程中，应保证数控机床各部件润滑良好
自动化结构，怡人的操作性和造型	最大限度地压缩辅助时间，提高生产效率，使其内部结构合理、紧凑，便于操作和维修，外观造型美观怡人	采用多主轴、多刀架及带刀库的自动换刀装置等，以减少工件装夹和换刀时间，提高生产率。在改善机床操作性方面充分注意机床各运动部分的互锁能力，防止事故的发生。尽可能改善操作者的观察、操作和维护条件，设置紧急停车装置。设计最有利的工件装夹位置，便于装卸工件。对于切屑数量较多的数控机床，其床身结构必须有利于排屑或设有排屑装置

6.2 数控机床的主传动及主轴部件

数控机床的主传动系统由主轴电机、主传动系统和主轴部件组成。

数控机床主传动是机床成形运动之一，是承受主切削力的传动运动。它的精度决定了零件的加工精度，它的功率大小与回转速度直接影响着机床的加工效率。数控机床的主轴广泛采用交流、直流电机驱动，其主传动的调速范围较大，且能实现无级调速。数控机床的主传动变速机构比普通机床的要简化得多，主轴箱内各传动件、支承件的数量大为减少，这就使得数控机床主传动系统的热变形小，运动精度较高。

6.2.1　主传动方式

由于数控机床一般采用的是交流或直流主轴伺服电机来实现无级调速，因此其变速机构的调速能够按照数控指令自动完成。为能扩大调速范围，适应低速与大扭矩的要求，常用齿轮有级调速和电动机无级调速相结合的调速方式。

数控机床主传动系统主要有 4 种配置方式，如图 6-1 所示。

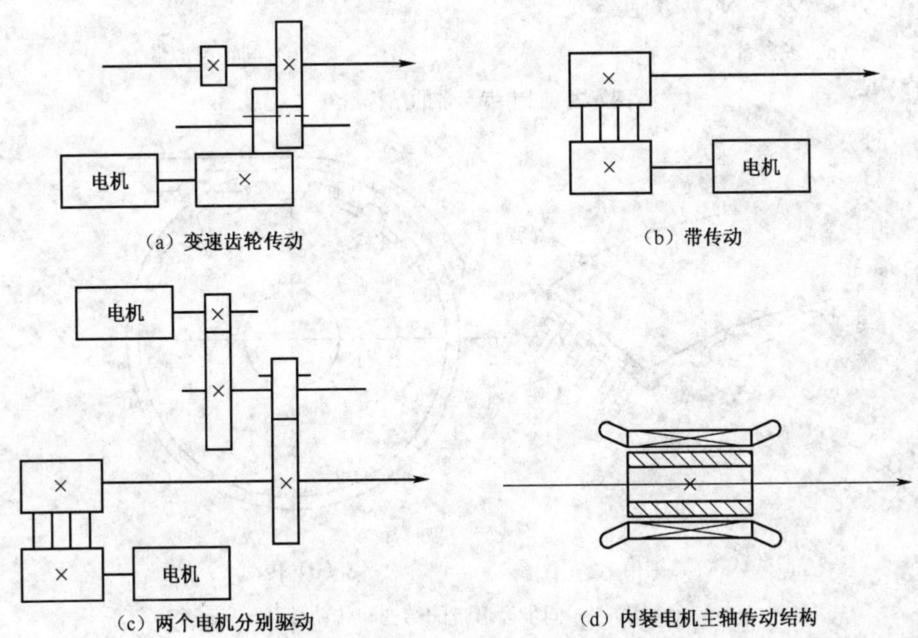

(a) 变速齿轮传动　(b) 带传动

(c) 两个电机分别驱动　(d) 内装电机主轴传动结构

图 6-1　数控机床主传动系统的 4 种配置方式

(1) 带有变速齿轮的主传动。

如图 6-1 (a) 所示，这是大、中型数控机床常采用的一种变速方式。通过少数几对齿轮传动，扩大变速范围，扩大输出扭矩，以满足主轴低速时对输出扭矩特性的要求。数控机床在交流或直流电机无级变速的基础上配以齿轮变速，使之成为分段无级变速。主轴的正、反启动与停止、制动是由电机实现的。

(2) 通过带传动的主传动。

如图 6-1 (b) 所示，这种传动主要应用在转速较高、变速范围不大的机床。电机本身的调速已能满足要求，不用齿轮变速，可以避免齿轮传动引起的振动与噪声。这种传动方式适用于高速、低转矩特性要求的主轴，常用的带有多楔带和同步带。

数控机床上应用的多楔带横截面呈多个楔形，如图 6-2 (a) 所示。传递负载的强力层中有多根钢丝或涤纶绳，具有较小的伸长率、较大的抗拉强度和抗弯曲疲劳强度。多楔带综合了 V 形带和平形带的优点，能使主传动满足高速、大转矩和不打滑的要求。但多楔带安装时需要较大的张紧力，主轴和电机会承受较大的径向力。

同步齿形带传动综合了带传动和链传动的优点。同步齿形带的带型有梯形齿和圆弧齿，如图 6-2 (b) 所示。同步齿形带的传动原理如图 6-3 所示，带的工作面及带轮外圆上的齿进行无滑动的啮合传动。由无弹性伸长材料做成的强力层可保持带的节距不变，使主动轮、从动轮进行无相对滑动的同步传动，保持恒定的传动比。

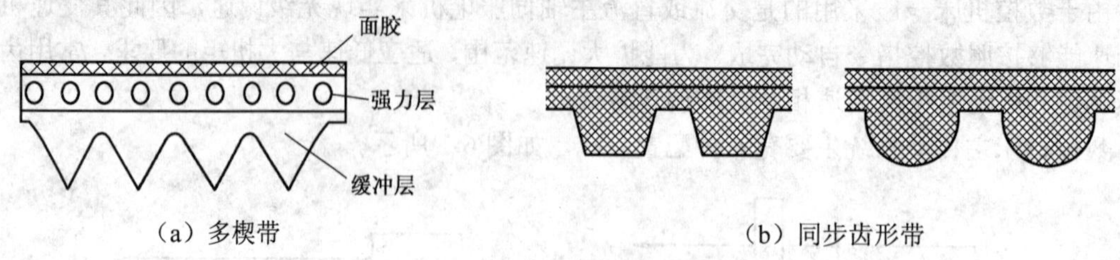

（a）多楔带　　（b）同步齿形带

图 6-2　同步齿形带的结构形式

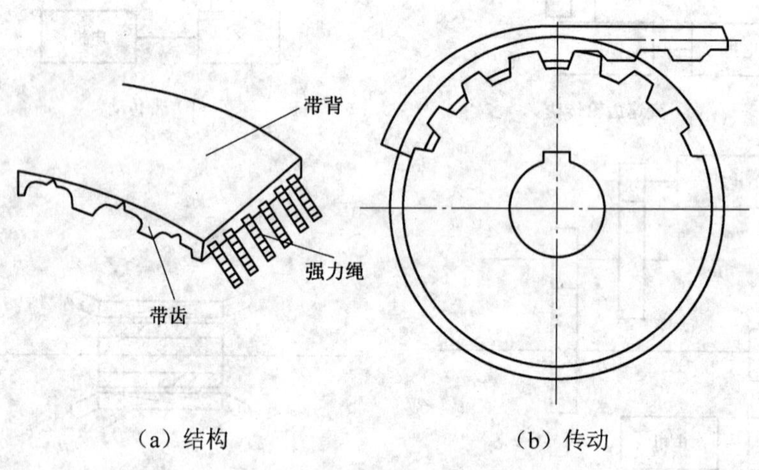

（a）结构　　（b）传动

图 6-3　同步齿形带的结构和传动

（3））两个电机分别驱动主轴。

如图 6-1（c）所示，用两个电机分别驱动主轴是上述两种传动方式的混合传动，具有上述两种性能。高速时，一个电机直接通过带传动驱动主轴转动；低速时，则由另一个电机通过齿轮传动来驱动主轴转动，齿轮起到降速和扩大变速范围的作用，这样就使恒功率区增大，扩大了变速范围，避免了低速时转矩不够且电机功率不能充分利用的问题。注意两电机不能同时工作。

（4）调速电机直接驱动主轴转动。

如图 6-1（d）所示，其传动中的电机又称电主轴，电机定子固定，转子和主轴采用一体化结构，这种方式大大简化了主轴箱体和主轴的结构，有效地提高了主轴部件的刚度，但其输出的扭矩小，电机的发热对主轴的精度影响较大。

6.2.2　主轴部件

主轴是机床的重要部件之一，它包括主轴、主轴轴承、安装在主轴上的传动零件、刀具自动装卸及吹屑装置、主轴准停装置等。主轴部件带动工件或刀具做主切削运动，因此主轴部件既要满足精加工时精度较高的要求，又要具备粗加工时高效切削的能力。主轴部件的刚度、旋转精度、抗震性和热变形等对零件的加工质量有直接的影响。

1. 主轴部件的支承与润滑

数控机床主轴支承多采用滚动轴承，通过轴承预紧提高其旋转精度。所谓轴承预紧，就是使轴承滚道在承受工作载荷之前承受一定的载荷，消除间隙且使滚动体与滚道之间发生一定的变形，使接触面积增大，轴承承受工作载荷时其变形减少，抵抗变形的能力增大。因此，对主轴滚动轴承进行预紧和合理选择预紧量可以提高主轴部件的旋转精度、刚度和抗振性。

（1）主轴常用滚动轴承类型，如图 6-4 所示。

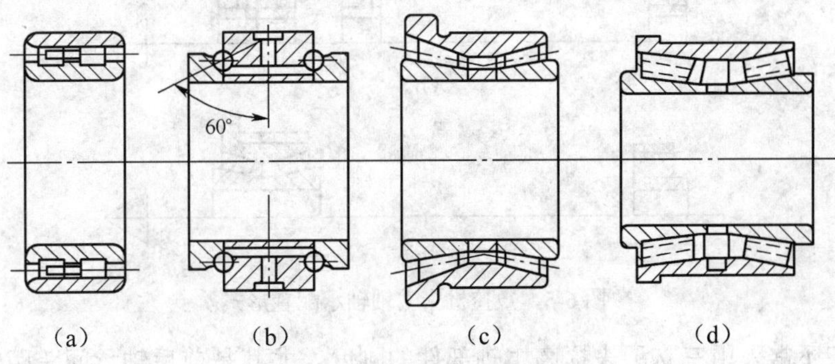

图 6-4　主轴常用的滚动轴承

1）图 6-4（a）所示为锥孔双列短圆柱滚子轴承，内圈的内孔为 2:12 的锥孔，内圈沿锥形轴颈作轴向移动，可使内圈变形胀大，在滚道上产生过盈，以调整滚道的间隙，达到预紧的目的。滚子数目多，两列滚子交错排列，因而承载能力大、刚性好、允许的转速高。其内、外圈均较薄，对与之配合的轴、孔的制造精度要求较高，以免轴、孔的形状误差使轴承滚道发生畸变而影响主轴的旋转精度。该轴承只能承受径向载荷。

2）图 6-4（b）所示为双列推力角接触球轴承，接触角为 60°，球径小，数目多，能承受双向轴向载荷。可通过磨薄中间隔套来调整轴承间隙或预紧，轴向刚度较高，允许转速高。该轴承一般与双列圆柱滚子轴承配套用作主轴的前支承，只承受轴向载荷。

3）图 6-4（c）所示为双列圆锥滚子轴承，它有一个公用外圈和两个内圈，轴承间隙的调整或预紧方法与图（b）相同，两列滚子的数目相差一个，使振动频率不一致，可明显改善轴承的动态特性。该轴承可同时承受径向和轴向载荷，常用作主轴的前支承。

4）图 6-4（d）所示为双列圆柱滚子轴承，其结构与图（c）相似。滚子是空心的，保持架为整体结构，润滑油可由空心滚子端面流向挡边摩擦处，可有效地进行润滑和冷却，且空心滚子承受冲击载荷时可产生微小变形，能增大接触面积并有吸振和缓冲作用。该轴承可用作主轴前支承。

（2）数控机床主轴滚动轴承配置形式常用的有以下 3 种：

1）如图 6-5（a）所示，前支承采用双列短圆柱滚子轴承和 60° 角接触双列向心推力球轴承组合，后支承采用成对角接触向心推力球轴承。这种配置方式可使主轴的综合刚度大幅度提高，可以满足强力切削的要求，因此目前各类数控机床的主轴普遍采用这种配置方式。

2）如图 6-5（b）所示，前支承采用高精度双列向心推力球轴承，后支承采用单列角接触球轴承。向心推力球轴承具有良好的高速性能，主轴最高转速可达 4000r/min，但这种轴承的承载能力小，只适用于高速、轻载和精密的数控机床的主轴。

3）如图 6-5（c）所示，前支承采用双列圆锥滚子轴承，后支承采用单列圆锥滚子轴承。圆锥滚子轴承径向和轴向刚度高，能承受重载荷，尤其能承受较大的动载荷，安装与调整性能好。但是这种配置方式限制了主轴最高转速和精度，因此仅适用于中等精度、低速与重载的数控机床主轴。

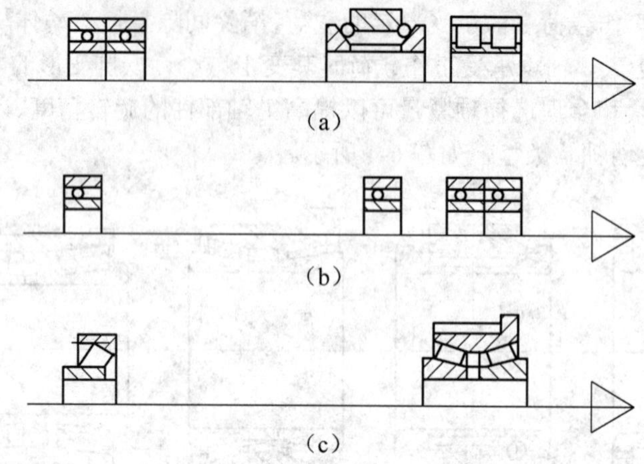

图 6-5　数控机床主轴轴承配置形式

数控机床还常采用三支承来提高主轴部件的刚度。尤其是前后轴承间跨距较大的数控机床，采用辅助支承可以有效地减少主轴弯曲变形。在三支承主轴结构中，一个支承为辅助支承，辅助支承可以选为中间支承，也可以选为后支承。辅助支承在径向要保留必要的游隙，避免由于主轴安装配合处的同轴度误差造成的干涉。辅助支承常采用深沟球轴承。

（3）主轴轴承润滑。

数控机床主轴轴承润滑可采用油脂润滑、迷宫式密封，也可采用集中强制型润滑；为保证润滑的可靠性，常装有压力继电器作为失压报警装置。

2. *主轴端部的结构形状*

主轴端部用于安装刀具或夹持工件的夹具，其结构已标准化，图 6-6 所示为普通机床和数控机床所通用的几种主轴端部结构形式。

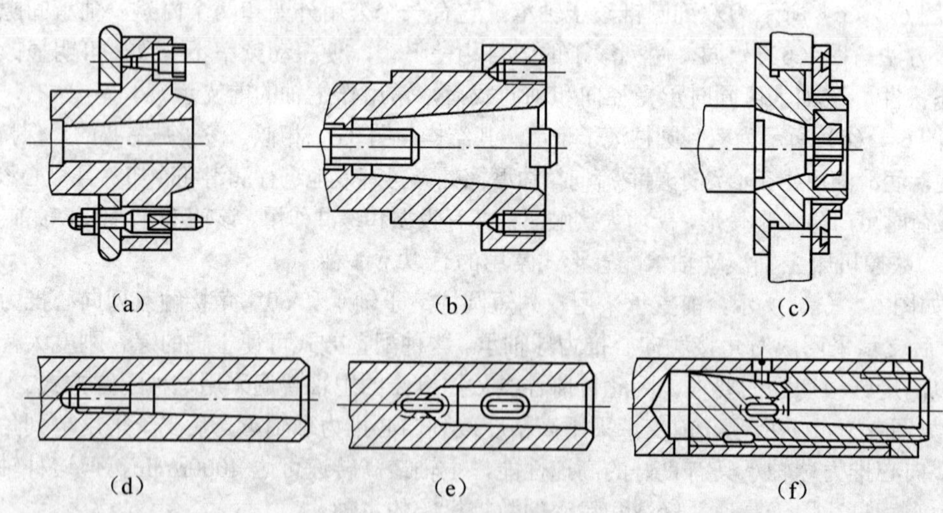

图 6-6　主轴端部的结构形式

（1）图 6-6（a）所示为车床主轴端部结构，卡盘靠前端的短圆锥面和凸缘端面定位，用拨销传递转矩。卡盘装有固定螺栓，当卡盘装于主轴端部时，螺栓从凸缘上的孔中穿过，转动快卸卡板将数个螺栓同时拴住，再拧紧螺母将卡盘紧固在主轴端部。主轴为空心轴，前端有莫氏锥度孔，用以安装顶尖或心轴。

（2）图 6-6（b）所示为铣、镗类机床的主轴端部结构，铣刀或刀杆在前端 7:24 的锥孔内定位，并用拉杆从主轴后端拉紧，转矩由前端的端面键传递。在数控镗床上用这种结构，因图中 7:24 的锥孔没有自锁作用，便于数控机床自动换刀时拨出刀具。

（3）图 6-6（c）所示为外圆磨床砂轮主轴的端部结构。

（4）图 6-6（d）所示为内圆磨床砂轮主轴的端部结构。

（5）图 6-6（e）和（f）所示为钻床和普通镗杆端部结构，刀杆或刀具由莫氏锥孔定位，用锥孔后端第 1 个扁孔传递转矩，第 2 个扁孔用以拆卸刀具。

3. *液压卡盘结构*

为了减少辅助时间和劳动强度，适应自动化和半自动化加工的需要，数控车床多采用动力卡盘装夹工件。目前，使用较多的是自动定心液压动力卡盘。

如图 6-7（a）所示，液压卡盘固定安装在主轴前端，回转液压缸 1 与接套 5 用螺钉 7 连接，接套通过螺钉与主轴后端面连接，使回转液压缸随主轴一起转动。卡盘的夹紧与松开由回转液压缸通过一根空心拉杆 2 来驱动。拉杆后端与液压缸内的活塞 6 用螺纹连接，连接套 3 两端的螺纹分别与拉杆 2 和滑套 4 连接。图 6-7（b）所示为卡盘内楔形机构示意图，当液压缸内的压力油推动活塞和拉杆向卡盘方向移动时，滑套 4 向右移动，由于滑套上楔形槽的作用，使得卡爪座 11 带着卡爪 12 沿径向向外移动，则卡盘松开。反之，当液压缸内的压力油推动活塞和拉杆向主轴后端移动时，通过楔形机构使卡盘夹紧工件。卡盘体 9 用螺钉 10 固定安装在主轴前端，8 为回转液压缸的箱体。

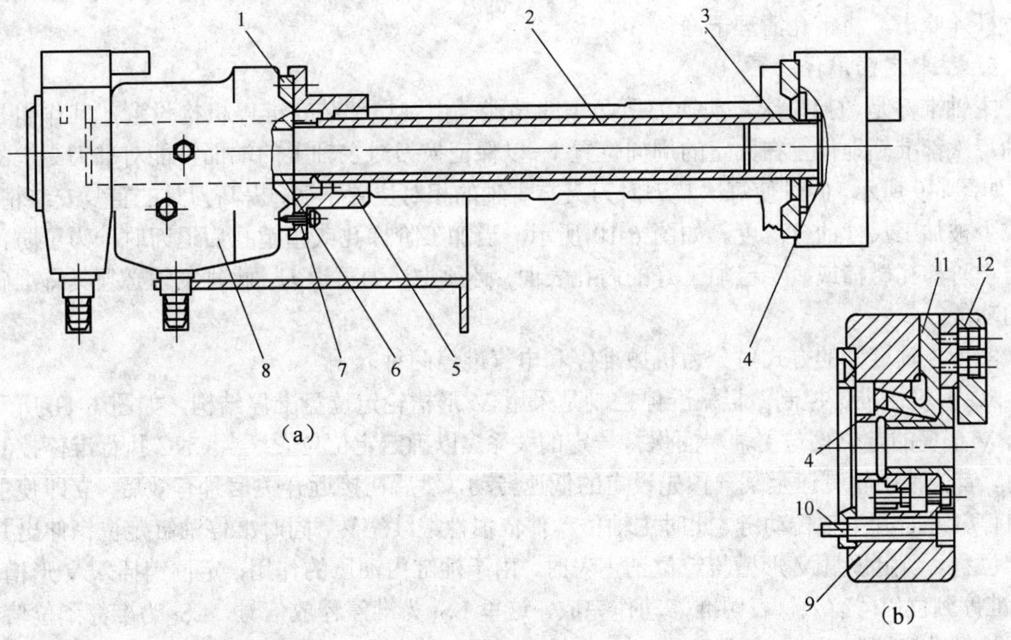

1—液压缸；2—拉杆；3—连接套；4—滑套；5—接套；6—活塞；
7、10—螺钉；8—液压缸箱体；9—卡盘体；11—卡爪座；12—卡爪

图 6-7　液压卡盘结构简图

4. 主轴的刀具自动装卸及切屑清除装置

在带有刀具库的数控机床中，主轴部件带有刀具自动装卸和主轴孔内的切屑清除装置，如图 6-8（a）所示。

主轴前端 7:24 的大锥孔用于装夹刀具锥柄。由拉紧机构拉紧刀柄 1 尾端锥柄，通过锥面的定心和摩擦作用将刀夹的柄部夹紧于主轴 3 的端部。大锥度的锥柄既利于定心，也为松夹带来了方便。端面键 13 既做刀具定位用，又可通过它传递扭矩。夹紧刀柄时，液压缸上腔接通回油，弹簧 11 推动活塞 6 上移，处于图示位置，拉杆 4 在碟形弹簧 5 的作用下向上移动。由于此时装在拉杆前端径向孔中的 4 个钢球 12 进入主轴孔中直径较小的 d_2 处（如图 6-8（b）所示），被迫径向收拢而卡进拉钉 2 的环形凹槽内，因而刀柄被拉杆拉紧，依靠摩擦力紧固在主轴上。换刀前需要将刀柄松开时，压力油进入液压缸上腔，活塞 6 推动拉杆 4 向下移动，碟形弹簧被压缩；当钢球随拉杆一起下移进入主轴孔中直径较大的 d_1 处时，它就松开，消除对拉钉头部的约束，紧接着拉杆前端内孔的抬肩端面 a 碰到拉钉，把刀柄顶松。此时行程开关 10 发出信号，换刀机械手随即将刀柄取下。与此同时，压缩空气由管接头经活塞和拉杆中心通孔吹入主轴装刀锥孔内，把切屑或污物清除干净，以保证刀具的装夹精度。机械手把新刀装上主轴后，液压缸 7 上腔接通回油，碟形弹簧迫使拉杆上移拉紧刀柄。刀柄拉紧后，行程开关 8 发出信号，机床执行后面的加工。

自动清除主轴孔中的切屑和污物是换刀操作中一个不可缺少的环节。如果在主轴锥孔中有切屑或其他污物，在拉紧刀柄时，主轴锥孔表面和刀柄的锥柄就会被划伤，且使刀杆发生偏斜，破坏刀具的正确定位，从而影响零件的加工精度，甚至使零件报废。因此常用压缩空气吹屑，以保证主轴锥孔的清洁。活塞 6 的心部钻有压缩空气通道，当活塞向下移动时，压缩空气经拉杆 4 吹出，将锥孔清理干净。

5. 主轴定向准停装置

主轴准停是数控机床自动换刀所必需的功能。主轴尾部装有准停机构设置，其作用是使主轴每次都准确地停止在固定的周向位置上，以保证换刀时主轴上的端面键能对准刀夹上的键槽，如图 6-9 所示。同时使每次装刀时刀夹与主轴的相对位置不变，提高刀具的重复安装精度，以减少被加工尺寸的分散度。如图 6-10 所示，当加工阶梯孔或精镗孔后退刀时，为了防止刀具与小阶梯孔碰撞或拉毛已加工好的内孔表面，必须先让刀再退刀，此时主轴必须具有准确定位的功能。

实现主轴准停的方式可分为机械准停和电气准停两种。

（1）机械准停控制。机械准停控制是采用 V 形槽轮定位盘准停结构，如图 6-11 所示。带有 V 形槽的定位盘与主轴端面保持一定的关系，以确定定位位置。当 CNC 执行准停控制指令时，首先使主轴减速至某一预先设定的低速转动，然后在接近开关信号有效后，立即使主轴电机停转并断开主轴传动链，此时主轴传动件依惯性继续空转，同时准停油缸定位销伸出并压向定位盘。当定位盘 V 形槽与定位销正对时，由于油缸内油压的作用，定位销插入 V 形槽中，LS_2 准停到位信号有效，表明准停动作完成，这里 LS_1 为准停释放信号，LS_2 为准停到位信号。采用机械准停控制方式，必须要有一定的逻辑互锁，即当 LS_2 有效时才能进行换刀等动作，而当 LS_1 有效时才能起动主轴电机正常转动。这种逻辑控制通常由数控系统所配的可编程控制器完成。

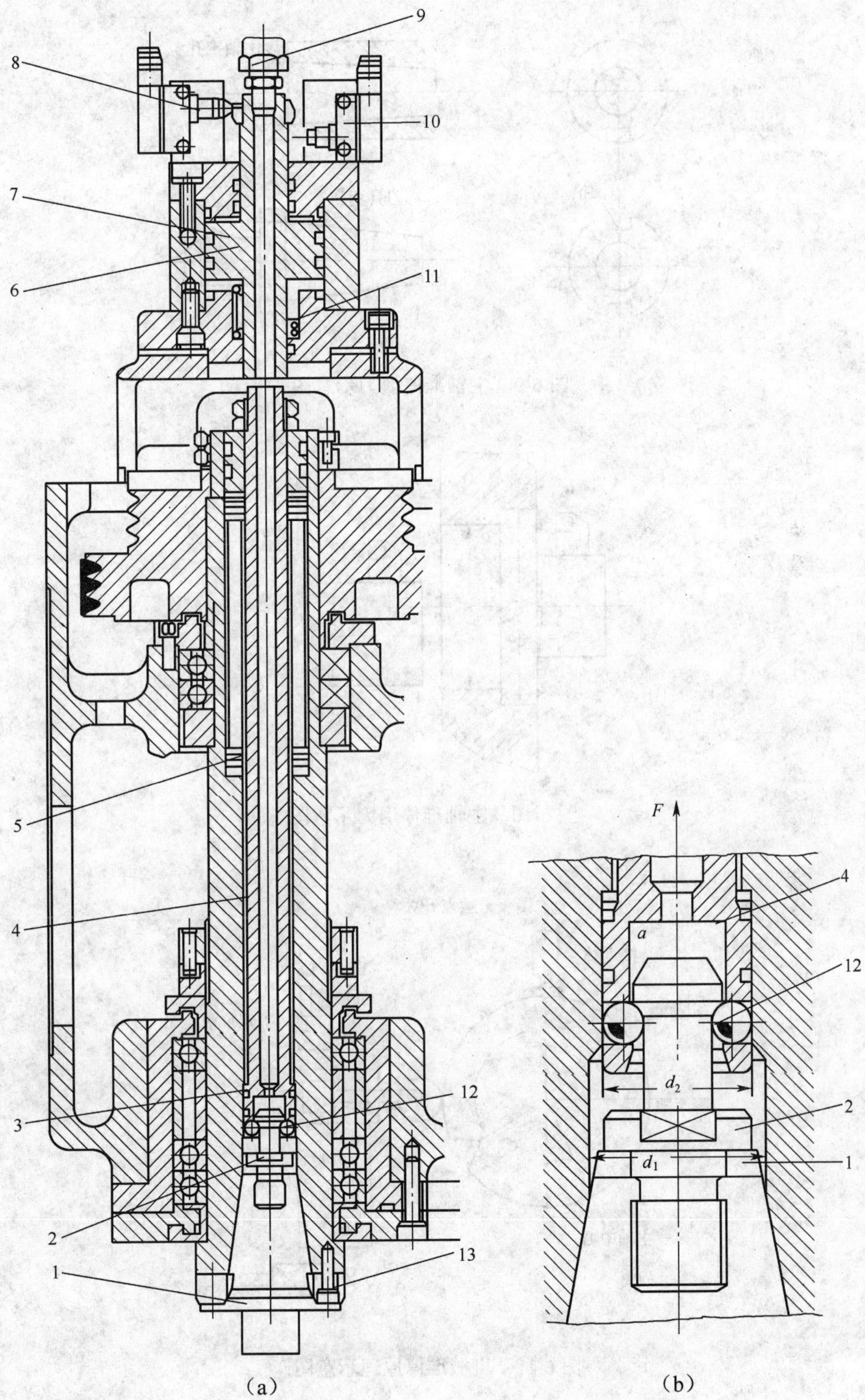

1—刀柄；2—拉钉；3—主轴；4—拉杆；5—碟形弹簧；6—活塞；7—液压缸；
8、10—行程开关；9—压缩空气管接头；11—弹簧；12—钢球；13—端面键

图 6-8　数控铣镗床主轴部件

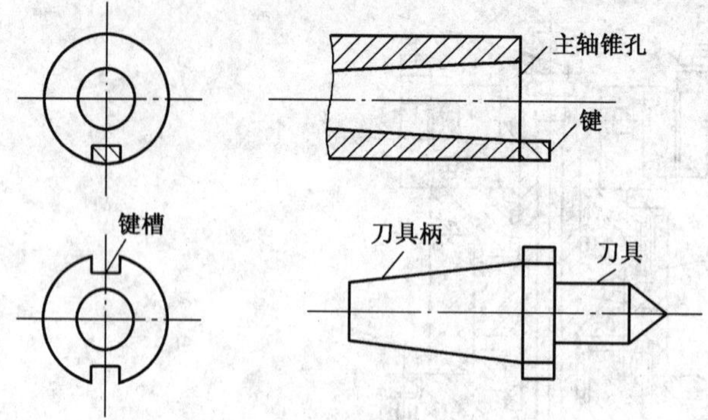

图 6-9　主轴准停换刀示意图

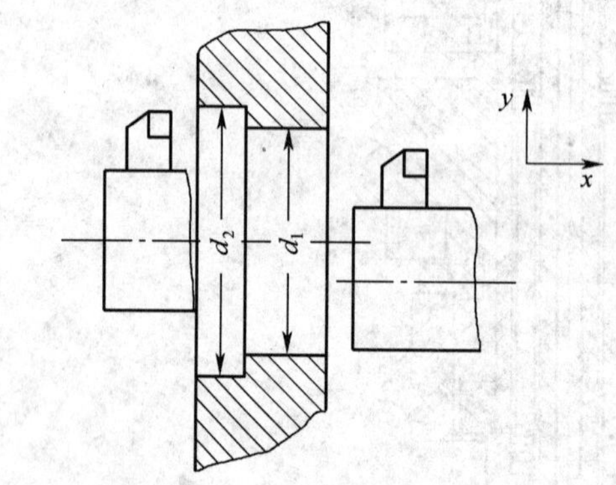

图 6-10　主轴准停退刀示意图

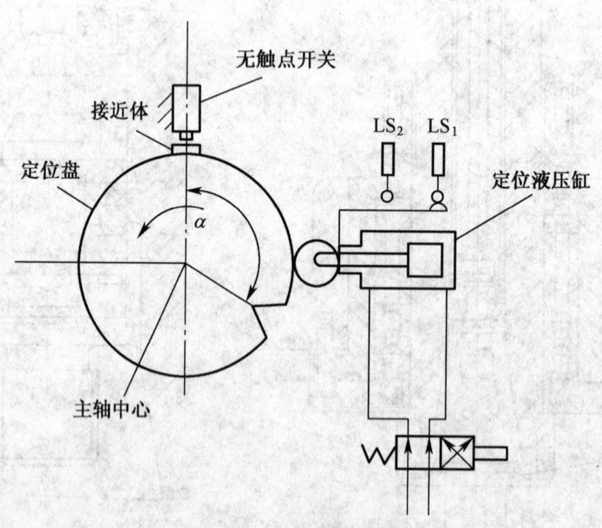

图 6-11　机械准停原理示意图

（2）电气准停控制。如图 6-12 所示是主轴部件采用电气准停装置的工作原理图。在带动主轴旋转的多楔带轮 1 的端面上装有一个厚垫片 4，垫片上装有一个体积很小的永久磁铁 3。在主轴箱箱体对应于主轴准停的位置上装有磁铁传感器 2。当机床需要停车换刀时，数控系统发出主轴停转的指令，主轴电机立即降速，当主轴以最低转速慢转很少几转、永久磁铁 3 对准磁传感器 2 时，后者发出准停信号。此信号经放大后，由定向电路控制主轴电机准确地停止在规定的周向位置上。

这种装置的特点是：不需要机械部分，定向时间短，只需要简单的强电顺序控制，可保证主轴准停的重复精度在±1° 范围内。

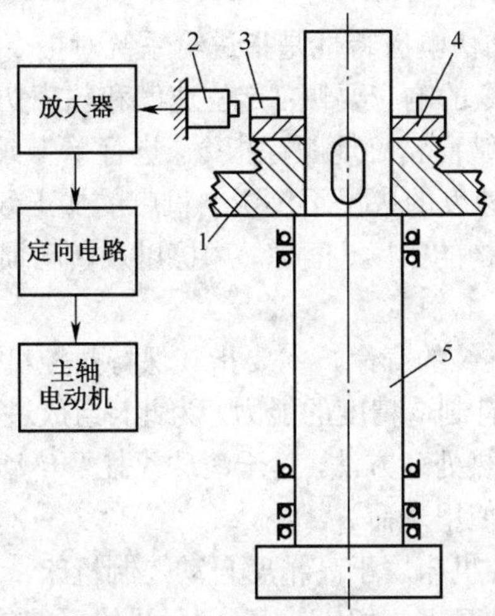

1—多楔带轮；2—磁传感器；3—永久磁铁；4—厚垫片；5—主轴

图 6-12　电气准停原理示意图

6.3　数控机床进给运动及传动机构

一个典型的数控机床闭环控制的进给系统，通常由位置比较、放大元件、驱动单元、机械传动装置和检测反馈元件等几部分组成。所谓机械传动装置，是指将驱动源（即电机）的旋转运动变为工作台或刀架直线运动的整个机械传动链，它包括齿轮传动副、滚珠丝杠螺母副、减速装置和蜗杆蜗轮等中间传动机构。在整个进给系统中，除了上述部件外，还有一个重要的环节就是导轨，由于数控机床的运动部件都是沿着床身、立柱、横梁等基础件的导轨面运动的，因此，导轨的性能对进给系统的影响是不容忽视的。

进给运动是数字控制的直接对象，加工零件的尺寸精度、几何形状精度和相互位置精度都受进给运动的传动精度、灵敏度和稳定性的影响。为确保数控机床进给系统的传动精度和工作平稳性等，数控机床进给传动系统必须满足以下要求：

（1）高的传动精度与定位精度。数控机床进给传动装置的传动精度和定位精度对零件的加工精度起着关键性的作用。

提高传动精度与定位精度主要是提高进给系统中传动零件的精度和支承件的刚度。常用的措施是在进给系统中加入减速齿轮，以减小脉冲当量（即伺服系统接收一个指令脉冲驱动工件台移动的距离），预紧滚珠丝杠、轴承，消除齿轮、蜗轮等传动件的间隙，以达到提高传动精度和定位精度的目的。

（2）减小运动件的摩擦阻力。尤其是减小丝杠传动和工件台运动导轨的摩擦，以消除低速进给爬行现象，提高整个伺服进给系统的稳定性。

（3）减小各运动零件的惯量。进给系统中每个零部件的惯量对进给系统的起动、制动特性等都有直接的影响，特别是高速运动的零部件，其惯量的影响更大。因此，在满足强度和刚度的前提下，应尽可能使各零件的结构、配置合理，减小旋转零部件的直径和质量，以减小运动部件的惯量。

（4）响应速度要快。所谓快响应特性是指进给系统对指令输入信号的响应速度及瞬态过程结束的迅速程度，即跟踪指令的响应要快；定位速度和轮廓切削进给速度要满足要求；工作台应能在规定的速度范围内灵敏而精确地跟踪指令，进行单步或连续移动，在运行时不出现丢步或多步现象。进给系统响应速度的快慢不仅影响机床的加工效率，而且影响加工精度。可以通过使机床工作台及其传动机构的刚度、间隙、摩擦以及转动惯量尽可能达到最佳值，以提高伺服进给系统的快速响应性。

（5）寿命长。所谓进给系统的寿命，主要指其保持数控机床传动精度和定位精度的时间长短，即各传动部件保持其原有制造精度的能力。为此，组成进给机械的各传动部件应选择合适的材料及合理的加工工艺与热处理方法，对于滚珠丝杠及传动齿轮，必须具有一定的耐磨性和适宜的润滑方式，以延长其使用寿命。

（6）使用维护方便。数控机床属于高精度自动控制机床，主要用于单件、中小批量、高精度及复杂的生产加工。机床的开机率相应较高，因而进给系统的结构设计应便于维护和保养，最大限度地减小维修工作量，以提高机床的利用率。

6.3.1 导轨

导轨主要用来支承和引导运动部件在外力作用下沿一定的轨道运动。在导轨副中，运动的一方叫做动导轨，不动的一方叫做支承导轨。动导轨相对于支承导轨的运动，通常是直线运动或回转运动。导轨的导向精度主要是指动导轨沿支承导轨运动的直线度或圆度。导轨的精度及其性能对机床的加工精度、承载能力和使用寿命等有着重要的影响。所以，数控机床导轨应具有较高导向精度、良好摩擦特性和良好的精度保持性。此外，导轨还要结构简单，工艺性好，便于加工、装配、调整和维修。数控机床常用的导轨按其接触面间摩擦性质的不同可分为 3 类：滚动导轨、静压导轨、塑料导轨。

1. 滚动导轨

滚动导轨在导轨工作面之间安排有滚动体，使两导轨面之间形成滚动摩擦，摩擦系数小。其动、静摩擦系数相差很小，且不受运动速度变化的影响，运动轻便灵活、所需驱动功率小，精度高，无爬行，磨损小。滚动导轨由标准导轨块构成，装拆方便，润滑简单。其缺点是结构较复杂、制造困难、成本较高。此外，滚动导轨对脏物较敏感，必须有良好的防护装置。根据滚动体的种类，滚动导轨有以下 3 种结构形式。

（1）滚球导轨。这种导轨由于是点接触，因而刚度低，承载能力小。适用于载荷较小（通常小于 2000N）、工件部件质量不大的机床，如工具磨床工作台导轨（如图 6-13（a）所示）和磨床的砂轮修整器导轨（如图 6-13（b）所示）。为了避免在导轨面上压出凹坑而丧失精度，导轨面一般由淬硬钢制造。

（2）滚柱导轨。如图 6-14 所示，这种导轨的承载能力和刚度都比滚球导轨大，适用于载荷较大的机床，但对导轨面的平行度要求较高，否则会引起滚柱的偏移和侧向的滑动，使导轨的磨损加剧，精度降低。小滚柱（小于ϕ10mm）比大滚柱（大于ϕ25mm）对导轨面不平行要敏感一些。

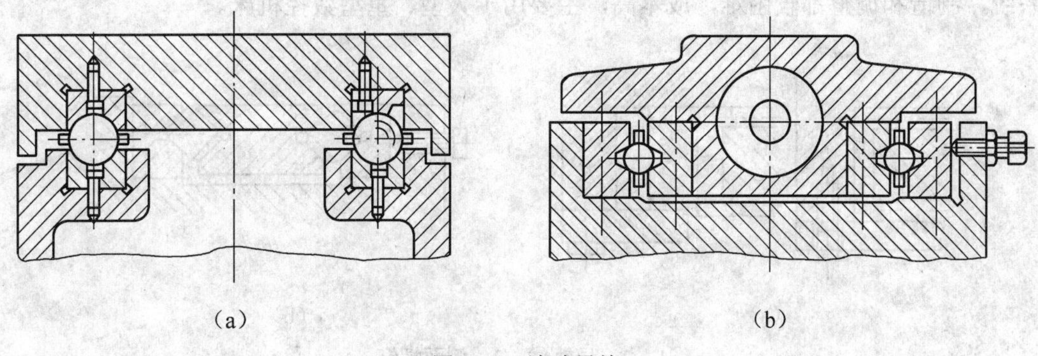

图 6-13　滚球导轨

图 6-14　滚柱导轨

目前数控机床采用滚柱导轨的较多，特别是载荷较大的机床。

（3）滚针导轨。滚针导轨的滚针比滚柱的长径比大，由于滚针直径尺寸小，故结构紧凑；与滚柱相比，可在同样长度上排列更多的滚针，因而承载能力大，但摩擦也要大一些。滚针导轨适用于导轨尺寸受限制的机床。

根据滚动导轨是否预紧，滚动导轨可分为预紧和不预紧两类。

预紧可提高导轨刚度，在同样负载下引起的弹性变形小，预紧系统的变形仅为没有预紧时的一半。但预紧力应选择适当，否则会使牵引力显著增加，导轨磨损。这种导轨制造比较复杂，成本较高。预加负载的滚动导轨适用于颠覆力矩较大和垂直方向的导轨。

滚动导轨预紧的方法有两种：其一，可通过相配零件相应尺寸关系形成，如图 6-15（a）所示。装配时量出滚动体的实际尺寸 A，然后刮研压板与溜板的接合面或其间的垫片，由此形成包容尺寸 A–δ（δ 为过盈量）。过盈量的大小可通过实际测量决定。

其二，如图 6-15（b）所示，通过移动导轨板的方式实现预加负载。调整时拧动侧面的螺钉 3 即可调整导轨体 1 及 2 的距离来预加负载。

2. 静压导轨

静压导轨分为液体静压导轨和气体静压导轨两类。

液体静压导轨是将具有一定压力的油液通入到两个相对运动的导轨工作面间，形成承载油膜，浮起运动部件。在工作过程中，导轨面上油腔中的油压能随外载的变化自动调节，以平衡外加负载，使导轨工作面始终处于纯液体摩擦状态，这种导轨摩擦系数极小(一般为 0.0005)，机械效率高，能长期保持导轨的导向精度。承载油膜的厚度几乎不受速度的影响，具有良好的吸振性，低速下不易产生爬行，运动平稳。其缺点是结构复杂，且需要一套过滤效果良好的供油系统，制造和调整都较困难，成本高，主要用于大型、重型数控机床。

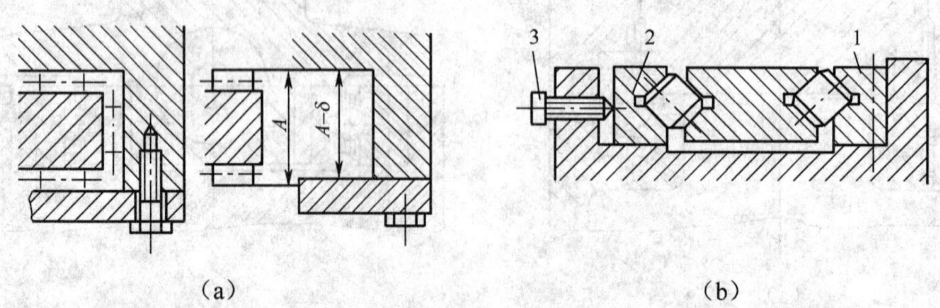

1、2－导轨体；3－侧面螺钉

图 6-15　滚动导轨预加负载的方法

静压导轨按导轨结构，可分为以下两种形式：

（1）开式液体静压导轨。图 6-16 所示为开式液体静压导轨工作原理图。来自液压泵的压力油，其压力为 p_0，经节流器压力降至 p_1，进入导轨的各个油腔内，借油腔内的压力将动导轨浮起，使导轨面间以一层厚度为 h_0 的油膜隔开，油腔中的油不断地穿过各油腔的封油间隙流回油箱，压力降为零。当动导轨受到外载 W 工作时，使动导轨向下产生一个位移，导轨间隙由 h_0 降为 h（$h<h_0$），使油腔回油阻力增大，油腔中压力也相应增大变为 p_2（$p_2>p_1$），以平衡负载，使导轨仍在纯液体摩擦下工作。

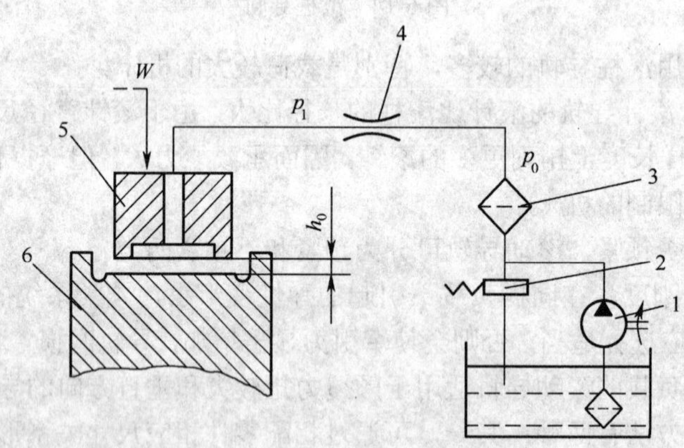

1－液压泵；2－溢流阀；3－过滤器；4－节流器；5－动导轨；6－床身导轨

图 6-16　开式静压导轨工作原理

（2）闭式液体静压导轨。图 6-17 所示为闭式液体静压导轨的工作原理图。闭式静压导轨各方向导轨面都开有油腔，所以闭式导轨具有承受各方向载荷和颠覆力矩的能力。当动导轨 1 受到颠覆力矩 M 后，油腔 1、6 处的间隙 h_1、h_6 减小，油腔 3、4 的间隙 h_3、h_4 增大。由于各相应节流器的作用，使 p_1、p_6 压力增大，p_3、p_4 压力减小，由此在动导轨上可形成一个与颠覆力矩方向相反的力矩，从而使运动部件保持平衡。而在承受垂直向下载荷 W 时，油腔 1、4 的

间隙 h_1、h_4 减小，油腔 3、6 的间隙 h_3、h_6 增大，由于各节流器的作用，p_1、p_4 增大，p_3、p_6 减小，由此形成与 W 相反的力，以平衡载荷 W。

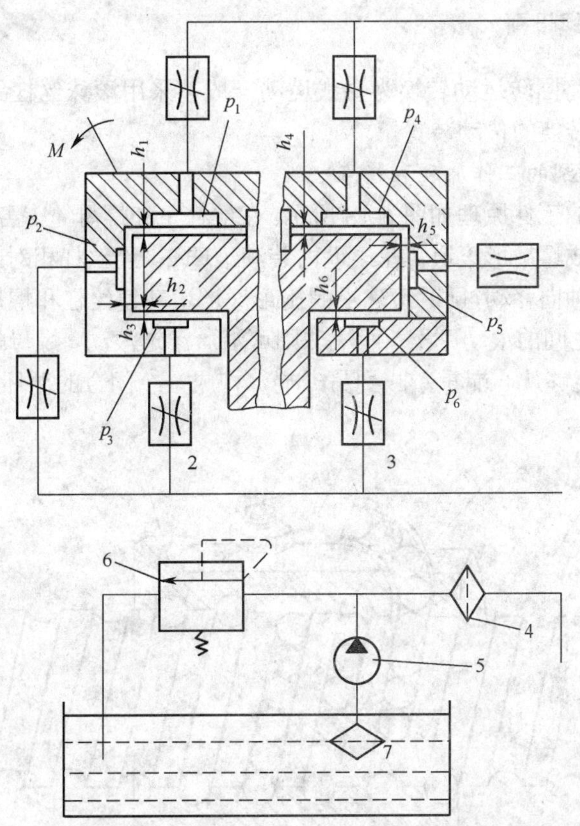

1—动导轨；2—床身导轨；3—节流器；4—、7—过滤器；5—液压泵；6—溢流阀；8—油箱

图 6-17　闭式静压导轨工作原理

3. 塑料导轨

随着各种新型工程材料的出现，许多国家在数控机床、精密机床、重型机床等产品上已广泛采用工程塑料制造机床导轨。此类塑料滑动导轨不仅结构、制造工艺简单，抗振性好，而且能满足机床导轨低摩擦、耐磨、无爬行、高刚度的要求。目前应用较多的塑料导轨有以下两种类型：

（1）贴塑导轨。贴塑导轨就是在与床身导轨相配的动导轨上粘接上静、动摩擦因数基本相同，耐磨、吸振的塑料软带，其材料是以聚四氟乙烯（PTFE）为基体，加入青铜粉、二硫化钼和石墨等填充剂混合烧结构成的高分子复合材料。导轨塑料软带使用工艺简单，只要将导轨粘贴面作半精加工至表面粗糙度 Ra3.2～1.6μm，清洗粘贴面后，用胶粘接剂粘合，加压固化，再经精加工即可。

我国已有 TSF、F4S 等导轨塑料软带产品，以及配套用的 DJ 胶粘剂，并在数控机床上应用。

（2）注塑导轨。注塑导轨就是在床身导轨与动导轨之间采用注塑的方式制成塑料导轨。注塑材料是以环氧树脂和二硫化钼为基体，加入 MoS_2、胶体石墨、TiO_2 等制成膏状抗磨涂层材料。这种涂料附着力强，可用涂敷工艺或压注成形工艺涂到预先加工成锯齿形状的导轨上，固化后将静、动导轨分离即成塑料导轨副。涂层厚度为 1.5～2.5mm。这种导轨在无润滑油情况下仍有较好的润滑和防爬行的效果。我国生产的环氧树脂耐磨涂料牌号为 HNT。

6.3.2 滚珠丝杠螺母副

在数控机床上，将回转运动转换为直线运动一般都采用滚珠丝杠副，滚珠丝杠副是直线运动与回转运动相互转换的传动装置。

1. 滚珠丝杠螺母副的工作原理和特点

滚珠丝杠螺母副的工件原理如图 6-18 所示。在丝杠 1 和螺母 4 上各加工有圆弧形螺旋槽，将它们套装起来便形成螺旋形滚道，在滚道内装满滚珠 2。当丝杠相对螺母旋转时，丝杠的旋转面经滚珠推动螺母轴向移动，同时滚珠沿螺旋形滚道滚动使丝杠和螺母之间的滑动摩擦转变为滚珠与丝杠、螺母之间的滚动摩擦，而滚珠则可沿着滚道滚动，螺母螺旋槽的两端用回珠管 3 连接起来，使滚珠能够从一端重新回到另一端，构成一个闭合的循环回路。

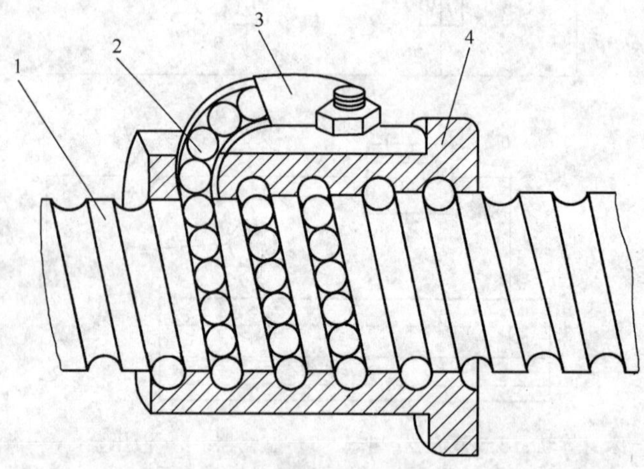

1—丝杠；2—滚珠；3—回珠管；4—螺母

图 6-18 滚珠丝杠螺母副机构

滚珠丝杠的特点如下：

（1）传动效率高，摩擦损失小，所需传动转矩小。

（2）定位精度高，刚度好。可通过预紧和间隙消除措施提高轴向刚度和反向精度。

（3）运动具有可逆性。不仅可以将旋转运动转换为直线运动，还可将直线运动转换为旋转运动，即丝杠和螺母都可以作为主动件。

（4）运动平稳，不易产生爬行，传动精度高。

（5）磨损小，使用寿命长。

（6）制造工艺复杂。滚珠丝杠和螺母等元件的加工精度要求高，表面粗糙度也要求高，故制造成本高。

（7）不能自锁。特别是对于垂直安装丝杠，需要附加制动机构。

2. 滚珠丝杠螺母副的结构

按照滚珠返回的方式不同，滚珠丝杠螺母副可以分为外循环式和内循环式两种。滚珠在返回过程中与丝杠脱离接触的为外循环，滚珠循环过程中与丝杠始终接触的为内循环。

（1）外循环滚珠丝杠副。外循环滚珠丝杠副按滚珠循环时的返回方式不同可分为插管式和螺旋槽式两种。

图 6-19（a）所示为螺旋槽式，它是在螺母外圆上铣出螺旋槽，槽的两端钻出通孔并与螺纹滚道相切，形成返回通道。图 6-19（b）所示为插管式，它用弯管作为返回管道。螺旋槽式的结构比插管式结构径向尺寸小，但制造较复杂。插管式结构工艺性好，但由于管道突出于螺母体外，径向尺寸较大。

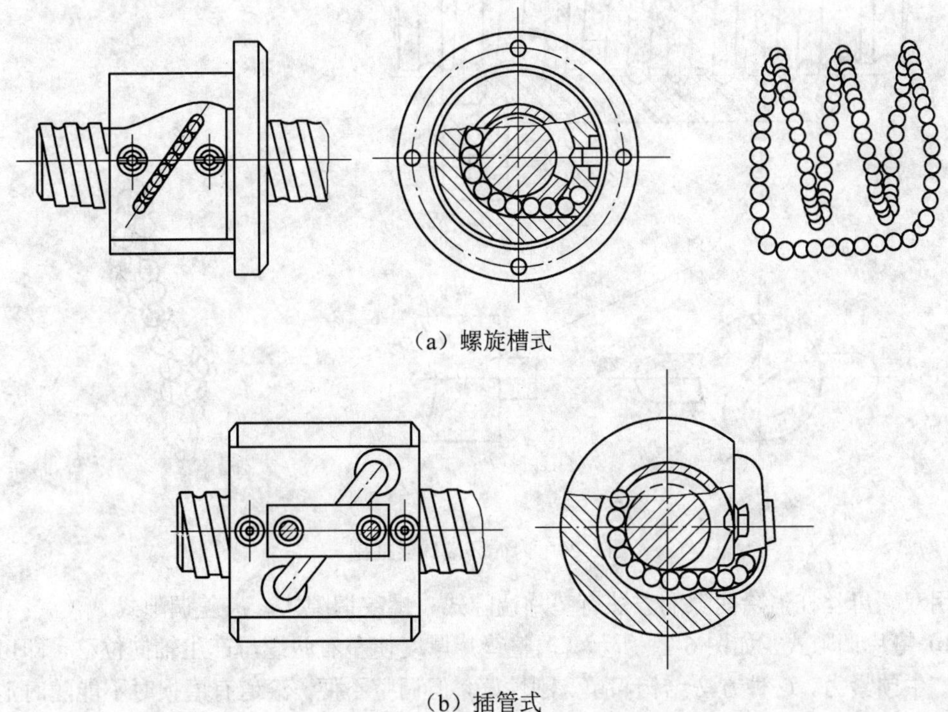

（a）螺旋槽式

（b）插管式

图 6-19　外循环滚珠丝杠副

（2）内循环滚珠丝杠副。图 6-20 所示为内循环结构。在螺母的侧孔中装有圆柱凸键式反向器，反向器上铣有 S 形回珠槽，将相邻两螺纹滚道连接起来。滚珠从螺纹滚道进入反向器，借助反向器迫使滚珠越过丝杠牙顶进入相邻滚道，实现循环。一般一个螺母上装有 2～4 个反向器，反向器沿螺母圆周等分分布。其优点是径向尺寸紧凑、刚性好、返回滚道较短、摩擦损失小，缺点是反向器加工较困难。

3. *滚珠丝杠螺母副轴向间隙的调整*

滚珠丝杠螺母副的传动间隙是轴向间隙。轴向间隙是指丝杠和螺母无相对转动时，丝杠螺母之间的最大轴向窜动量。除了结构本身的游隙外，还包括施加轴向载荷后产生的弹性变形所造成的轴向窜动量。为了保证反向传动精度和轴向刚度，必须消除轴向间隙。其消除间隙的方式通常采用双螺母结构，利用两个螺母的相对轴向位移，使两个滚珠螺母中的滚珠分别贴紧在螺旋滚道的两个相反的侧面上，以此消除当丝杠反向转动时将产生的空回误差。用这种方法预紧消除轴向间隙时，应注意预紧力不宜过大，否则会增大摩擦阻力，使空载力矩增大，降低传动效率，缩短使用寿命。所以，一般需要经过多次调整，以保证既消除间隙又能运转灵活。此外，还要消除丝杠安装部分和驱动部分的间隙。

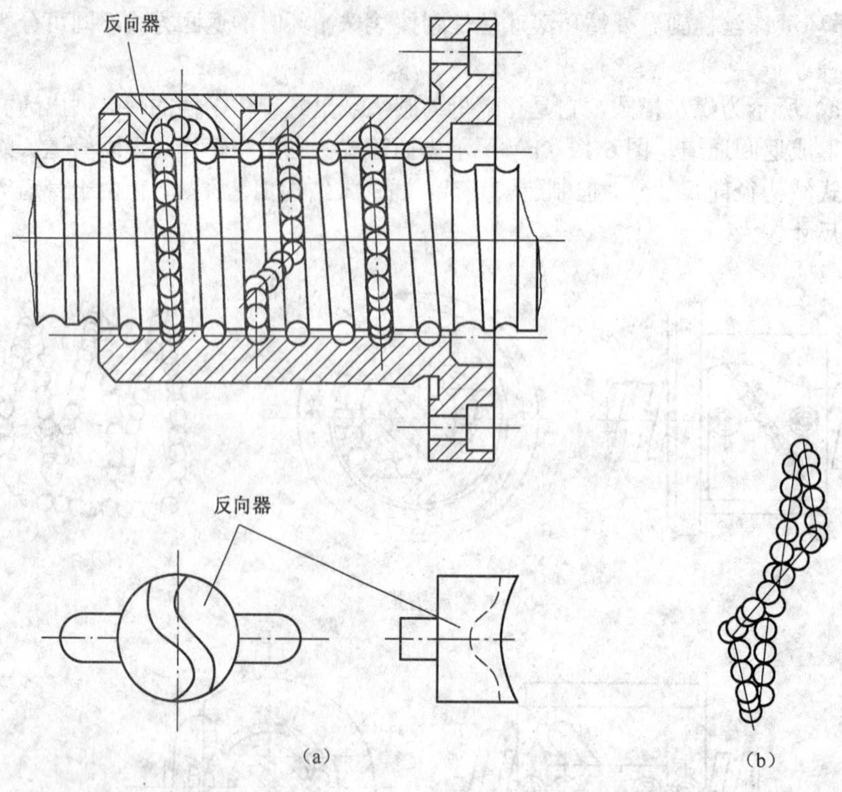

图 6-20　内循环滚珠丝杠副

常用双螺母丝杠消除间隙的方法有垫片调隙式、螺纹调隙式、齿差调隙式。

（1）垫片调隙式，如图 6-21 所示。调整垫片厚度使左右两螺母产生轴向位移，即可消除间隙和产生预紧力。这种方法结构简单、刚性好，但调整不便，滚道有磨损时不能随时消除间隙和进行预紧。

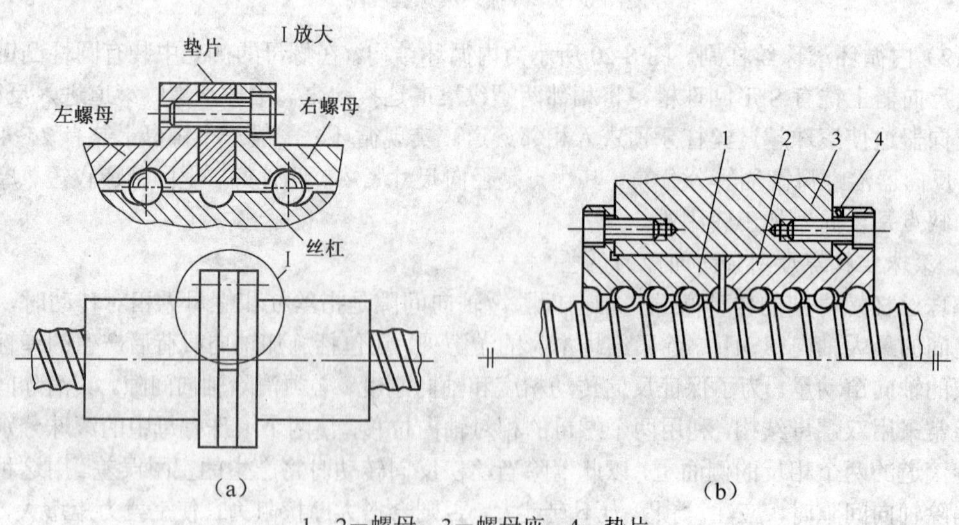

1、2－螺母；3－螺母座；4－垫片

图 6-21　垫片调隙式

（2）螺纹调隙式，如图 6-22 所示。右螺母 3 外端有凸缘，左螺母 4 外端没有凸缘而制有螺纹，并用两个圆螺母 1、2 固定着，用平键限制螺母在螺母座内的转动。调整时，只要拧动圆螺母 2 即可消除间隙并产生预紧力，然后用螺母 1 锁紧。这种调整方法具有结构简单、工作可靠、调整方便的优点，但预紧量不很准确。

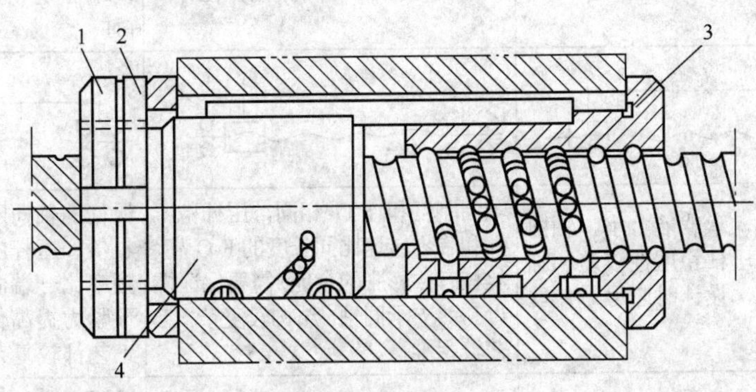

1、2、3、4—螺母

图 6-22　螺纹调隙式

（3）齿差调隙式，如图 6-23 所示。在左、右两个螺母的凸缘上各制有圆柱外齿轮，分别与固紧在套筒两端的内齿圈相啮合，其齿数分别为 z_1 和 z_2，并相差一个齿。调整时，先取下内齿圈，让两个螺母相对于套筒同方向都转动一个齿，然后再插入内齿圈，则两个螺母便产生相对角位移，其轴向位移量 $S=(1/z_1-1/z_2)Ph$。例如，$z_1=80$，$z_2=81$，滚珠丝杠的导程为 Ph=6mm 时，S=6/6480≈0.001mm。这种调整方法能精确调整预紧量，调整方便、可靠，但结构尺寸较大，多用于高精度的传动。

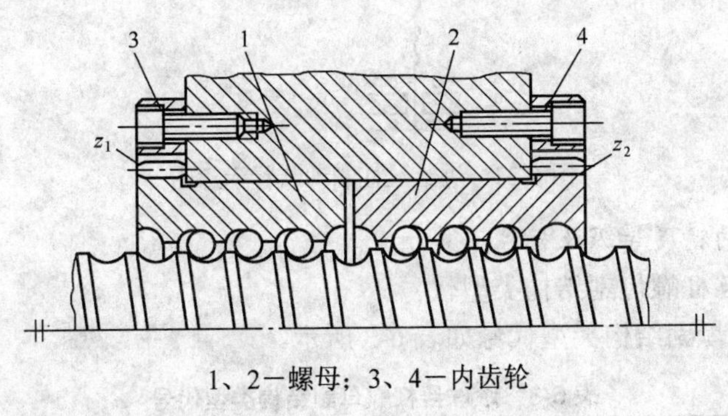

1、2—螺母；3、4—内齿轮

图 6-23　齿差调隙式

4. 滚珠丝杠螺母副的支承与制动方式

为了提高传动刚度，选择合理的支承结构并正确安装非常重要。滚珠丝杠主要承受轴向载荷，径向载荷主要是卧式丝杠的自重，因此滚珠丝杠的轴向精度和刚度要求较高，滚珠丝杠的支承结构如表 6-2 所示。

由于滚珠丝杠螺母副传动效率高，无自锁作用（特别是滚珠丝杠处于垂直传动时），为防止因自重下降，因此必须装配有制动装置。图 6-24 所示为数控卧式镗床主轴箱进给丝杠制动装置示意图。机床工作时，电磁铁通电，使摩擦离合器脱开。运动由上面的电机经减速齿轮传给丝杠，使主轴箱上下移动。当加工完毕或中间停车时，上面的电机和电磁铁同时断电，靠弹簧作用将摩擦离合器合上，使丝杠不能自由转动，主轴箱便不会因自重而下落。

表 6-2　滚珠丝杠的支承结构

支承方式	一端固定（F）一端自由（O） F-O	一端固定（F）一端浮动（S） F-S	两端固定 F-F
简图	l_1	l_1	l
特点	结构简单，承载能力小，轴向刚度低，压杆稳压性较差和临界转速低，设计时应尽量使丝杠受拉伸	轴向刚度和 F-O 相同，压杆稳压性和临界转速比同长度的 F-O 高，丝杠有热膨胀的余地，需要保证螺母与两支承同轴，结构较复杂，工艺较困难	丝杠的轴向刚度为一端固定的 4 倍，压杆的稳压性好，固有频率比一端固定的高，可旋加预紧力提高传动刚度，结构和工艺都较复杂
适用范围	适用短丝杠和垂直丝杠	适用于较长丝杠或卧式丝杠	适用于长丝杠以及对刚度和位移精度要求较高的场合

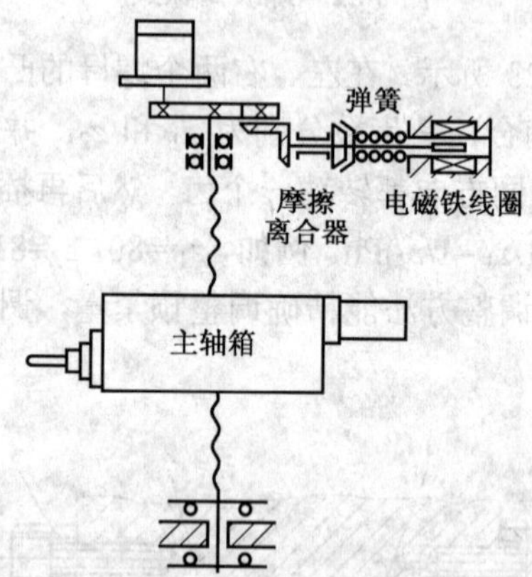

图 6-24　进给丝杠制动装置示意图

5. 滚珠丝杠副的精度等级及标注

（1）国产滚珠丝杠螺母副结构类型代号。

国产滚珠丝杠螺母副结构类型代号如表 6-3 所示。

表 6-3　滚珠丝杠螺母副结构类型代号

结构型号	表示意义
W	外循环单螺母式滚珠丝杠副
WI	外循环不带衬套的单螺母滚珠丝杠副
C	外循环插管型的单螺母滚珠丝杠副
N	内循环单螺母式滚珠丝杠副
WCH	外循环齿差调隙式的双螺母滚珠丝杠副
WICH	外循环不带衬套齿差调隙式的双螺母滚珠丝杠副
WD	外循环垫片调隙式的双螺母滚珠丝杠副

续表

结构型号	表示意义
WID	外循环不带衬套垫片调隙式的双螺母滚珠丝杠副
WIL	外循环不带衬套螺纹调隙式的双螺母滚珠丝杠副
CCH	插管型齿差调隙式的双螺母滚珠丝杠副
CD	插管型垫片调隙式的双螺母滚珠丝杠副
CL	插管型螺纹调隙式的双螺母滚珠丝杠副
NCH	内循环齿差调隙式的双螺母滚珠丝杠副
ND	内循环垫片调隙式的双螺母滚珠丝杠副
NL	内循环螺纹调隙式的双螺母滚珠丝杠副

（2）滚珠丝杠螺母副的精度等级。滚珠丝杠螺母副的精度等级及其应用范围如表 6-4 所示。

表 6-4　滚珠丝杠螺母副的精度等级及其应用范围

精度等级		应用范围
代号	名称	
P	普通级	普通机床
B	标准级	一般数控机床
J	精密级	精密机床、普通机床、加工中心和仪表机床
C	超精级	精密机床、精密数控机床、高精度加工中心和仪表机床

（3）滚珠丝杠螺母副的标注方法。滚珠丝杠螺母副的标注方法是根据其结构、规格、精度和螺纹旋向等特征，采用汉语拼音、数字及汉字等结合的标注法，如图 6-25 所示。

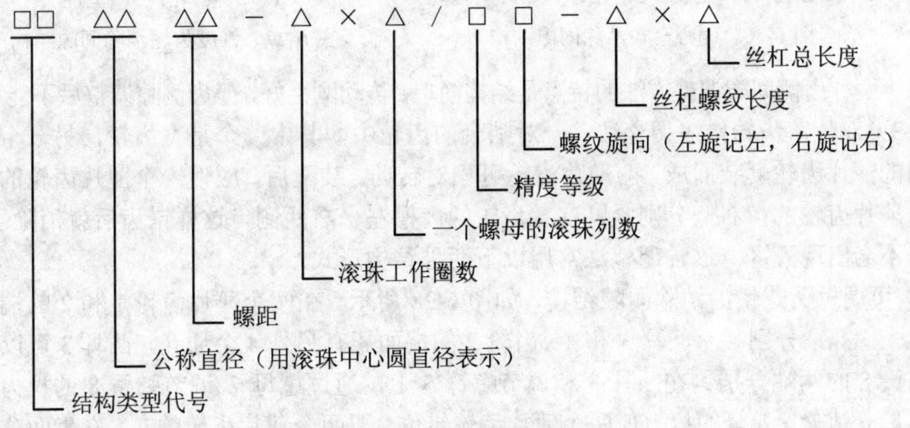

图 6-25　滚珠丝杠螺母副的标注

例如 WD3005-3.5×1/B 左 800×1000，它表示外循环垫片调隙式的双螺母滚珠丝杠副，公称直径为 30mm，螺距为 5mm，单列，一个螺母滚珠工作圈数为 3.5 圈，B 级精度，左旋，丝杠的螺纹部分长度为 800mm，丝杠的总长度为 1000mm。

6.3.3 齿轮副调隙

在数控机床的进给系统中，考虑到惯量、转矩或脉冲当量的要求，有时要在电机到丝杠之间加入齿轮传动副，而齿轮传动副存在的间隙，在进给系统每一次反向之后会使进给运动滞后于指令信号，造成反向死区而影响其传动精度和系统的稳定性，这将对加工精度产生很大影响。所以必须减小或消除齿轮传动副的间隙，以提高进给系统的传动精度。

1. 直齿圆柱齿轮传动副调整方法

（1）偏心套调整法。如图 6-26 所示，电机 2 通过偏心套 1 安装到机床壳体上，通过转动偏心套 2，就可以调整两齿轮的中心距，从而消除齿侧间隙。

（2）锥度齿轮调整法。如图 6-27 所示，以带有锥度的齿轮来消除间隙的结构。两相互啮合的齿轮 1 和齿轮 2 都制成带有小锥度，使齿厚沿轴线方向稍有变化。通过修磨垫片 3 的厚度，调整两齿轮的轴向相对位置，从而消除齿侧间隙。

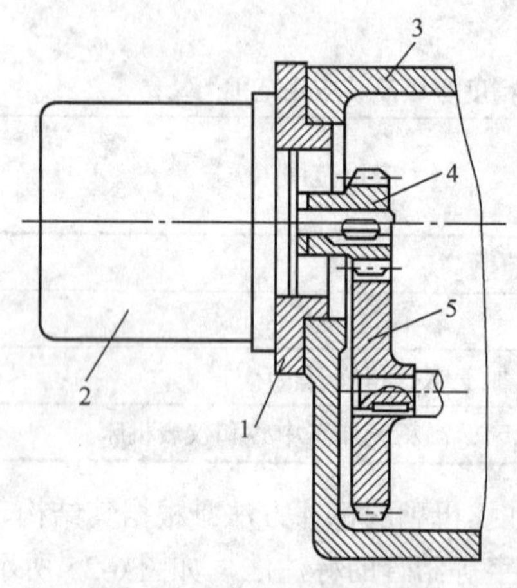

1－偏心套；2－电机；3－箱体；4、5－齿轮

图 6-26 偏心套式消除间隙结构

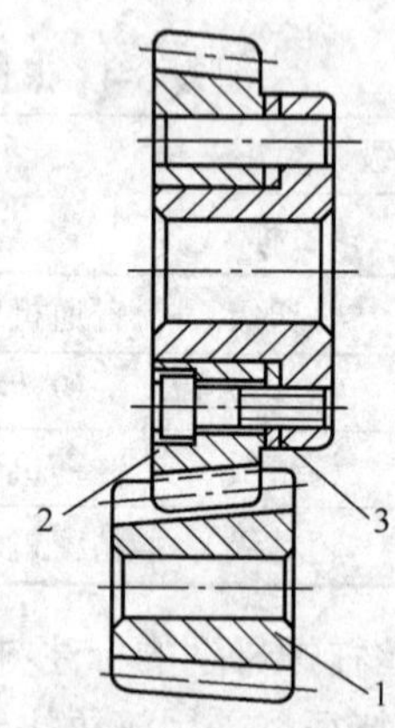

1、2－齿轮；3－垫片

图 6-27 锥度齿轮消除间隙结构

以上两种齿侧间隙调整方法的特点是结构简单、传动刚性好，但齿侧隙调整后不能自动补偿。

（3）双片薄齿轮错齿调整法。一对啮合的齿轮中，其中一个是宽齿轮，另一个由两个齿数相同的薄片齿轮套装而成，两薄片齿轮可相对转动。装配后，应使一个薄片齿轮的齿左侧和另一个薄片齿轮的齿右侧分别紧贴在宽齿轮的齿槽左、右两侧，这样错齿后就消除了齿侧隙，反向时不会出现死区。这种调整法常用以下两种结构形式：

1）可调拉簧式错齿消除间隙结构，如图 6-28 所示。在两个薄片齿轮 1 和 2 的端面均匀分布着 4 个螺孔，分别装有凸耳 3 和 4。齿轮 2 的端面还有另外 4 个通孔，凸耳 3 可以在其中穿过。弹簧 8 的两端分别钩在凸耳 3 和调节螺钉 5 上，通过螺母 7 调节弹簧 8 的拉力，调节完毕用螺母 6 锁紧。弹簧的拉力使两个薄片齿轮错位，即两个薄片齿轮的左、右齿面分别紧贴在宽齿轮齿槽的左、右齿面上，从而消除了齿侧间隙。

2）周向弹簧式错齿消除间隙结构，如图 6-29 所示。在两个薄片齿轮 1 和 2 上各开有周向圆弧槽，并在齿轮 1 和 2 的槽内压有装弹簧的短圆柱 3。由于弹簧 4 的作用使齿轮 1、2 错位，分别与宽齿轮的齿槽左、右侧贴紧，消除齿侧间隙。

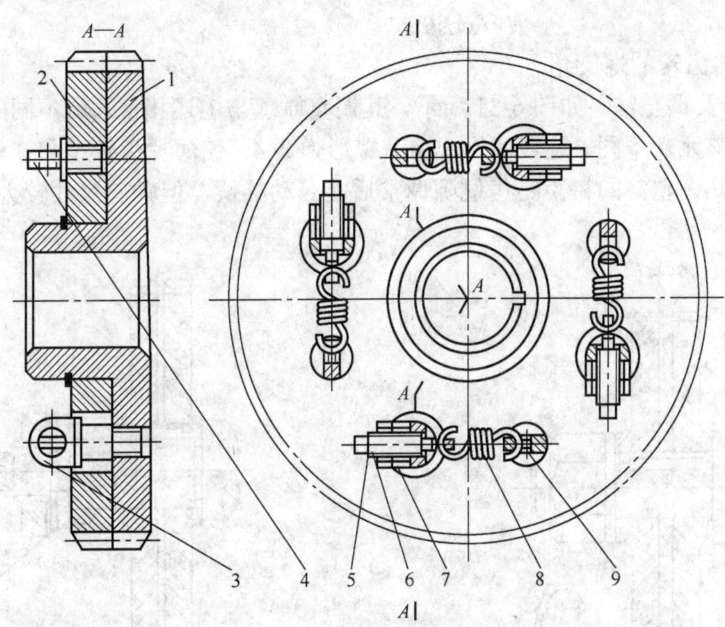

1、2—薄片齿轮；3、4、9—凸耳；5—螺钉；6—锁紧螺母；7—调整螺母；8—弹簧

图 6-28　拉簧错齿消除间隙结构

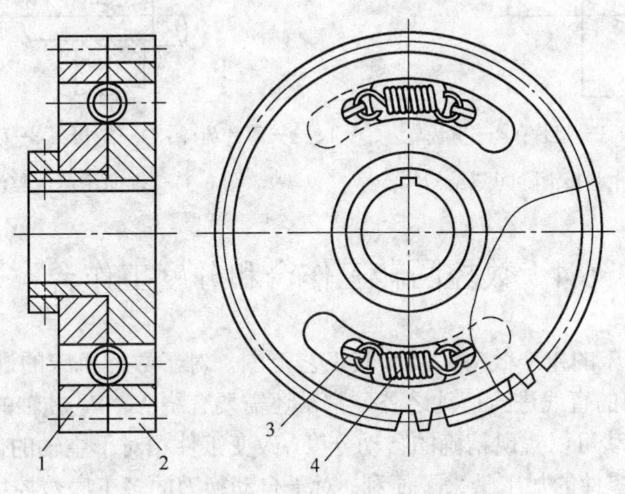

1、2—薄片齿轮；3—短圆柱；4—弹簧

图 6-29　周向弹簧式错齿消除间隙结构

以上两种调整结构较复杂，传动刚度低，不宜传动大扭矩，在设计时必须考虑弹簧的拉力。齿侧隙调整后能自动补偿，始终保持啮合无间隙，适用于检测装置。

2. 斜齿圆柱齿轮传动副调整方法

（1）垫片调整法。如图 6-30 所示，宽齿轮 4 同时与两个相同齿数的薄片齿轮 1 和 2 啮合，薄片齿轮经平键与轴连接，相互之间无相对回转。斜齿轮 1 和 2 间加厚度为 H 的垫片 3，用螺母拧紧，使两齿轮 1 和 2 的螺旋线产生错位，其后两齿轮面分别与宽齿轮 4 的齿面紧贴以消除间隙。垫片 3 的厚度 H 和齿侧间隙 Δ 的关系可用下式进行计算：

$$H=\Delta\cos\beta$$

式中，β 为斜齿轮的螺旋角。

（2）轴向压簧调整法。如图 6-31 所示，其调整原理与上述相似，所不同的是使两薄片齿轮产生错位的调整元件不同。旋转螺母 3 调节蝶形弹簧 4，使薄片齿轮 1 和 2 的螺旋线产生错位，消除侧隙。此调整法的特点是齿侧隙调整后能自动补偿，但轴向尺寸较大，结构不紧凑。

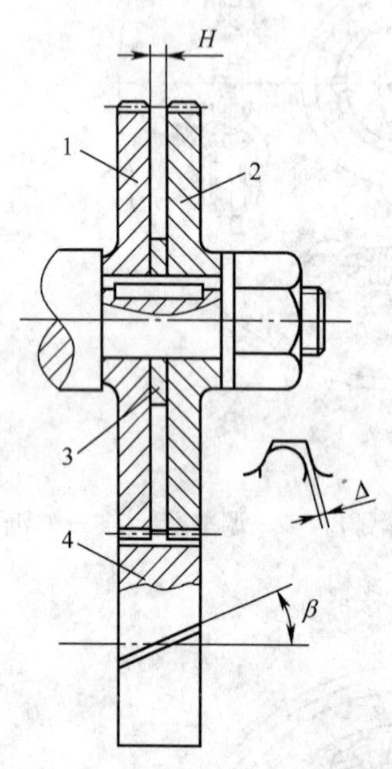

1、2－薄片齿轮；3－垫片；4－宽齿轮

图 6-30　垫片调整消除间隙结构

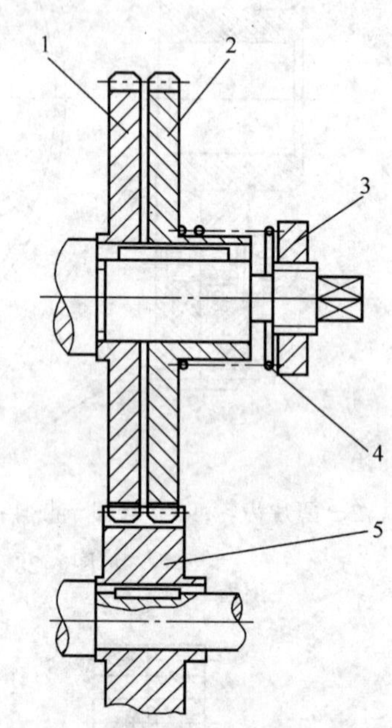

1、2－薄片齿轮；3－螺母；4－碟形弹簧；5－宽齿轮

图 6-31　轴向压簧调整消除间隙结构

6.4　数控回转工作台和分度工作台

为了提高数控机床的生产效率，扩大其工艺范围，对于数控机床的进给运动，除了沿坐标 X、Y、Z 三个方向的直线进给运动之外，常常还需要有绕 X、Y、Z 轴的圆周进给运动。数控机床的圆周进给运动可以实现精确的自动分度，改变工件相对于主轴的位置，以便分别加工各个表面，这对箱体零件的加工带来了便利。对于自动换刀的多工序数控机床来说，回转工作台已成为一个不可缺少的部件。

数控机床中常用的回转工作台有数控回转工作台和分度工作台两种。

1．数控回转工作台

数控回转工作台主要用于数控镗铣床，它的功用有两个：一是使工作台进行圆周进给运动；二是使工作台进行分度运动。它按照控制系统的指令，在需要时分别完成上述运动。数控回转工作台的外形和通用机床的分度工作台十分相似，但其内部结构却具有数控进给驱动机构的许多特点。

图 6-32 所示为自动换刀数控卧式镗铣床的工作台。这是一种补偿型的开环数控回转工作台，它的进给、分度转位和定位锁紧都由给定的指令进行控制。

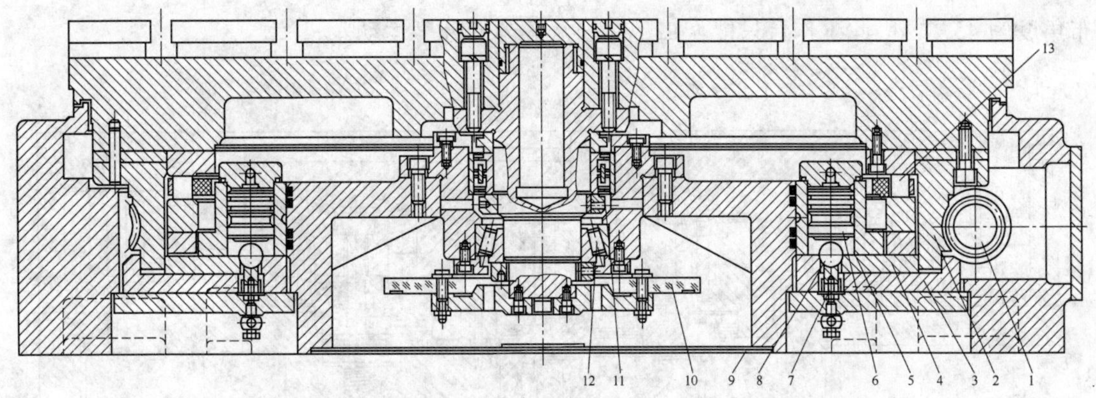

1－蜗杆；2－蜗轮；3、4－夹紧瓦；5－小液压缸；6－活塞；
7－弹簧；8－钢球；9－底座；10－光栅；11、12、13－轴承

图 6-32　回转工作台

工作台的运动由电液脉冲马达通过减速齿轮（图中未画出）和蜗杆 1 传给蜗轮 2。为了消除蜗轮副的传动间隙，采用了双螺距渐厚蜗杆，通过移动蜗杆的轴向位置来调整间隙。这种蜗杆的左、右两侧面具有不同的螺距，因此蜗杆齿厚从头到尾逐渐增厚。但由于同一侧的螺距是相同的，所以仍然保持着正常的啮合。

当工作台静止时，必须处于锁紧状态。为此，在蜗轮底部的辐射方向装有八对夹紧瓦 4 和 3，并在底座 9 上均布着同样数量的小液压缸 5。当小液压缸的上腔接通压力油时，活塞 6 便压向钢球 8，撑开夹紧瓦，并夹紧蜗轮 2。在工作台需要回转时，先使小液压缸的上腔接通回油路，在弹簧 7 的作用下，钢球 8 抬起，夹紧瓦将蜗轮放松。

回转工作台的导轨面由大型滚子轴承 13 支承，并由圆锥滚子轴承 12 及调心圆柱滚子轴承 11 保持准确的回转中心。

开环系统的数字回转工作台的定位精度主要取决于蜗轮副的传动精度，因而必须采用高精度的蜗轮副。除此之外，还可以实际测量工作台静态定位误差之后确定需要补偿的角度位置和补偿脉冲的符号（正向或反向），记忆在补偿回路中，由数控装置进行误差补偿。

数控回转工作台设有零点，当它作回零运动时，先用挡块碰撞限位开关（图中未画出），使工作台降速，然后在无触点开关的作用下，使工作台准确地停在零位。数控回转工作台在任意角度转位和分度时，由光栅 10 进行读数，因此能够达到较高的分度精度。

2. 分度工作台

数控机床的分度工作台与数控回转工作台不同，它只能完成分度运动，而不能实现圆周进给。由于结构上的原因，通常分度工作台的分度运动只能完成一定角度的回转，如 900、600、450。机床上的分度传动机构本身很难保证工作台分度的高精度要求，常常需要定位机构和分度机构结合在一起，并由夹紧装置保证机床工作时的安全可靠。

（1）定位销式分度工作台。

图 6-33 所示为 THK6380 型自动换刀数控卧式镗铣床的分度台。这种工作台的定位分度主要靠定位销和定位孔来实现。分度工作台 2 置于长方工作台 11 中间，在不单独使用分度工作台 2 时，两个工作台可以作为一个整体使用。工作台 2 的底部均匀分布着 8 个削边圆柱定位销 8，在工作台底座 12 上有一个定位孔衬套 7 以及供定位销移动的环形槽。因为定位销之间的分

布角度为 45°，因此工作台只能作二、四、八等分的分度运动。

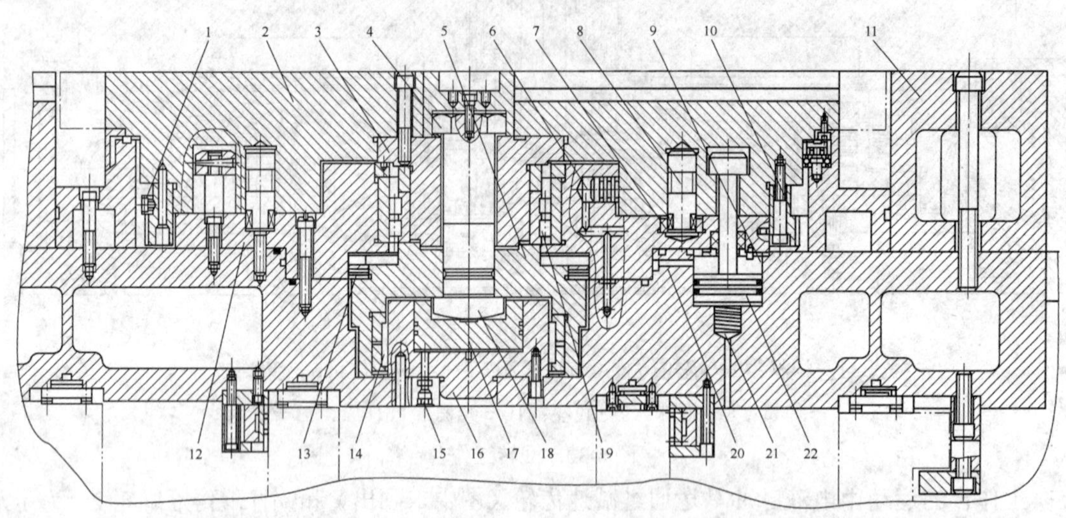

1—挡块；2—分度工作台；3—锥套；4—螺钉；5—支座；6—间隙消除液压缸；7—衬套；8—定位销；9—锁紧液压缸；10—齿轮；11—长方工作台；12—底座；13、14、19—轴承；15—管道；16—中央液压缸；17—活塞；18—螺柱；20—下底座；21—弹簧；22—活塞拉杆

图 6-33 定位销式分度工作台

定位销式分度工作台的分度精度主要由定位销和定位孔的尺寸精度及坐标精度决定。最高可达正负 5″。为适应大多数的加工要求，应当尽可能提高最常用的 180° 分度销孔的坐标精度，而其他角度（如 45°、90° 和 135°）可以适当降低。

（2）鼠牙盘式分度工作台。鼠牙盘式分度工作台主要由工作台面底座、夹紧液压缸、分度液压缸和鼠牙盘等零件组成，其结构如图 6-34 所示。鼠牙盘是保证分度精度的关键零件，在每个齿盘的端面有数目相同的三角形齿，当两个齿盘啮合时，能自动确定周向和径向的相对位置。

机床需要进行分度工作时，数控装置就发出指令，电磁铁控制液压阀，使压力油经孔 23 进入到工作台 7 中央的夹紧液压缸下腔 10 推动活塞 6 向上移动，经推力轴承 5 和 13 将工作台 7 抬起，上下两个鼠齿盘 4 和 3 脱离啮合，与此同时，在工作台 7 向上移动的过程中带动内齿轮 12 向上套入齿轮 11，完成分度前的准备工作。

当工作台 7 上升时，推杆 2 在弹簧力的作用下向上移动，使推杆 1 能在弹簧作用下向右移动，离开微动开关 S2，使 S2 复位，控制电磁阀使压力油经油孔 21 进入分度液压缸左腔 19，推动齿条活塞 8 向右移动，带动与齿条相啮合的齿轮 11 做逆时针方向转动。由于齿轮 11 已经与内齿轮 12 相啮合，分度台也将随着转过相应的角度。回转角度的近似值将由微动开关和挡块 17 控制。开始回转时，挡块 14 离开推杆 15 使微动开关 S1 复位，通过电路互锁，始终保持工作台处于上升位置。

当工作台转到预定位置附近，挡块 17 通过顶针 16 使微动开关 S3 工作。控制电磁阀开启，使压力油经油孔 22 进入到压紧液压缸上腔 9。活塞 6 带动工作台 7 下降，上鼠齿盘 4 与下鼠齿盘 3 在新的位置重新啮合，并定位压紧。液压缸下腔 10 的回油经节流阀可限制工作台的下降速度，保护齿面不受冲击。

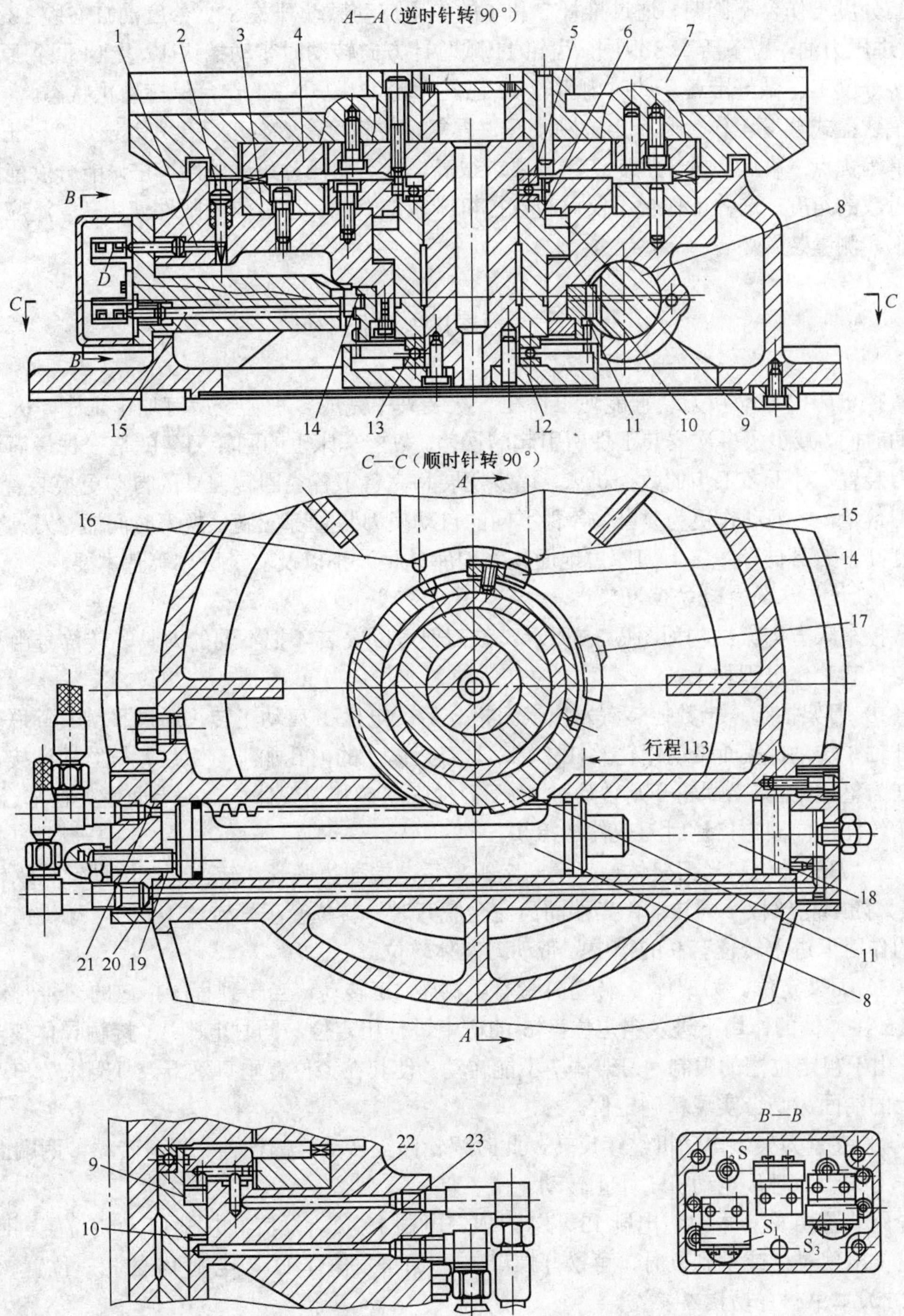

1、2、15—推杆；3、4—鼠齿盘；5、13—推力轴承；6—活塞；7—工作台；8—齿条活塞；9—夹紧液压缸上腔；10—夹紧液压缸下腔；11—齿条；12—内齿轮；14、17—挡块；16—顶针；18—分度液压缸右腔；19—分度液压缸左腔；20、21、22、23—油孔

图 6-34　鼠牙盘式分度工作台

当分度工作台下降时，通过推杆 2 和 1 的作用启动微动开关 S2，分度油缸右腔 18 通过油孔 20 进压力油，齿条活塞 8 退回。齿轮 11 顺时针方向转动时带动挡块 17 及 14 回到原处，为下一次分度工作做好准备。此时内齿轮 12 已同齿轮 11 脱开，工作台保持静止状态。

鼠牙盘式分度工作台具有定位刚度好、重复定位精度高、分度精度可达±0.5"～±3"、结构简单等优点；缺点是鼠牙盘制造精度要求很高，且不能任意角度分度，它只能分度能除尽鼠牙盘齿数的角度。这种工作台不仅可与数控机床做成一体，也可作为附件使用，广泛应用于各种加工和测量装置中。

6.5 自动换刀机构

数控机床的自动换刀装置能使工件在一次装夹中完成多种甚至所有加工工序，大大缩减了辅助时间，减少了多次安装工件所引起的误差。数控车床上的回转刀架就是一种最简单的自动换刀装置。对于多工步的数控机床，逐步发展和完善了各类回转刀具的自动更换装置，扩大了换刀数量，换刀动作更为复杂。各种不同的自动换刀装置都应满足换刀时间短、刀具重复定位精度高、刀具储存量多、刀库占地面积（刀库体积）小以及安全可靠等基本要求。

1. 数控车床的自动转位刀架

数控车床方刀架结构如图 6-35 所示。该刀架可以安装 4 把不同的刀具，转位号由加工程序指定。其工作过程如下：

（1）刀架抬起。当数控装置发出换刀指令后，电机 1 启动正转，通过平键套筒联轴器 2 使蜗杆轴 3 转动，从而带动蜗轮丝杠 4 转动。刀架体 7 的内孔加工有螺纹，与丝杠连接，蜗轮与丝杠为整体结构。当蜗轮开始转动时，由于刀架底座 5 和刀架体 7 上的端面齿处在啮合状态，且蜗轮丝杠轴向固定，这时刀架体 7 抬起。

（2）刀架转位。当刀架体抬起至一定距离后，端面齿脱开，转位套 9 用销钉与蜗轮丝杠 4 连接，随蜗轮丝杠一同转动，当端面齿完全脱开时，转位套正好转过 160°，球头销 8 在弹簧力的作用下进入转位套 9 的槽中，带动刀架体转位。

（3）刀架定位。刀架体 7 转动时带着电刷座 10 转动，当转到程序指定的刀号时，粗定位销 15 在弹簧的作用下进入粗定位盘 6 的槽中进行粗定位，同时电刷 13 接触导体使电机 1 反转。由于粗定位槽的限制，刀架体 7 不能转动，使其在该位置垂直落下，刀架体 7 和刀架底座 5 上的端面齿啮合实现精确定位。

（4）夹紧刀架。电动机继续反转，此时蜗轮停止转动，蜗杆轴 3 自身转动，两端面齿增加到一定夹紧力时，电动机 1 停止转动。

译码装置由发信体 11、电刷 13、14 组成，电刷 13 负责发信，电刷 14 负责位置判断。当刀架定位出现过位或不到位时，可松开螺母 12，调整发信体 11 与电刷 14 的相对位置。

2. 加工中心自动换刀装置

加工中心有立式、卧式、龙门式等多种，其自动换刀装置的形式更是多种多样。换刀的原理及结构的复杂程度也不同，除利用刀库进行换刀外，还有自动更换主轴箱、自动更换刀库等形式，但绝大多数都是利用刀库进行换刀。

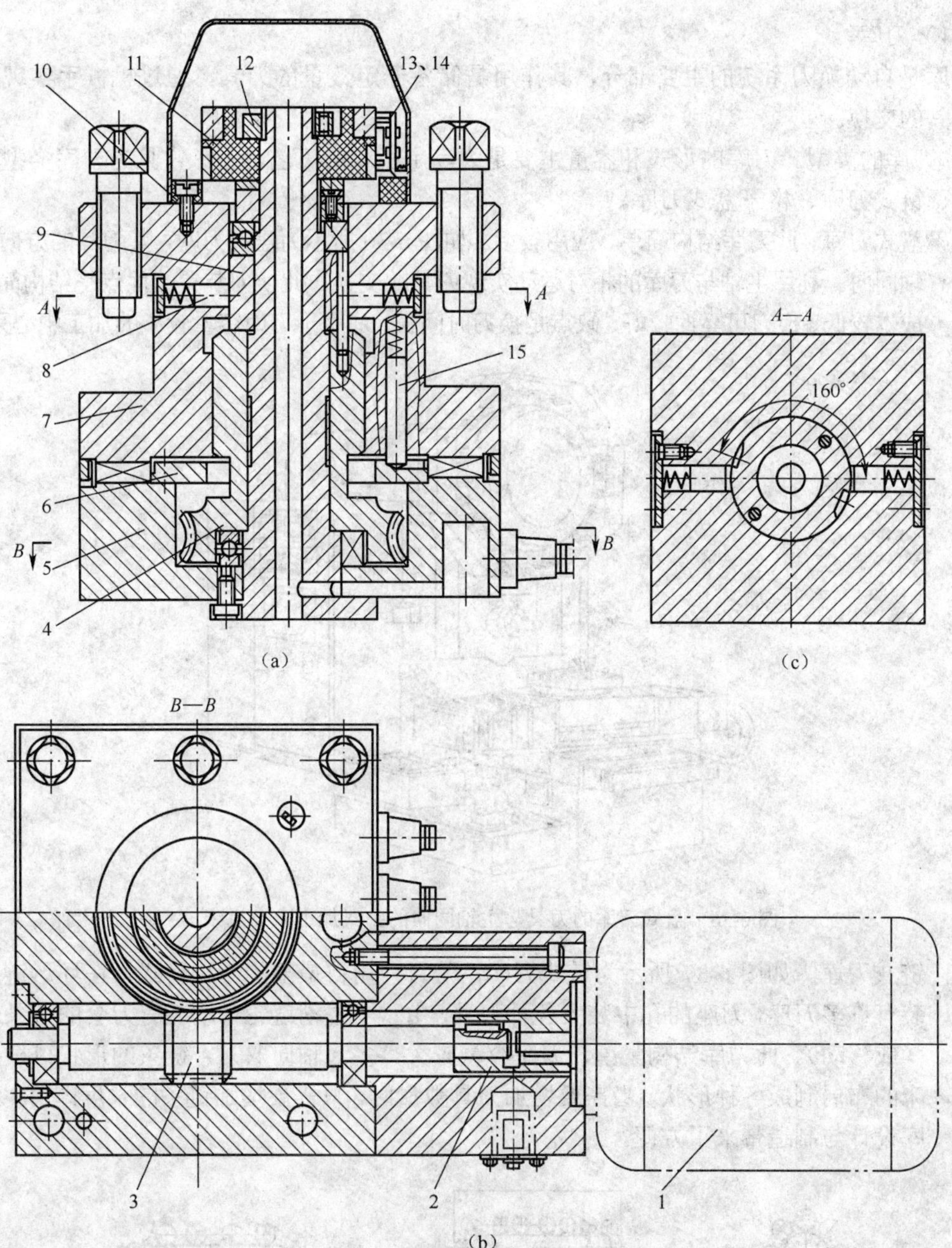

1—电动机；2—联轴器；3—蜗杆轴；4—蜗轮丝杠；5—刀架底座；6—粗定位盘；7—刀架体；8—球头销；9—转位套；10—电刷座；11—发信体；12—螺母；13、14—电刷；15—粗定位销

图 6-35　数控车床方刀架结构

带刀库的自动换刀系统由刀库和刀具变换机构组成，换刀过程较为复杂。首先，要把加工过程中使用的全部刀具分别安装在标准刀柄上，在机外进行尺寸预调整后，按一定的方式放入刀库。换刀时，先在刀库中选刀，然后由刀具交换装置从刀库或主轴（或是刀架）取出刀具，进行交换，将新刀装入主轴（或刀架），把旧刀放回刀库。刀库具有较大的容量，既可安装在主轴箱的侧面或上方，也可作为单独部件安装到机床以外，并由搬运装置运送刀具。

（1）刀库。

刀库是自动换刀系统的主要部分，其作用是储备一定数量的刀具，通过机械手实现与主轴上刀具的交换。

1）刀库的类型。刀库的形式和容量主要是为满足机床的工艺范围。常见的刀库类型有盘式刀库、链式刀库、格子盒式刀库。

- 盘式刀库。此刀库结构简单，应用较多。如图 6-36 所示为盘式刀库，其刀具的方向与主轴同向。利用主轴与刀库的相对运动实现刀具的交换。此换刀装置的优点是结构简单、成本较低、换刀可靠性较好，缺点是换刀时间长，适用于刀库容量较小的加工中心采用。

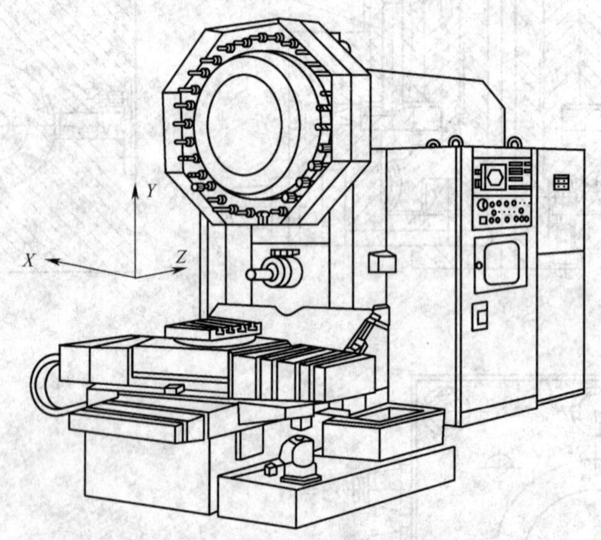

图 6-36　盘式刀库的刀具与主轴同向的卧式加工中心机床

- 链式刀库。如图 6-37 所示为链式刀库，是目前用得最多的一种形式。在环形链条上装有许多刀座，刀座的孔中装夹各种刀具，由一个主动链轮带动装有刀套的链条转动（或移动）。此刀库结构紧凑，刀库容量较大，多为轴向取刀，链条的形状可根据机床的布局制成各种形状。当需要增加刀具数量时，只需要增加链条的长度即可，给刀库设计与制造带来了方便。

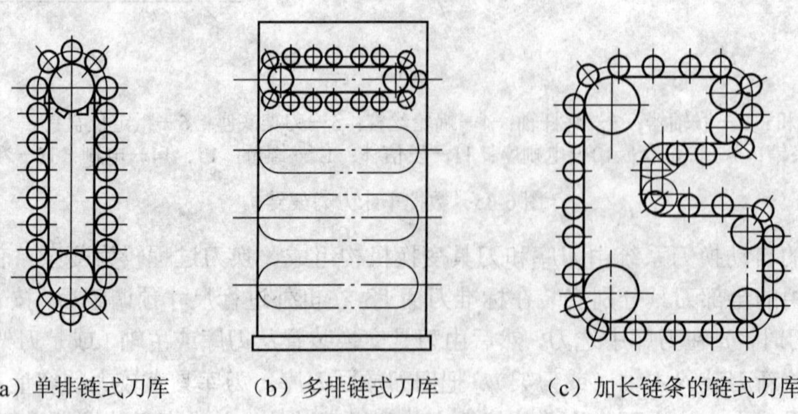

（a）单排链式刀库　（b）多排链式刀库　（c）加长链条的链式刀库

图 6-37　各种链式刀库

● 格子盒式刀库。如图 6-38 所示为固定型格子盒式刀库。刀具分几排直线排列，纵、横向移动的取刀机械手完成选刀运动，将选取的刀具送到固定的换刀位置刀座上，由换刀机械手交换刀具。由于刀具排列密集，因此空间利用率高，刀库容量大。

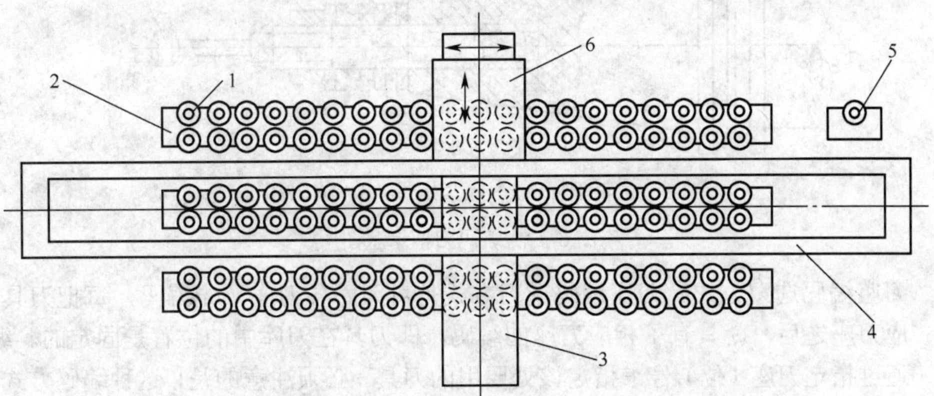

1—刀库；2—刀具固定板架；3—取刀机械手横向导轨；
4—取刀机械手纵向导轨；5—换刀位置刀座；6—换刀机械手

图 6-38　固定型格子盒式刀库

除上述 3 种刀库形式外，还有直线式刀库、多盘式刀库等。

2）刀库的容量。刀库的容量并不是越大越好，太大反而会增加刀库的尺寸和占地面积，使选刀时间增长。盲目加大刀库容量，会使刀库的选用率降低，结构过于复杂，造成很大的浪费。决定刀库容量时，应根据机床大多数工件加工时所需要的刀具数量来确定。根据工业统计，刀库容量一般为 10～40 把即可基本满足加工工艺要求。

（2）刀库的自动选刀方式。

按数控系统加工程序中的刀具选择指令，从刀库中挑选所需刀具的操作称为自动选刀。常用的选刀方式有顺序选刀和任意选刀两种。

1）顺序选刀。顺序选刀是在加工之前，将加工零件所需的刀具按照工艺要求依次插入刀库的刀座内，加工时按顺序依次选刀，刀具顺序不能搞错。加工不同零件时，刀具在刀库上的排列顺序也需要重新排列，操作较烦琐，但刀库的驱动和控制都比较简单。

2）任意选刀。任意选刀方式分为刀具编码、刀座编码和记忆等。刀具编码或刀座编码需要在刀具或刀座上安装用于识别的编码环，一般根据二进制编码的原理进行编码。

● 刀具编码选刀方式。刀具编码选刀方式是采用一种特殊的刀柄结构，并对每把刀具进行编码。换刀时通过编码识别装置，根据换刀指令代码，在刀库中寻找所需的刀具。由于每一把刀具都有自己的代码，因而刀具可以放入刀库的任何一个刀座内，这样不仅刀库中的刀具可以在不同的工序中多次重复使用而且换下来的刀具也不必放回原来的刀座，这对装刀和选刀都十分有利。另外，可避免由于刀具顺序的差错所发生的事故。刀具编码的结构如图 6-39 所示。在刀柄尾部的拉紧螺杆 1 上套装着一组等间隔的编码环 3，并由锁紧螺母 2 将它们固定。编码环的外径有大、小两种不同的规格，每个编码环的大小分别表示二进制数的“1”和“0”。通过对两种圆环的不同排列，可以得到一系列的代码。例如，图中所示的 7 个编码环就够区别出 127 种刀具。通常全部“0”的代码不允许使用，以免与刀座中没有刀具的状况发生混淆。

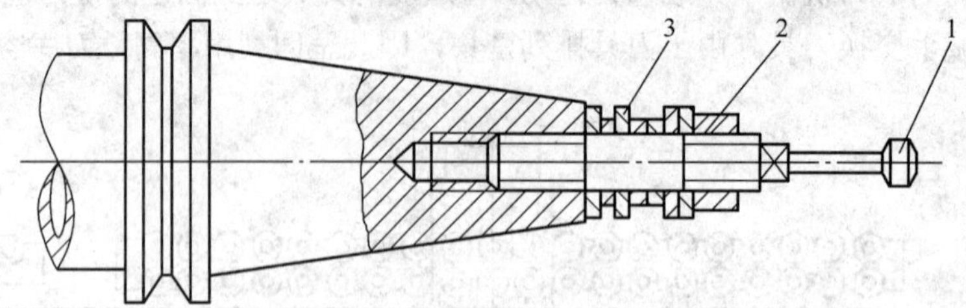

1—拉紧螺杆；2—锁紧螺母；3—编码环

图 6-39　编码刀柄示意图

- 刀座编码选刀方式。刀座编码选刀方式是对刀库各刀座预先编码，每把刀具放入相应刀座之后，就具有了相应刀座的编码，即刀具在刀库中的位置是固定的。编程时，通过指定刀座（位）号来指定该处要用的刀具。必须注意的是，这种编码方式必须将用过的刀具放回原来的刀座内，否则会造成事故。由于这种编码方式不必在刀柄中放置编码环，使刀柄结构大大简化，刀具识别装置的结构就不受刀柄尺寸的限制，可放置在较为合理的位置。刀具在加工过程中可重复多次使用，缺点是必须把用过的刀具放回原来的刀座内。
- 记忆选刀方式。记忆选刀方式目前应用最多，特点是刀具号和存刀位置或刀座号（地址）对应地记忆在计算机的存储器或可编程控制器的存储器内，不论刀具存放在哪个地址，都始终记忆着它的踪迹，这样刀具可以任意取出，任意送回。刀柄采用国际通用形式，没有编码环，结构简单，通用性能好。刀座上也不编码，但刀库上必须设有一个机械原点（又称零位），对于圆周运动选刀的刀库，每次选刀正转或反转都不超过 180° 的范围。

（3）刀具（刀座）识别装置。

刀具（刀座）识别装置是自动换刀系统的重要组成部分，常用的有接触式和非接触式两种识别方式。

1）接触式刀具识别装置。接触式刀具识别装置应用较广，特别适用于空间位置较小的刀具编码，其识别原理如图 6-40 所示。图中有 5 个编码环 4，在刀库附近固定一刀具识别装置 1，从中伸出几个触针 2，触针数量与刀柄上的编码环个数相等。每个触针与一个继电器相连，当编码环是小直径时与触针不接触，继电器不通过，其数码为“0”。当各继电器读出的数码与所需刀具的编码一致时，由控制装置发出信号，使刀库停转，等待换刀。

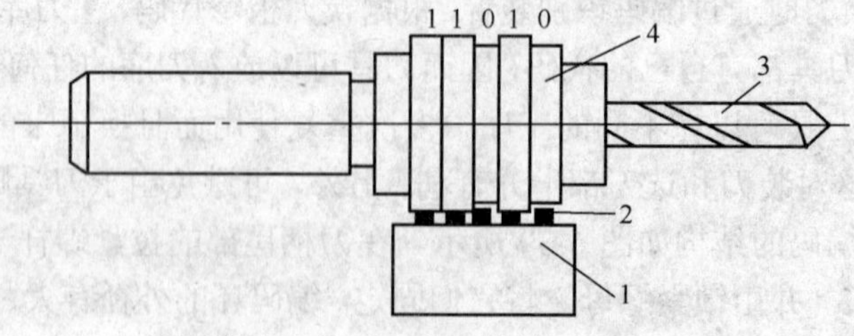

1—刀具识别装置；2—触针；3—刀具；4—编码环

图 6-40　接触式刀具识别装置

接触式编码识别装置的结构简单，但可靠性较差，寿命较短，而且不能快速选刀。

2）非接触式刀具识别装置。非接触式刀具识别装置采用的是磁性或光电方法。

- 磁性识别装置。磁性识别方法是利用磁性材料和非磁性材料磁感应的强弱不同，通过感应线圈读取代码。编码环分别由软钢和黄铜（或塑料）制成，前者代表“1”，后者代表“0”，将它们按规定的编码排列。图 6-41 所示为一种用于刀具编码的磁性识别装置。图中刀柄上装有非导磁材料编码环和导磁材料编码环 3，与编码环相对应的是由一级检测线圈 4 组成的非接触式识别装置 1。当编码环通过线圈时，只有对应于软钢圆环的那些绕组才能感应出高电位，其余绕组则输出低电位，然后通过识别电路选出所需要的刀具。磁性识别装置没有机械接触，因此可以快速选刀，而且具有结构简单、工作可靠、寿命长等优点。

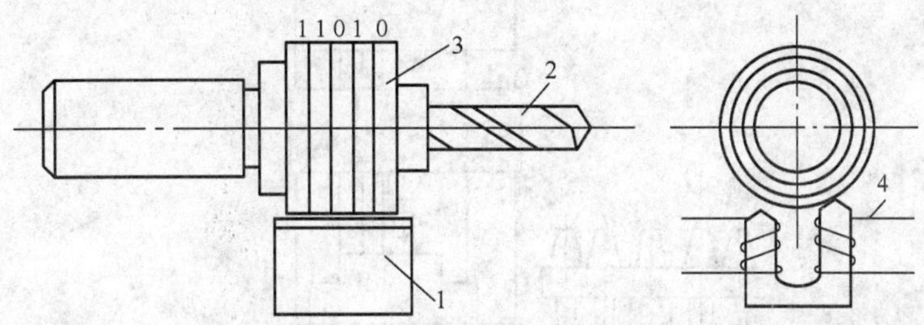

1—刀具识别装置；2—刀具；3—编码环；4—线圈

图 6-41　磁性识别装置

- 光电识别装置。光电识别方法的原理如图 6-42 所示。链式刀库带着刀座 1 和刀具 2 依次经过刀具识别位置 1，在此位置上安装了投光器 3，通过光学系统将刀具的外形及编码环投影到由无数光敏元件组成的屏板 5 上形成刀具图样。装刀时，屏板 5 将每一把刀具的图样转换成对应的脉冲信息，经过处理将代表每一把刀具的“信息图形”记入存储器。选刀时，当某一把刀具在识别位置出现的“信息图形”与存储器内指定刀具的“信息图形”相一致时，便发出信号，使该刀具停在换刀位置，由机械手 4 将刀具取出。这种识别系统不但能识别编码，还能识别图样，因此给刀具的管理带来方便。

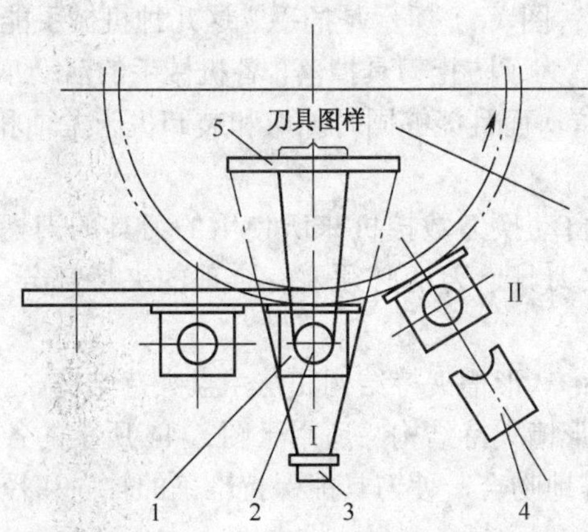

1—刀座；2—刀具；3—投光器；4—机械手；5—屏板

图 6-42　光电识别方法

（4）刀具交换装置。

数控机床的自动换刀装置中，实现刀具在刀库与机床主轴之间传递和装卸的装置称为刀具交换装置。刀具的交换方式通常分为无机械手换刀和有机械手换刀两大类。

1）无机械手换刀。无机械手换刀的方式是利用刀库与机床主轴的相对运动实现刀具交换。图 6-43 所示的数控立式镗铣床采用的就是这类刀具交换方式，此装置在换刀时必须首先将用过的刀具送回刀库，然后再从刀库中取出新刀具，这两个动作不可能同时进行。它的选刀和换刀由 3 个坐标轴的数控定位系统来完成，因而每交换一次刀具，工作台和主轴箱就必须沿着 3 个坐标轴作两次来回的运动，因而增加换刀时间。另外，由于刀库置于工作台上，减少了工作台的有效使用面积。

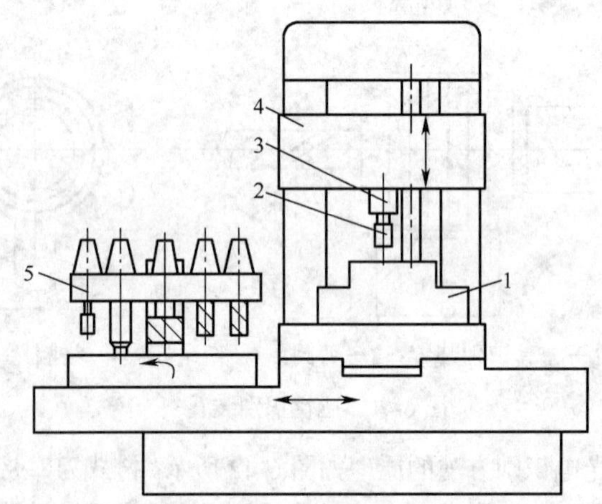

图 6-43　无机械手的换刀

2）有机械手换刀。采用机械手进行刀具交换的方式应用得最为广泛。这是因为机械手换刀有很大的灵活性，而且可以减少换刀时间。在各种类型的机械手中，双臂机械手集中地体现了以上的优点。在刀库远离机床主轴的换刀装置中，除了机械手以外，还带有中间搬运装置。

如图 6-44 所示是常用双臂机械手的几种结构形式：图（a）所示是钩手；图（b）所示是抱手；图（c）所示是伸缩手；图（d）所示是插手。这几种机械手能够完成抓刀→拔刀→回转→插刀→返回等一系列动作。为了防止刀具掉落，各机械手的活动爪都带有自锁机构。由于双臂回转机械手的动作比较简单，而且能够同时抓取和装卸机床主轴和刀库中的刀具，因此换刀时间进一步缩短。

根据各类机床的需要，自动换刀数控机床所使用的刀具的刀柄有圆柱形和圆锥形两种。为了使机械手能可靠地抓取刀具，刀柄必须要有合理的夹持部分，而且应当尽可能使刀柄标准化。

常用的刀柄结构有两种：V 形槽夹持结构和法兰盘夹持结构。

图 6-45（a）所示为 V 形槽夹持结构，适用于图 6-44 所示的各种机械手，这是由于机械手爪的形状和 V 形槽能很好地吻合，使刀具能保持准确的轴向和径向位置，从而提高了装刀的重复定位精度。

图 6-45（b）所示为法兰盘夹持结构，适用于钳式机械手装夹，这是由于法兰盘的两边可

以同时伸进钳口，因此在使用中间辅助机械手时能够方便地将刀具从一个机械手传递给另一个机械手。

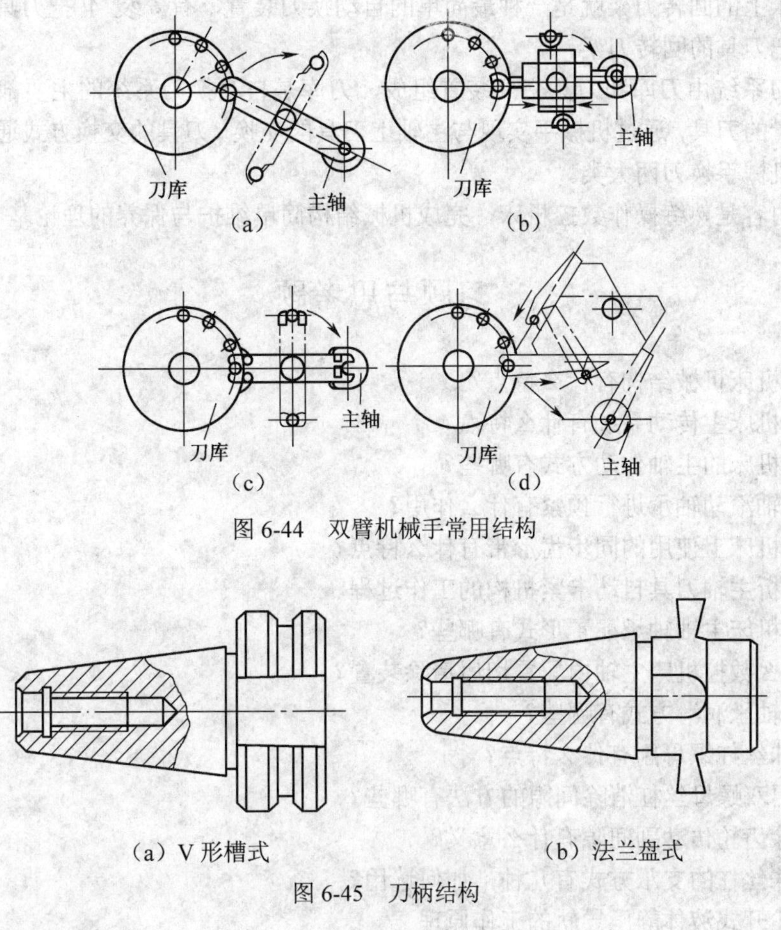

图 6-44　双臂机械手常用结构

（a）V 形槽式　　（b）法兰盘式

图 6-45　刀柄结构

本章小结

本章主要介绍了数控机床的机械部分，即主传动系统、进给传动系统、导轨、刀库与自动换刀装置、数控回转工作台与分度工作台、常用的刀柄等。

主传动系统是数控机床的重要功能部件，要求其具有较高的回转精度、刚度、抗振性和耐磨性，其调速电机是高速切削机床的重要部件。数控机床主轴支承多采用滚动轴承，通过轴承预紧提高其旋转精度。

在数控机床上，将回转运动转换为直线运动一般都采用滚珠丝杠副，滚珠丝杠副是直线运动与回转运动相互转换的传动装置。为了保证滚珠丝杠的反向传动精度和轴向刚度，常用双螺母消除丝杠螺母的轴向间隙。

数控机床导轨是用来支承和引导运动部件沿一定的轨道运动，应具有较高的导向精度、良好的摩擦特性和良好的精度保持性。常用的导轨可分为 3 类：滚动导轨、静压导轨、塑料导轨。塑料滑动导轨不仅结构、制造工艺简单，抗振性好，而且能满足机床导轨低摩擦、耐磨、无爬行、高刚度的要求。

一般的回转工作台可以实现分度运动，数控回转工作台可以实现圆周方向的进给运动。

数控车床上的回转刀架就是一种最简单的自动换刀装置，有安装 4 把刀具的四方刀架，还有安装多把刀具的回转刀架。

自动换刀系统由刀库和刀具交换装置组成，刀库是自动换刀系统的主要部分，其作用是储备一定数量的刀具，通过机械手实现与主轴上刀具的交换。刀具的交换方式通常分为无机械手换刀和有机械手换刀两大类。

这部分内容是熟练操作数控机床，完成机械结构简单维护与保养的理论基础。

习题与思考题

1．数控机床机械结构有什么特点？
2．数控机床主传动系统有什么特点？
3．数控机床的主轴传动方式有哪些？
4．对主轴滚动轴承进行预紧有什么作用？
5．数控机床上使用的同步齿形带有什么特点？
6．试分析主轴刀具自动卡紧机构的工作过程。
7．数控机床主轴轴承配置形式有哪些？
8．为什么数控机床主轴内配置切屑清除装置？
9．主轴轴承润滑方式有哪些？
10．滚珠丝杠螺母副有什么特点？
11．常用双螺母丝杠消除间隙的方法有哪些？
12．消除齿轮传动副间隙有什么意义？
13．滚珠丝杠的支承方式有几种，如何选用？
14．试述开式液体静压导轨的工作原理。
15．试述接触式刀具识别装置的识别原理。
16．简述数控车床方刀架的工作顺序。
17．数控机床中为什么使用主轴准停功能？常用的主轴准停机构有哪些？

第 7 章　数控机床的使用与维护

本章学习目标

本章主要讲解数控机床选用、安装、调试、验收、使用和日常维护的基本方法。通过本章学习，读者应该掌握以下内容：

- 数控机床的选用原则
- 数控机床的安装步骤
- 数控机床的使用

7.1　数控机床的选用

7.1.1　数控机床选用的原则

由于数控机床是运用数字控制技术控制机床，它涉及电子、机械、电气、液压、气动、光学等多种学科，因此，数控机床的选择、使用、操作和维修，远比一般传统机床复杂。

按我国的具体情况，数控机床可划分为以下 3 个层次：

（1）高档型数控机床。高档型数控机床是指可加工复杂形状、具有多轴控制、工序集中、自动化程度高、具有高度柔性的数控机床。一般采用的数控系统具有 32 位或 64 位微处理器，机床的进给采用交流伺服驱动，能控制 5 轴或 5 轴以上，并实现 5 轴或 5 轴以上的联动。进给分辨率可达 0.1μm，快速进给速度可达 100 m/min，且具有通信联网、监控、管理等功能。这类机床功能齐全，价格昂贵，主要包括 5 轴以上的数控铣床、大型/重型数控机床、五面加工中心、车削中心和柔性加工单元等。

（2）普及型数控机床。这一档次的数控机床具有人机对话功能，应用较广，价格适中，也称为全功能数控机床。所配置的数控系统采用 16 位或 32 位微处理器，机床的进给多用交流或直流伺服驱动，其控制的轴数和联动轴数在 4 轴和 4 轴以下，进给分辨率为 1μm，快速进给速度为 20 m/min 以上。这类数控机床的品种门类极多，其总的趋势是趋向简单、实用，不追求过多的功能，进而使机床的价格适当降低。

（3）经济型数控机床。这一档次的数控机床结构简单，精度一般，但价格便宜，能满足一般加工精度的要求，能加工形状较简单的直线、斜线、圆弧及带螺纹的零件等。采用的数控系统是单片机或 PC 机，机床进给为步进电机开环驱动，控制的轴数和联动轴数在 3 轴或 3 轴以下，进给分辨率为 10μm，快速进给速度可达 10 m/min。

一般在选用数控机床时需要遵循以下原则：

（1）实用性。选用数控机床的目的是为了解决生产中的问题，首要的是为了实用。实用性就是要使所选的数控机床能最大程度地实现预定目标。例如选数控机床时要明确是为了加工复杂的零件、提高加工效率、提高精度，还是为了集中工序、缩短周期，或是实现柔性加工要求。有了明确的目标后有针对性地选用机床，才能以合理的投入获得最佳效果。

（2）经济性。经济性是指所选用的数控机床在满足加工要求的条件下，投入要最经济或较为合理。经济性往往是和实用性相联系的，机床选得实用则经济上也会合理。

（3）可操作性。用户选用的数控机床要与本企业的操作和维修水平相适应。选用了较复杂、功能齐全、较为先进的数控机床，如果没有适当的操作者操作使用，没有熟练的技工维护修理，那么再好的机床也发挥不了应有的作用。

（4）稳定可靠性。稳定可靠性既与数控系统有关，也与机械部分有关。要保证数控机床工作时稳定可靠，选用时一定要选择名牌产品（包括主机、系统和配套件）。

7.1.2 数控机床选用的基本要点

（1）确定典型加工对象。确定典型加工对象是数控机床选型的基础。对于单件或小批量生产、多品种中小批量轮番生产和大批量生产，由于生产性质各不同，数控机床选用的侧重点也会有所差别。数控机床有一定的适用范围。一些形状简单、易加工的工件，大批量生产而不费辅助工时的工件，并不能充分发挥数控机床功能多、柔性强、加工精度高、自动化程度高的优势。当工件加工要求比较特殊，而目前的数控技术还不适于它的加工要求时，也不应勉强选用数控机床。

（2）数控机床类型的确定。要根据典型零件的图纸和加工工艺确定机床的种类。如箱体类零件可采用数控镗铣床、加工中心或柔性加工单元（FMC）加工。又如轴杆类零件和圆盘类零件的加工，因主要涉及车、磨工艺，故常采用数控车床、车削加工中心和数控磨床来完成加工。

（3）机床主参数的选择。机床主参数的选择主要取决于零件的外廓尺寸和装夹定位方式。在机床的所有参数中，坐标轴的行程是最主要的参数。最基本的坐标轴是 *X*、*Y*、*Z* 坐标轴，这 3 个坐标轴的行程尺寸反映了机床的加工能力。对于卧式车床和卧式内外圆磨床，机床的主参数用回转直径和加工长度表示。对平面磨床、铣床等机床，用机床工作台尺寸作为机床的主参数。工作台尺寸的大小和坐标轴的行程有着基本对应的关系。

（4）机床的精度选择。数控机床往往是生产中的关键设备，因此机床的精度是用户选型时的重点。机床的各项精度指标并不都同等重要。机床选型时必须根据典型加工对象的精度要求，对机床各项精度指标因素进行具体分析。数控车床一般测量尺寸比较方便，机床系统误差（定位精度）对尺寸精度的影响可以通过更改加工程序而基本予以消除。选用时应主要考虑随机误差（重复定位精度）对零件精度的影响。镗铣类机床的精度主要影响位置和形状公差，而形位公差的检查比较困难，往往需要先进的设备或仪器（如 3 坐标测量机）才能进行，因此镗铣类机床应以定位精度作为选择机床精度的主要指标。

（5）机床刚度的确定。机床的刚度直接影响到生产率和加工精度，但目前机床的刚性评价还没有标准遵循。实际上用户在选择机床时，综合自己的使用要求，对机床主参数和精度进行选择时，都包含了对机床刚性的要求。选择用于难切削材料加工的机床时，应特别注意机床的刚性。此时为了获得机床的高刚性，往往选用相对于零件尺寸大 1～2 个档次规格的机床。

（6）机床可靠性的确定。对于加工大型复杂零件使用的数控机床（尤其是加工中心或柔性加工单元），机床连续运转稳定性的要求尤为突出，有的零件一次装夹后可连续加工数十小时。随着数控技术和 FMS 系统的发展，对这些系统的主体设备连续运行的可靠性要求越来越高。在现有条件下，用户在选型过程中对机床可靠性的评价一般采取走访被选择厂家的老用户，了解机床使用情况的方法。多台机床选型时，应尽可能选用同一厂家的数控系统，这样可给备件准备及维修工作带来方便。

（7）关于机床的噪声和造型。对于机床的噪声，各国的机床厂家都有明确的标准，噪声等级不允许超过标准值。

机床造型也称为机床的感观质量。目前大多数用户在机床选型时还未把机床造型作为要求的内容。但是机床造型对工业安全、人体卫生、生产效率等有着潜在而又非常重要的影响。

（8）关于功能预留。功能预留不是一个技术问题，它属于企业的战略决策问题。机床的主要技术规格，应在满足目前产品要求的前提下，以机床的使用年限为基准（约为十年左右），为可预见的未来留有一定余地，以便机床具有足够的适应性。

7.2　数控机床的安装、调试与验收

7.2.1　数控机床的安装

购置了某机床厂的数控机床后，就需要根据机床的规格型号进行地基设计与施工。机床的安装不仅要考虑床身的安全水平固定，还要考虑电线、管道、地角螺栓的预埋位等。

对于中小型数控机床而言，这项工作是比较简单的，甚至于部分小型机床只需要调整好床身导轨面的水平即可，连固定都不需要。

但对于重型、精密加工机床而言，则应当将机床安装在单独的地基上，地基尺寸应不小于机床大小且预留维修与调整空间，并在地基周围设计防振沟，以利于减振、消振；机床摆放的位置应当避免阳光的直射，避免雨水浸蚀，远离下水道，注意通风；应当远离各种加热源和各类干扰源，避免高强度电磁波辐射，远离发射塔与火车道；不允许放置在充满了粉尘或各类强酸性腐蚀的环境。

7.2.2　数控机床的安装步骤

1. 拆箱验货

作为工业中的贵重物品，数控机床的维护是一件花时间、精力且难度较大的事情，在磨合期的质量与技术问题最好能让生产厂家来解决，所以拆箱验货是非常必要的一个环节。验货时重点关注一下床身与附件是否完好，发货详单与实物是否完全对应，有无机械结构问题，如果有则要当场分清责任并给出处理措施。要检查相关技术文件、产品合格证、出厂合格证明是否齐全，相关配件是否具备。要检查合同中的附件是否齐备，要对照采购合同中的要求逐项检验。

2. 吊装就位

机床启吊作业应当在专业吊装人员指导下进行操作，要注意启吊时吊缆的承重能力、启吊时吊装部位的安全性、机床在启吊过程中的重心不能出现失稳。采用钢丝绳进行床体捆绑时，应当在绳下铺设垫板，以防止床身打滑。

初次启吊到离地面 10～20cm时，应当检查吊钩下机床的稳定性。然后才将机床缓慢送入安装位置，有必要的话应随后将地角螺栓、垫片（垫铁）、调整板安排到位。

3. 找水平

机床吊装到位后，首先应当在自然状态下进行找水平操作，通过垫片或调整垫铁为机床找正，然后才可将地脚螺栓均匀锁紧。找正时的关键点在于导轨面的平行度，依照相关机床安装规定，对于普通车床，水平仪测得的水平度应当不大于 0.04/1000 mm，对于精密机床，水平仪测得的水平度应当不大于 0.02/1000 mm。

找水平操作应当在温度较为恒定的环境下进行，以避免机床随温度变化出现了变形与内应力，对水平仪的读数带来影响。找水平过程中要尽量避免通过强迫变形找正方式，不得在新安装的机床床身上附加外来应力。对于高精度机床可考虑采用弹性元件支撑，以抵消床身在工作中的振动对水平度的影响。

4. 电气、管线连接

机床主体安装到位后，首先应当把在运输过程中所拆下来的附件安装到位。在组装过程中要注意各接合面的可靠与紧度适当，尽量使用原来的安装组件，力求将机床恢复到拆卸前的状态。

然后就可以连接机床的通电电缆、油管线以及气管线、照明灯具等。要注意参照随机文件中的电气连接图、气压液压管路图、配件位置图，做到每根线的接头标号与图纸中的严格相符，每一根管道均要对号入座。要注意连接过程中的管路的密封与电缆接头的绝缘保护，要注意管线的标识部位的防潮、防腐保护，要避免油污的影响。此时的严格将为后续的机床检修与维护带来极大的便利。

最后才是数控系统与机床本体之间的连接。由于数控系统的高度集成化，连接是比较容易的，关键是要保证连线的可靠与良好地接地。强电柜的摆放应位于来往安全的地方，并做好警示标志；伺服电机与主轴电机的动力线、反馈信号线的连接要无误可靠；接地采用辐射式接地法，即将数控柜的接地线、动力源的接地线、机床的地线连接到公共接地线上，然后再将公共接地线与大地相连。一般要求接地电缆截面积要不小于 6mm，接地电阻应当小于 4Ω。

此外，由于世界上不同国家所采用的电源频率是不一致的，这就决定了数控机床的电气控制柜输入电缆有多个抽头，连接时一定要根据实际的电源供给情况选择合适的抽头，并进行正确的连接。

5. 数控系统的状态检查

（1）由于美国、日本等国家所采用的工业电源是三相交流 220 V，单相交流 110V，电压频率为 60Hz，而我国所采用的工业电源是三相交流 380V，单相交流 220V，电压频率为 50Hz，大部分的数控设备配电柜上都设有 50 Hz/60 Hz 的频率转换开关，因此对于进口的数控机床，对动力线连接端口与抽头标识一定要进行检查，确定电源电压的输入与接口的匹配关系，确定电源频率开关正确无误。

（2）要对本地的电源电压的波动情况进行检查，以确定电压波动的范围。一般当电压的波动在 85%～110%之间时，数控系统都可以正常工作，一旦超出范围，则需要在电源端配置交流稳压器，以确保数控机床工作的稳定性，延长其使用寿命。

（3）由于数控机床的主轴控制器与进给控制器上都采用了晶闸管元件，对输入的电源电压相序进行检查就成为一项很重要的工作。如果相序不对，则在通电后会烧断控制单元的保险熔丝。

(4）检查直流电源输出端是否可靠接地，剔除可能出现的短路隐患；检查各直流电源输出端的稳定性与正常供电。一般要求±24V 与±15V 直流电源的允许误差不得超过±10%左右，+5V 的电源的允许误差则不得超过±5%；检查各熔断器的规格是否符合动作要求，检查熔断器是否能正常工作。

(5）检查当前数控机床的参数设置是否合乎要求，并要对当前的正常参数做好备份，以备设置出错时恢复原出厂时的参数设置。

(6）选用一标准加工例程，进行数控机床综合使用性能的调试。测试机床动作是否合乎控制要求，测试机床的响应精度是否合乎出厂指标，测试操作开关与面板是否正常，测试 CNC 系统上电后工作情况是否正常，测试参考点能否正确回零，并检查能否正常实现刀补。测试 CNC 与外部计算机之间的数据传输是否能正常进行，测试打印端口能否正常实现输出。

7.2.3　数控机床的调试

通电试车前要做好准备工作。首先是按照机床说明书的要求，给机床润滑油箱、润滑点灌注规定的油液或油脂，清洗液压油箱及过滤器，灌足规定标号的液压油，接通气源，再调整机床的水平。中小型数控机床一般都是机电一体化的整体结构，可以一次同时接通各部分电源。对于大型设备，为了安全可以先分别将各部分通电，没有异常后再全面供电试验。数控系统第一次接通电源时，一定要做好按紧急停机按钮的准备，以便随时切断电源。

通电正常后，要检查手动方式是否可实现各基本运动功能。如果试验后没发现问题，说明设备基本正常，就可以用快干水泥灌注主机和各部件的地脚螺栓了。

在已经干固的地基上用地脚螺栓和垫铁精调机床床身的水平，使其各轴在全行程上的不平行度均在允许的范围之内，同时要注意所有垫铁都应处于垫紧状态。

为了全面地检查机床的功能及工作可靠性，数控机床在安装调试后应在一定负载（或空载）下进行较长一段时间的自动运行考验。国家标准 GB 9061－88 中规定了自动运行考验的时间，数控车床为 16h，加工中心为 32 h，并要求连续运转。自动运行考验程序要包括控制系统的主要功能，如主要 G 指令，M 指令，换刀指令，工作台交换指令，主轴的最高、最低和常用转速，轴进给的快速和常用速度等。另外，刀库上应装满刀柄，工作台上最好有一定的负载。

7.2.4　数控机床的验收

验收工作主要根据机床出厂合格证上规定的验收条件及用户实际能提供的检测手段测定机床合格证上的各项技术指标。

下面以卧式加工中心为例简单介绍数控机床的验收工作。

1. 开箱检验

数控机床到厂后，设备管理部门要及时组织有关人员开箱检验。参加检验的人员应包括设备管理人员、设备采购员等。如果是进口设备，还需要有进口商务代理、海关商检人员等。检验的主要内容是：(1）装箱单；(2）核对随机操作、维修说明书，图纸资料，合格证等技术文件；(3）按合同规定，对照装箱单清点附件、备件、工具的数量、规格及完好状况；(4）检查主机、数控柜、操作台等有无明显损伤、变形、受潮、锈蚀等。

2. 外观检查

外观检查包括机床外观和数控柜外观检查。还需要检查所有的连接电缆、屏蔽线有无破损、紧固螺钉是否拧紧、各印刷电路板是否插到位、接线端子或插接件是否松动等。

3. 机床性能及数控功能的检验

（1）机床性能的检验。机床性能主要包括主轴系统、进给系统、自动换刀系统、其他电气装置、安全装置、润滑装置、气液装置及各附属装置等的性能。不同类型机床的检验项目有所不同。有的机床有气动、液压装置，有的还有自动排屑装置、自动上料装置、主轴润滑恒温装置、接触式测头装置等。加工中心还有刀库及自动换刀装置、工作台自动交换装置以及其他附属装置。要检验这些装置的工作是否正常可靠。

（2）数控功能的检验。数控系统的功能按所配机床的类型有所不同。检验时要按照机床配备的数控系统的说明书和订货合同的规定，用手动方式或程序方式检测该机床应该具备的主要功能。如快速定位、直线插补、圆弧插补、自动加减速、暂停、平面选择、固定循环、单程序段、跳读、条件停止、进给保持、紧急停止、程序结束停止、镜像功能、旋转功能、刀具长度补偿、刀具半径补偿、螺距误差补偿、反向间隙补偿、用户宏程序以及图形显示等。

4. 数控机床精度的验收

数控机床精度的验收，必须在地基水泥完全干固后，按照 JB 2670－82《金属切削机床精度检测通则》进行。精度验收的内容主要包括几何精度、定位精度和切削精度。

（1）几何精度的验收。数控机床的几何精度，综合反映了该机床关键零部件及其组装后的几何形状误差。其检测内容和方法与普通机床相似。卧式加工中心主要检测以下几项：

- *X*、*Y*、*Z* 坐标的相互垂直度。
- 工作台面的平行度。
- *X* 轴移动工作台面的平行度。
- *Z* 轴移动工作台面的平行度。
- 主轴回转轴心线对工作台面的平行度。
- 主轴在 *Z* 轴方向移动的直线度。
- 主轴在 *Y* 轴方向移动的直线度。
- 主轴在 *X* 轴方向移动的直线度。
- *X* 轴移动工作台边界定位基准面的平行度。
- 工作台中心线到边界定位器基准面之间的距离精度。
- 主轴轴向跳动。
- 主轴孔径向跳动。

常用检测工具有精密水平仪、精密方箱、直角尺、平尺、千分表、测微仪、高精度主轴心棒等。检测工具的精度必须比所测的几何精度高一个等级。要注意的是几何精度的检测必须在机床精调后一次完成，不允许调整一项检测一项，因为几何精度的一些项目是相互联系、相互影响的。

（2）定位精度的验收。机床定位精度的验收可根据 GB10931－89《数字控制机床位置精度的评定方法》进行。数控机床的定位精度是指机床各坐标轴在数控装置控制下运动所能达到的位置精度。定位精度主要检测以下内容：

- 各直线运动轴的定位精度和重复定位精度。

- 直线运动各轴机械原点的复归精度。
- 直线运动各轴的反向误差。
- 回转运动（回转工作台）的定位精度和重复定位精度。
- 回转运动的反向误差。
- 回转轴原点的复归精度。

主要检测工具有测微仪和成组块规、标准刻度尺、光学读数显微镜、双频激光干涉仪等。

7.3　数控机床的使用

数控机床是一种自动化程度高、结构复杂的精密加工设备，其加工效果不仅决定于机床本身，对机器的操作与保养也很关键，人的因素也很重要。数控机床在解放人的劳动强度的同时，也对人员的素质与操作规程提出了更高的要求。

数控机床的操作人员首先应当对机床本身的性能、操作程序有熟练的掌握，其次还需要具有良好的工作习惯与严谨的工作作风，要具有分析问题、解决问题的能力。其基本操作要求如下：

（1）要熟悉数控机床的安全操作规程，熟悉各控制按钮的功能，熟悉机床的加工能力与加工性能。未经专业培训的人员不得上岗操作。

（2）对数控机床的相关技术文件要严格履行备份制度，交由档案室管理。非专业人员一般不能借阅，相关专业人员借阅时应做好登记。

（3）要严格履行数控机床的年检制度，严格执行日常的保养。一旦机器出现任何异常，在情况未得到排除前，不得投入使用。

（4）要将机床的操作与保养落实到个人，做好交接班记录与工具管理。

（5）要维护好数控机床本身及周围的环境卫生，要注意控制台的例行清洁。

（6）操作员应当穿戴工作服、工作鞋，女员工应戴帽子上岗，不得佩戴强磁性及刻划类危险饰品。

为了正确使用数控机床，减少故障的发生与不必要的维修，操作人员必须按下面讲述的规定进行数控机床的操作。

1. 开机前的例行检查操作规程

（1）机床通电前，应当先检查电压、气压、油压是否正常。

（2）检查机床运动部件是否处于正常状态。

（3）检查工作台是否处于正常状态。

（4）检查电气部分是否正常，接头部分有无破损脱落。

（5）检查机床接线、地线是否正常。

2. 开机时的例行初始化操作规程

（1）打开电源总开关。

（2）按机床说明书的要求依次打开各开关。

（3）实现机床回参考点操作，完成机床坐标系的建立。

（4）让机床空转 15 min 左右，进行机床预热。如果有关机操作，则必须在 5 min 后才可再次开机，不得进行频繁的开、关机操作。

3. 数控系统调试操作规程

（1）将要加工程序输入或调入到当前界面，进行必要的编辑、修改与调试。

（2）根据设计工艺安装工件或安装好夹具体，清除工作台上的杂物与碎屑。检查工件与夹具体的可靠性安装。

（3）进行选定刀具的安装，对于加工中心要注意刀具在刀库中的排序要符合程序规定。如有不符，则应对刀库或程序进行修正。

（4）按照工件上的编程原点进行刀具的对刀操作，建立工件坐标系。若加工过程中使用到多把刀具，还应当对其余刀具进行刀具长度补偿与刀尖位置补偿。

（5）设置刀具半径补偿。

（6）重复检查上述的操作是否有误，检查坐标系是否正确。

4. 数控加工时的注意事项

（1）加工过程当中，不得进行刀具调整，不得进行在线测量，以免发生危险。

（2）加工过程当中，操作员要保持对机床状态的监控，不得擅离职守。发生紧急情况，要按相关处理措施及时解决。

（3）定时进行加工状况检查，了解刀具磨损情况。

（4）关机前，要使机床的各轴远离参考点并停留于中间位置，确保工作台的重心稳定。

（5）下班前，要做好当天的加工记录，做好操作人员的交接班记录，做好当天的卫生清扫工作，涂防锈油。

本章小结

本章介绍了数控机床的选用原则，同时还讲述了数控机床的安装步骤、数控机床调试与验收时一些基本注意事项，并对数控机床的操作与使用的基本规程进行了说明。

数控机床是一种综合应用了计算机技术、自动控制技术、自动检测技术和精密机械设计和制造等先进技术的高新技术产物，是技术密集度及自动化程度都很高的、典型的机电一体化产品。只有选定正确的类型才能让数控机床发挥最佳作用，取得最佳的性价比。

数控机床使用寿命的长短，不仅取决于机床的精度和性能，很大程度上也取决于它的正确使用和维护。正确的使用能防止设备非正常磨损，避免突发故障，精心的维护可使设备保持良好的技术状态，延缓劣化进程，及时发现和消除隐患于未然，从而保障安全运行，保证企业的经济效益，实现企业的经营目标。因此，机床的正确使用与精心维护是保证操作人员人身安全的重要措施之一，也是保证设备安全和产品质量等的重要措施。

习题与思考题

1. 数控机床可分为哪 3 个层次？各有什么特点？
2. 选用数控机床的原则及要点是什么？
3. 数控机床安装调试时，其电源连接需要注意什么？
4. 对数控机床的操作人员有哪些要求？

参考文献

[1] 毕承恩，丁乃建．现代数控机床．北京：机械工业出版社，1993.
[2] 陈福安．数控原理与系统．北京：人民邮电出版社，2006.
[3] 廖效果，朱启逑．数字控制机床．武汉：华中理工大学出版社，1992.
[4] 韩鸿鸾，荣维芝．数控原理与维修技术．北京：机械工业出版社，2006.
[5] 王爱玲．数控编程技术．北京：机械工业出版社，2006.
[6] 来建良．数控加工技术．杭州：浙江大学出版社，2004.
[7] 陈洪涛．数控加工工艺与编程．北京：高等教育出版社，2003.
[8] 王凤蕴，张超英．数控原理与典型数控系统．北京：高等教育出版社，2003.
[9] 刘永久．数控机床故障诊断与维修技术．北京：机械工业出版社，2006.
[10] 廖常初．PLC 基础及应用．北京：机械工业出版社，2004.
[11] 赵佩华．单片机接口及应用．北京：机械工业出版社，2005.
[12] 刘战术，孙小捞．数控机床操作与加工实训．北京：人民邮电出版社，2006.
[13] 姜爱国．数控机床技能实训．北京：北京理工大学出版社，2006.
[14] 许翏．电机与电气控制技术．北京：机械工业出版社，2006.
[15] 王侃夫．机床数控技术基础．北京：机械工业出版社，2001.
[16] 全国数控培训网络天津分中心．数控机床．北京：机械工业出版社，2005.
[17] 郑毛祥．单片机应用基础．北京：人民邮电出版社，2006.
[18] 胡学林．可编程控制器应用技术．北京：高等教育出版社，2001.
[19] 严爱珍．机床数控原理与系统．北京：机械工业出版社，2003.
[20] 叶伯生，戴永清．数控加工编程与操作．武汉：华中科技大学出版社，2005.
[21] 廖兆荣．数控机床电气控制．北京：高等教育出版社，2005.
[22] 杨克冲，陈吉红，郑小年．数控机床电气控制．武汉：华中科技大学出版社，2005.
[23] 吴明友．数控车床（华中数控）考工实训教程．北京：化学工业出版社，2006.
[24] 来建良．数控加工实训．杭州：浙江大学出版社，2004.
[25] 熊熙．数控加工职业资格认证强化实训（数控铣削模块）．北京：高等教育出版社，2005.
[26] 张伦玠，徐伟．数控铣工职业技能培训教程（基本知识部分）．北京：高等教育出版社，2005.
[27] 潘名莲，马争，丁庆生．微计算机原理（第 2 版）．北京：电子工业出版社，2003.